AF731240

Die Lehnwörter

der

mittelgriechischen Vulgärliteratur

von

Man. A. Triandaphyllidis

Von fern her kommen wir gezogen
und flehen um ein wirtlich Dach.

Strassburg
Karl J. Trübner
1909

ΧΑΛΚΕΑ ΧΡΥΣΕΙΩΝ

Dem Seminar
für Mittel- und Neugriechische Philologie
in München

in Treue und Dankbarkeit

Inhaltsübersicht.

Zweites Kapitel. Konsonantismus.

I. Einfache Konsonanten.

A. Konsonantenwandel.

B. Konsonantenschwund.

C. Konsonantenentfaltung.

II. Konsonantenverbindungen.

A. Wandel des einen Elementes

Bedeutungslehre.

Drittes Kapitel.

Analogiebildungen.

Viertes Kapitel.

Wortbildungslehre.

Fünftes Kapitel. Ableitung und Zusammensetzung.

Zweiter Teil. Kulturhistorisches.

Sechstes Kapitel. Die Lehnwörter als Träger der fremden Kultur.

Siebentes Kapitel. Wandernde Wörter.

Vorwort.

Eulen nach Athen tragen kann man wohl dem nicht vorwerfen, der sich heute mit lexikalischen Fragen des Mittel- und Neugriechischen befasst. In der Tat, trotz des grossen Aufschwunges, den unsere Studien in den letzten Dezennien genommen haben, ist man, was die lexikalischen Hilfsmittel betrifft, fast ausschliesslich noch immer auf die alten unvollkommenen Werke angewiesen. Ein neuer Ducange, ein den heutigen Forderungen und Ergebnissen der Forschung angepasster Thesaurus mediae et infimae graecitatis, wird von Tag zu Tag als ein immer dringenderes Bedürfnis gefühlt; trotzdem aber scheint die Verwirklichung des erwünschten Wörterbuches noch immer nicht die Grenzen eines pium desiderium überschritten zu haben. Abgesehen von einer von H. Moritz in Aussicht gestellten Sammlung der byzantischen Eigennamen[1]) und einem von E. Pezopulos vorbereiteten Supplement zu den altgriechischen Lexika sind in den letzten Jahren systematische Vorarbeiten weder zu einem Speziallexikon, noch zu einem Thesaurus von irgend einer Seite unternommen worden, und es ist zu befürchten, dass selbst wenn das von der griechischen Regierung neulich angekündigte Wörterbuch der gesamten griechischen Sprache verwirklicht werden sollte,[2]) auf lange Zeit hinaus der Byzantinologe

1) H. Moritz, Die Zunamen bei den byzantinischen Historikern und Chronisten. Erster Teil. Progr. d. k. hum. Gymn. in Landshut (1896/97) S. 2; vgl. dazu Sp. Lampros, Byzantinische Desiderata BZ 1 (1892) 198.

2) Eine Besprechung dieses Planes mit scharfsinnigem Eingehen in alle Einzelheiten und Schwierigkeiten des Unternehmens bietet K. Krumbacher, Ein neuer Thesaurus der griechischen Sprache. Internationale Wochenschrift für Wissenschaft, Kunst u. Technik, 29. Dez. 1908.

und der Neogräzist sich mit den alten Hilfsmitteln wird begnügen müssen.

Nachdem ich durch eine frühere Arbeit Gelegenheit gehabt hatte, mein Augenmerk auf das interessante und lehrreiche Gebiet der neugriechischen Lehnwörter zu richten, [1]) unternahm ich vor etwa zwei Jahren auf Anregung von Prof. Krumbacher die Herstellung eines Wörterbuches der Lehnwörter der mittelgriechischen Vulgärliteratur, dem später ein ähnliches Werk für das Neugriechische zur Seite treten soll, teils als eine Ergänzung zu den schon vorhandenen lexikalischen Hilfsmitteln, teils als eine Vorarbeit zu einem künftigen Thesaurus.

Das Gebiet, das ich auf diese Weise betrat, war schon vor fünfzehn Jahren durch die Arbeiten des der Wissenschaft leider zu früh entrissenen Gustav Meyer bearbeitet worden. Seine Neugriechischen Studien haben mir als unentbehrlicher Wegweiser und Ratschläger gedient und mir bei meiner Arbeit als Vorbild vorgeschwebt. Nur hiess es diesmal die Grundlagen jener Abhandlung breiter, planmässiger und systematischer zu gestalten, die Unvollkommenheiten und Inkonsequenzen, die an der sonst vortrefflichen und grundlegenden Arbeit bemängelt worden sind, [2]) zu vermeiden, die Berichtigungen und zahlreichen Ergänzungen, die ihr in der Zwischenzeit zu Teil geworden sind, [3]) aufzunehmen, und

---

1) M. Triantaphyllides, *Ξενηλασία ἢ 'Ισοτέλεια, Μελέτη περὶ τῶν ξένων λέξεων τῆς Νέας 'Ελληνικῆς.* Erster Teil, Heft 1—2, Athen 1905—1907. Eine vorwiegend populäre und polemische Verteidigungsschrift der neugriechischen Lehnwörter, in der auf Grund reichen Materials die Eigenschaften und Vorteile der Lehnwörter gezeigt werden.

2) Hauptsächlich von Psichari, Revue Critique 39 (1895) 270 ff.

3) Es kommen hauptsächlich in Betracht: Psichari l. c. Pernot, Vollmöll. Rom. Phil. 4, I (1895—1897) 349 ff.; 5, I (1897—1898) 358 ff. Kretschmer, BZ 7 (1898) 398 ff. Dieterich, BZ 10 (1901) 586 ff.; BZ 11 (1902) 500 f. Hesseling, Les mots maritimes empruntés par le Grec aux langues romanes. Amsterdam 1903.

die in den seitdem verflossenen 15 Jahren erkannten Etymologien und vollzogenen Fortschritte, nicht nur auf dem Gebiete der griechischen, sondern auch der romanischen und der anderen hier in Betracht kommenden Disziplinen, zu verwerten.

Zu diesem Zwecke habe ich eine systematische Lektüre der mittelgriechischen Vulgärliteratur unternommen, in die ich, auf den Rat von Prof. Krumbacher auch die Werke von Malalas, Theophanes und Konstantinos Porphyrogennetos miteinbezog. Damit wurde zwar das Gesamtbild, das uns aus den Lehnwörtern der Vulgärliteratur entgegentritt, verändert und sein Hauptgewicht etwas verschoben, auf der anderen Seite aber ist dadurch eine feste Abgrenzung gegen die frühere und spätere Hochliteratur gewonnen worden, welche ebenfalls am besten als ein geschlossenes Ganzes betrachtet werden kann. Eine Darstellung der Beeinflussung der griechischen Kultur und Sprache auf Grund der lateinischen Lehnwörter hat uns bis auf die Zeit Hadrians neulich L. Hahn gegeben,[1]) und hoffentlich wird die in Aussicht gestellte Weiterführung des Werkes bis auf die Zeit Justinians nicht lange auf sich warten lassen.[2])

Dem hergestellten Wörterbuch, das in seinen Hauptteilen fertig vorliegt, sollen anhangsweise die auf Grund desselben Materials zusammengestellten Aufzeichnungen von folgenden Kategorien von Wörtern beigefügt werden: a. Lehnwörter, deren Herkunft dunkel und zweifelhaft ist;[3]) b. Wörter,

1) L. Hahn, Rom und Romanismus im griechisch-römischen Osten. Bis auf die Zeit Hadrians. Leipzig, 1906.

2) L. Hahn l. c. Einl. S. 6 Vgl. dazu L. Hahn, Romanismus und Hellenismus. Bis auf die Zeit Justinians. Eine Skizze. Philologus, Supplementband X (1907). Derselbe: Rom, Hellenismus und Orient, Blätter für das bayer. Gymnasialschulwesen 44 (1908) 673—686.

3) Diese Wörter kommen in der vorliegenden Arbeit nicht in Betracht, obwohl auch einige der hier behandelten Wörter eine umstrittene oder unsichere Etymologie haben.

deren Form und Sinn dunkel und unsicher ist; c. Wörter, deren griechische Herkunft mit Unrecht bestritten worden ist. In einem besonderen Exkurs werden dann die fremden Suffixe behandelt und ihre Vitalität auf griechischem Boden dargestellt und veranschaulicht werden.

Die folgenden Untersuchungen waren anfänglich als eine kleine Vorarbeit oder Einleitung zu diesem Wörterbuche aufgefasst,[1]) und diesen Charakter von Vorstudien haben sie wohl noch behalten, obschon ihr Rahmen beim Fortschreiten der Arbeit gelegentlich erweitert worden ist. Da sie ursprünglich als Ergänzung zum Wörterbuche bestimmt waren, musste ich dieses für Manches voraussetzen. Als mir aber das druckfertige Manuskript vorlag, bin ich zu der Einsicht gekommen, dass es, da das Wörterbuch doch nicht so bald erscheinen kann, zweckmässig sei, der vorliegenden Darstellung eine grössere Selbständigkeit und Übersichtlichkeit zu verleihen. Ich habe daher die Hinweise auf das Wörterbuch möglichst beschränkt, wo es mir gut schien, die Stichworte mit Belegen versehen, und im kulturhistorischen Teil den einzelnen Lehnwörtern Ableitung und Bedeutung beigefügt.

Ferner ist zu bemerken, dass aus den vorliegenden Untersuchungen von vornherein die Behandlung aller lautlichen und sonstigen Erscheinungen ausgeschlossen worden ist, die sich nicht auf griechischem Boden nach der Einbürgerung der Fremdwörter eingestellt haben, sondern sich schon an ihre A u f n a h m e knüpfen. Die Art und Weise, auf welche die fremden Einzellaute auf griechisch wiedergegeben worden sind, die phonetischen und sonstigen Merkmale, die zur Abgrenzung von hoch- und volkslateinischen, spätlateinischen und romanischen, venezianischen, genuesischen und gemeinitalienischen Entlehnungen massgebend sind, wie auch alle

1) Die Lautlehre ist unter dem Titel „Studien zu den Lehnwörtern der mittelgriechischen Vulgärliteratur“ von der hohen philosophischen Fakultät Sektion I der Ludwig-Maximilians-Universität München zur Erlangung der Doktorwürde angenommen worden.

verwandte Fragen, werden in einem besonderen Abschnitte, den „Untersuchungen“, auf die ich in dieser Abhandlung gelegentlich hingewiesen habe, während ich im Zusammenhange mich genötigt sah, manches schon vorwegzunehmen,[1]) zusammenfassend und eingehend besprochen werden. Ich musste ebenso darauf verzichten, alle Wandlungen der mittelgriechischen Lehnwörter zu verfolgen und zu erklären, da mein Wörterbuch einen Querschnitt durch die mittelgriechische Periode der Lehnwörter darstellt und nicht etwa eine historische Übersicht der Lehnwörter des Neugriechischen bieten soll. Im Mittelpunkt stehen die in meinem Material vorkommenden Lehnwörter; Veränderungen die erst später eingetreten sind, werden gelegentlich berücksichtigt; ältere Formen, die zum Verständnis der mittelgriechischen Weiterentwicklung vorausgesetzt werden müssen, werden stets herangezogen, aber alle besonders gekennzeichnet.[2])

Den einzelnen Paragraphen habe ich in dem Abschnitte über Lautlehre eine kurze Literaturangabe vorausgeschickt; sie ist nicht vollständig und es werden darin auch nicht alle Quellen angegeben die ich benutzt habe; sie enthält nur diejenigen, deren Erwähnung ich aus irgend einem Grunde für wichtig oder gut gehalten habe. Bei dem Mangel einer systematischen Darstellung der neugriechischen Grammatik, versehen mit Literaturangaben, dürfte dies für die Erforscher der Einzelprobleme nicht ohne Vorteile sein. Von den grösseren Darstellungen habe ich regelmässig erwähnt die reichhaltigen Fundgruben von Chatzidakis in seinen *Μεσαιωνικά*, die kurze aber treffliche Darstellung der Lautlehre im Handbuch von Thumb, die neuerschienene inhaltreiche, trotz einiger Mängel sehr gute und brauchbare Grammatik von Philentas; dazu noch die Untersuchungen von Dieterich und Kretschmers Darstellung der heutigen lesbischen Mundart. Was die von mir benutzten Vorarbeiten und verwerteten

1) Vgl. besonders §§ 13, 14, 31, 46.

2) Vgl. Zeichenerklärung.

Ergebnisse betrifft, habe ich es für entbehrlich gehalten. bei allen einzelnen Etymologien und Ableitungen ihren geistigen Urheber zu erwähnen. Für alle diesbezüglichen Literaturangaben muss ich auf das von mir verfasste Wörterbuch verweisen.

Bei der Behandlung der Einzelerscheinugen habe ich möglichst die Trennung der Lehnworte auf Grund ihrer Abstammung durchgeführt. Damit wollte ich auch den Erforschern der anderen Sprachen die Benutzung des Buches erleichtern und die jedesmal wichtigen Erscheinungen in den Vordergrund treten lassen. Denn die Lehnwörter einer Sprache sind nicht nur für ihre eigene Geschichte von Wichtigkeit, sie gewähren uns auch einen Einblick in verschwundene Sprach- und Kulturverhältnisse anderer Sprachen und Völker. Um ein kleines Beispiel anzuführen, wie viele Einzelheiten der Lautlehre des Französischen im 11. Jahrhundert treten uns nicht entgegen aus den spärlichen Lehnwörtern meiner Sammlung wie *γαρνιζούν* (s. S. 28), *κλέρις*, *πρεζαντίζω* (s. S. 16), *ρεβεστίζω*, *ρόε*, *ρόι*, *ροΐνα*, *τσάμπρα*, *ταρκάσιον*. Wie interessant sind solche Wörter, die, in ihrer neuen Heimat weiterlebend, noch ihr altes Gepräge treu bewahrt haben, das sie vor Jahrhunderten in ihrem Lande hatten und das sie dort verloren haben.

Ein Wort noch über die Orthographie. Ich war stets bestrebt — den Eindruck wird man auch bei einer oberflächlichen Lektüre gewinnen — unter möglichster Schonung der „historischen“ Schreibweise die Orthographie des Neugriechischen zu vereinfachen. Indem ich mir vorbehalte, an anderer Stelle in extenso die Prinzipien darzulegen, die mich in Fragen der neugriechischen Orthographie leiten, will ich hier einige Punkte hervorheben: a) Für die frühbyzantinischen Entlehnungen (hauptsächlich lateinische Lehnwörter) habe ich die historische Orthographie bewahrt; Schreibungen wie *κανδιδάτος*, *καστελλάνος*, *κορτίνα*, mit Akut, bilden ja keine Inkonsequenz, da diese Wörter zur Zeit ihrer Entlehnung wenigstens grösstenteils kurze Vokale und Akute bekommen haben. Die Geminaten habe ich nur in der Nähe eines (ursprünglichen oder nachträglich entwickelten) Konsonanten vereinfacht (*ἀπλικεύω, τούρλα, βλαντίν*). b) Für die jüngeren mittelgriechischen Lehnwörter habe ich die phonetische Schreibung beibehalten; ich schrieb also *ε*, *ο* für alle *e*-, *o*-Laute, vereinfachte die Geminaten, unterliess den Asper usw. (*ἀμπασαδόρος, κανέλα, ὀμάντζι*). c) Bei den mittel- und neugriechischen Neubildungen habe ich die möglichste Vereinfachung erstrebt; ich schrieb z. B. *κακορίζικος, σκουπόραβδον* mit einfachem *ρ*. d) Bei heute allgemein gebrauchten Schreibweisen wie *πουλί, -πουλος, 'μικρούλης* habe ich es für überflüssig und unzweckmässig gehalten, die sprachgeschichtlich richtigeren Schreibungen einzuführen. Was die Schreibung der dentalen Affrikata betrifft, habe ich überall *τσ* für *τζ* geschrieben, wo durch die heutige Aussprache letztere Schreibung nicht als phonetisch berechtigt erwiesen wird; in etwas zweifelhaften Fällen habe ich *τζ* beibehalten oder die Schreibungen der Hss angedeutet.

Herr cand. phil. R. Boese hatte die Freundlichkeit, die Korrekturbogen hinsichtlich des deutschen Ausdruckes durchzusehen.

Zum Schlusse möchte ich an dieser Stelle meinen innigsten Dank Herrn Prof. Krumbacher aussprechen für die Anregung, der diese Arbeit das Leben verdankt, und die liebevolle Unterstützung, die ich durch ihn erfahren habe.

Dabei möchte ich noch des Instituts gedenken, mit dessen Namen ich dieses Buch habe schmücken dürfen. Die Widmung soll nicht nur ein Zeichen der Anerkennung und Dankbarkeit sein, die ein Grieche für die Verdienste dieser Anstalt um die Wissenschaft und besonders um die griechische Wissenschaft empfindet; sie soll auch der Ausdruck meines Dankes sein für die gastliche Aufnahme, die ich in ihren Räumen gefunden habe. Die Benutzung ihrer reichhaltigen Bibliothek, der vornehme Wetteifer ihrer Mitglieder, die sichere und fruchtbare Leitung ihres Vorstandes haben diese Arbeit angeregt und gefördert; die Stunden, die ich dort verlebte, gehören zu den besten und inhaltreichsten meines Lebens.

Vor wenigen Jahren noch klagte ein Gräzist über das geringe Interesse, das meine Landsleute dem nichthellenischen Substrat des Wortschatzes ihrer schönen Sprache entgegenbringen, und gab seinen Befürchtungen Ausdruck, dass dieser Zustand noch lange dauern könne. Ich habe die Zuversicht, ich weiss, dass dies anders wird. Und ich schätze mich glücklich, wenn ich daran denke, dass dieser meiner Abhandlung das schöne Los beschieden ist, als Vorbote anderer, besserer Werke erscheinen zu können, die, in dichter Aufeinanderfolge und von zahlreichen jungen Freunden und Fachgenossen mit hingebender Freude ausgearbeitet, die griechische Sprache in allen ihren Elementen und in allen Phasen ihrer geschichtlichen Entwickelung aufhellen und dabei zeigen werden, dass bei den jungen Hellenen das Verständnis und die Liebe für das geschichtliche Werden und für ihre Sprache, dieses teure Kleinod ihres Volkstums, allgemein erwacht ist.

Marburg, im Januar 1909.

Man. A. Triandaphyllidis

Verzeichnis
der hauptsächlich benutzten Werke und deren Abkürzungen.[1])

1. Texte der byzantinischen Literatur.

Vorbemerkung. Die mit einem * bezeichneten Texte habe ich nur insofern verwertet, als sie von den Paralleltexten abweichen; gewöhnlich wird dies dadurch angedeutet, dass nach ihrer Abkürzung „II“ beigefügt wird, während bei der Bezeichnung der hauptsächlich benutzten Ausgabe das „I“ fehlt.

Abrah. — *Ἡ θυσία τοῦ Ἀβραάμ.* E. Legrand, Bibliothéque grecque vulgaire, Paris, 1 (1880) S. 266 ff.

Achill. I — *Διήγησις περὶ τοῦ Ἀχιλλέως.* K. N. Sathas, Annuaire de l'Assoc. 13 (1879) 126—175.

Achil. II — *Διήγησις τοῦ Ἀχιλλέως.* W. Wagner, Trois poëmes grecs du moyen-âge. Berlin, 1881, S. 1 ff.

Aen lex. — *Αἴνιγμα λέξεων Λέοντος τοῦ σοφωτάτου,* E. Legrand, Collection de monuments, nouv. série, vol. VI, Paris, 1875.

Alph. ag. — *Ἀλφάβητος τῆς ἀγάπης.* Ed. W. Wagner, Leipzig, 1879.

Alph. katan. — *Ἀλφάβητος κατανυκτικὸς καὶ Ψυχωφελὴς περὶ τοῦ ματαίου κόσμου τούτου.* W. Wagner, Carmina graeca medii aevi, Leipzig, 1874, S. 242 ff.

Apokop. — *Ἀπόκοπος τοῦ Μπεργαδῆ, ῥίμα λογιωτάτη, τὴν ἔχουσιν οἱ φρόνιμοι πολλὰ ποθεινοτάτη,* E. Legrand, Bibl. gr. vulg. vol. II, Paris, 1874, S. 94 ff.

Apoll. — *Διήγησις πολυπαθοῦς Ἀπολλωνίου τοῦ Τύρου.* W. Wagner, Medieval greek texts, 1870.

Belis I — *Διήγησις ὡραιοτάτη τοῦ θαυμαστοῦ ἀνδρὸς τοῦ λεγομένου Βελισαρίου.* W. Wagner, Carmina gr. med. aevi.

Belis. II — *Ριμάδα περὶ Βελισαρίου.* W. Wagner, Carm. gr. med. aevi.

1) Die nur gelegentlich herangezogenen Schriften wurden blos an den betreffenden Stellen zitiert.

Belis. III — *Ἐμμανουὴλ Γεωργιλλᾶ Ἱστορικὴ ἐξήγησις περὶ Βελισαρίου.* W. Wagner, Medieval Greek Texts.

Belth. — *Διήγησις ἐξαίρετος Βελθάνδρου τοῦ Ρωμαίου.* Legrand, Bibl. gr. v. I.

Chron. — The chronicle of Morea edited by John Schmitt, London, 1904.

Chr. Ath. — Chronicon Athenarum, edited by Sp. Lambros, London, 1902.

Chr. Ekth. — Ekhthesis Chronica, edited by Sp. Lambros, London, 1902.

Digen. I — Digenis Akritas, Rezension der Handschrift von Trapezunt. Legrand, Collect. de monuments, nouv. série, vol. VI, 1875.

Digen. II — Digenis Akritas, Rezension der Handschrift in Grotta Ferrata. Sathas-Legrand, Les exploits de Digénis Akritas, Paris, 1875.

Digen. III — Digenis Akritas, gereimte Bearbeitung von Ignaz Petritsis, Lambros, collect. de Romans grecs, Paris, 1880.

Digen. IV — Digenis Akritas, Rezension der Handschrift von Andros, herausgegeben von A. Miliarakis, Athen, 1881.

Digen V — Fragmente aus Digenis Akritas, nach der Rezension des Eskurial. Krumbacher, eine neue Handschrift des Digenis Akritas, Sitz.-B. d. philos.-phil. u. hist. Cl. d. k. bayer. Ak. d. W., München, 1904.

Eroph. — Erophile, kretisches Drama von Chortatzis. Sathas, *Κρητικὸν θέατρον*, Venedig, 1879.

*Eroph. II** — Erophile, nach der Handschrift in latein. Buchstaben Legrand, Bibl. gr. vulg. vol. II, S. 335 ff.

Erotik. — Sieben kleine Gedichte. Legrand, Poésies inédites de Theodore Prodrome, Revue des étud. gr. 4 (1891) 72—73.

Erotokr. — *Ἐρωτόκριτος, ποίημα ἐρωτικόν, συντεθὲν παρὰ Βικεντίου Κορνάρου*, Venedig, 1881.

Gadar. I — *Συναξάριον τοῦ τιμημένου γαδάρου*, W. Wagner, Carm. gr. m. aev. S. 112—123.

Gadar. II — *Γαδάρου, λύκου κι ἀλουποῦς διήγησις ὡραία*, W. Wagner, Carm. gr. m. aev. S. 124—140.

Georg. — *Ἐμμανουὴλ Γεωργιλλᾶ τὸ Θανατικὸν τῆς Ρόδου*, W. Wagner, Medieval greek texts, 1870, S. 171—190.

*Georg. II** — *Ἐμμανουὴλ Γεωργιλλᾶ, τὸ Θανατικὸν τῆς Ρόδου*, W. Wagner, Carm. gr. m. aev. S. 32—52.

Ger. Kor. — *Περὶ γέροντος νὰ μὴν πάρῃ κορίτσι*, W. Wagner, Carm. gr. m. aev. S. 106—111.

Glykas — *Στίχοι γραμματικοῦ Μιχαὴλ τοῦ Γλυκᾶ οὓς ἔγραψε καθ' ὃν κατεσχέθη χρόνον ἐκ προσαγγελίας χαιρεκάκου τινός*, Legrand, Bibl. gr. vulg. vol. I, S. 18—37.

Gynaek. — Ein vulgärgriechischer Weiberspiegel, ed. K. Krumbacher Sitz.-B. d. philos.-phil. u. hist. Cl. d. k. bayer. Ak. d. W., München, 1905.

Hermon. — *Κωνσταντίνου Ἑρμονιακοῦ μετάφρασις τῆς Ἰλιάδος τοῦ Ὁμήρου* Legrand, Bibl. gr. vulg. vol. 5 (1890).

Jatros. — *Ἰωάννου τοῦ Σταφίδα Ἰατροσόφιον;* ⟨Formules Médicales⟩. Legrand, Bibl. gr. vulg. vol. II, S. 1 ff.

Imper. I — Imberios und Margarona, Rezension der Wiener Handschrift. Ed. W. Wagner. Legr. Coll. de mon. N. S. III (1874).

*Imper. II** — Imberios und Margarona, Rezension der Oxforder Handschrift. Lambros, Coll. de rom. grecs 1880, S. 239—288.

*Imper. III** — Imberios und Margarona. Ausgabe von 1638. Legrand, Bibl. gr. vulg. I (1880), S. 283 ff.

Imper. IV — Imberios und Margarona, Ausgabe von 1666; neu herausgegeben von G. Meyer, Prag, 1876.

Kallim. — *Τὰ κατὰ Καλλίμαχον καὶ Χρυσορρόην, ἐρωτικὸν διήγημα.* Lambros, Coll. de rom. grecs, S. 1—109.

Kamat. — Johannes Kamateros, *Εἰσαγωγὴ ἀστρονομίας,* bearbeitet von L. Weigl. Programm des Kgl. Progymnasiums Frankenthal. Würzburg, 1907.

Kephall. — *Διήγησις ἐμοῦ Ἱεροθέου Ἀββατίου, τοῦ ἐκ Κεφαλληνίας, περὶ τοῦ μεγάλου σεισμοῦ τοῦ ἐν Κεφαλληνίᾳ νήσῳ γενομένου.* Legrand, Bibl. gr. vulg. v. I.

Konst. I — *Ἀνάκλημα τῆς Κωνσταντινοπόλης.* Legrand, Coll. de mon. N. S. vol. 5 (1875) 85—100.

Konst. II — *Ἐμμανουὴλ Γεωργιλλᾶ Θρῆνος τῆς Κωνσταντινουπόλεως.* W. Wagner, Medieval greek texts, 1870.

Konst. III — Ein dialogischer Threnos auf Konstantinopel. Ed. K. Krumbacher, Sitz.-B. d. philos.-philol. u. hist. Cl. d. k. bayer. Ak. d. Wiss. München, 1901.

Konst. IV — *Θρῆνος τῆς Κωνσταντινουπόλεως, ἐκδοθ. ὑπὸ Ἀ Παπαδοπούλου Κεραμέως.* BZ 12 (1903) 269—272.

Koron. — *Τζάνε Κορωναίου, Μερκουρίου Μπούα ἀνδραγαθήματα.* Sathas, *Ἑλληνικὰ ἀνέκδοτα, τόμ.* I, Athen, 1867.

Krasop. — *Φιλοσοφία Κρασοπατέρα.* Legrand, Coll. de mon. N. S. 1 (1874) 2—11.

Lybistr. — *Τὰ κατὰ Λύβιστρον καὶ Ροδάμνην.* W. Wagner, Trois poëmes grecs du moyen âge. Berlin, 1881, S. 242—349.

*Lybistr. II** — < *Τὰ κατὰ Λύβιστρον καὶ Ροδάμνην* >. Maurophrydes, *Ἐκλογὴ μνημείων τῆς νεωτέρας ἑλληνικῆς γλώσσης,* 1866, S. 324—428.

Mar. Fal. I — Proben der Codd. Ambros. und Neapol. Legrand, Bibl. gr. vulg. 2 (1881), Einleit. 61—64.

Mar. Fal. II — *Ποίημα ἀνέκδοτο τοῦ Μαρίνου Φαλιέρη,* herausgegeben von John Schmitt im *Δελτίον τῆς ἱστορικῆς καὶ ἐθνολογικῆς ἑταιρίας τῆς Ἑλλάδος* 4 (1893) 291—308.

Malal. — Joannis Malalae chronographia, ed. L. Dindorf, Bonnae, 1831.

Moschol. — *Βίος τοῦ ἁγίου καὶ μεγάλου Νικολάου, ποίημα εὐλαβέστατον καὶ ὡραῖον, διὰ στίχου,* von Theol. Moscholeon. Legrand, Bibl. gr. vulg. I (1880) 321—329.

Myth. — *Γεωργίου τοῦ Αἰτωλοῦ μῦθοι, ἐκδοθ. ὑπὸ Σπ. Λάμπρου, Δελτίον τῆς ἱστορ. καὶ ἐθνολ. ἑτ.* 5 (1900) 8—102.

Opsar. — *Ὁ ὀψαρολόγος,* Das mittelgriechische Fischbuch. Ed. K. Krumbacher, Sitz.-B. d. philos.-phil. u. hist. Cl. d. k. bayer. Ak. d. Wiss. München, 1903.

Pareg. — *Λόγος παρηγορητικὸς περὶ εὐτυχίας καὶ δυστυχίας,* Lambros, Coll. de rom. gr. S. 289—321.

Paroem. — Byzantinische Sprichwörter. N. Polites, *Μελέται περὶ τοῦ βίου καὶ τῆς γλώσσης τοῦ ἑλληνικοῦ λαοῦ, Παροιμίαι,* vol. 1 (1899) 3—132.

Pent. — Les cinq livres de la loi (le Pentateuque), traduction en néo-grec, publiée en charactères etc., par D. C. Hesseling, Leide-Leipzig, 1897.

Phlor. — *Διήγησις ἐξαίρετος ἐρωτικὴ καὶ ξένη Φλωρίου τοῦ πανευτυχοῦς καὶ κόρης Πλατζιαφλώρης.* W. Wagner, Medieval greek texts, London, 1870.

Phort. — *Ποίημα νέον πάνυ ὡραῖον καὶ ὠφέλιμον τοῖς ἀναγινωσκομένοις περὶ στρατιωτικῆς πραγματείας, συνθεμένον παρὰ Λεονάρδου Φορτίου Ρωμαίου κόμιτος παλατίνου.* Legrand, Coll. de mon. vol. 17 (1871).

Phys. — *Ἐκ τοῦ φυσιολόγου περὶ φύσεως καὶ εἴδους ζώων καὶ ἑρπετῶν καὶ ἡ ἀναγωγὴ τῶν ἀνθρώπων ὡς ἔχει.* Legrand, Coll. de mon. vol. 16 (1873).

Pikat. — *Ἰωάννου Πικατόρου τοῦ ἐκ πόλεως Ρηθύμνης ποίημα εἰς τὸν πικρὸν καὶ ἀκόρεστον ᾅδην.* W. Wagner, Carm. gr. m. aev., S. 224—241.

Porik. — *Διήγησις τοῦ Πωρικολόγου.* W. Wagner, Carm. gr. m. aev. S. 199—202.

Porph. — Konstantinos Porphyrogennetos de cerimoniis aulae byzantinae. Ex rec. Jo. Reiskii recogn. J. Bekkerus, Bonn, 1829.

*Porph. II** — Konstantinos Porphyrogennetos, De thematibus und De administrando imperio, recogn. J. Bekkerus, Bonn, 1840.

Presb. Hipp. — *Ὁ πρέσβυς ἱππότης.* Ein griechisches Gedicht aus dem Sagenkreise der Tafelrunde, herausgegeben von Adolf Elissen. Leipzig, 1846.

Prodr. I — 1. Gedicht des Prodromos. Legrand, Bibl. gr. vulg. vol. I, S. 38—47.

Prodr. II — 2. Gedicht des Prodromos. Legrand, Bibl. gr. v. vol. I, S. 48—51.

Prodr. III — 3. Gedicht des Pr. Legrand, Bibl. gr. v. v. I, S. 52—76.

Prodr. IV — 4. Gedicht des Pr. Legrand, Bibl. gr. v. v. I, S. 77—100.

Prodr. V — 5. Gedicht des Pr. Legrand, Bibl. gr. v. v. I. S. 100—107.

Prodr. VI — 6. Gedicht des Pr. Legrand, Bibl. gr. v. v. I, S. 107—124.

Ptochol. I — *Περὶ τοῦ γέροντος τοῦ φρονίμου τοῦ μουτζοκουρεμένου* Legrand, Coll. de mon. vol. 19 (1872), Paris.

Ptochol. II — *Βίος καὶ πολιτεία τινὸς δοκιμωτάτου καὶ σοφωτάτου γέροντος.* W. Wagner, Carmina, S. 277 ff.

Ptochol. III — *Ὁ σοφὸς πρεσβύτης* Legrand, Coll. de mon. N. S. vol. 1 (1874).

Pulol. — *Πουλολόγος.* W. Wagner, Carmina, S. 179 ff.

Sachl. I — *Γραφαὶ καὶ στίχοι καὶ ἑρμηνεῖαι κυροῦ Στεφάνου τοῦ Σαχλήκη.* W. Wagner, Carmina, S. 62 ff.

Sachl. II — *Γραφαὶ καὶ στίχοι καὶ ἑρμηνεῖαι, ἔτι καὶ ἀφηγήσεις κυροῦ Στεφάνου τοῦ Σαχλήκη.* W. Wagner, Carmina, S. 79 ff.

Sklav. — *Μανόλη Σκλάβου ἡ συμφορὰ τῆς Κρήτης ἐν ᾗς γέγονεν τοῦ μεγάλου σεισμοῦ.* W. Wagner, Carmina, S. 53 ff.

Solom. — *Διδαχὴ Σολομῶντος περὶ τοῦ αὐτοῦ υἱοῦ Ῥοβοάμ.* Legrand, Bibl. gr. vulg. v. 1, S. 11 ff.

Spaneas I — *Ὁ Σπανέας.* Maurophrydes, *Ἐκλογὴ μνημείων τῆς νεωτ. ἑλλ. γλ.* Athen 1866.

Spaneas II — *Ἀλεξίου Κομνηνοῦ ποίημα παραινετικόν.* W. Wagner, Carmina, S. 1—27.

Spaneas III — *Ἐκ τοῦ Σπανέα.* Legrand, Bibl. gr. v. v. I, S. 1—10.

Susann. — *Μάρκου Δεφαράνα ἱστορία ἐκ τῶν τοῦ Δανιὴλ περὶ τῆς Σωσάννης.* Legrand, Bibl. gr. v. v. I, S. 269—280.

Tamyrl. — *Θρῆνος περὶ Ταμυρλάγγου.* W. Wagner, Carmina, S. 28—31.

Tetrap. — *Διήγησις παιδιόφραστος τῶν τετραπόδων ζώων.* W. Wagner, Carmina, S. 141—178.

Theoph. — *Θεοφάνους Χρονογραφία*, recens. C. de Boor (2 Bde.), Leipzig, 1883—1885.

Tragog — *Ἀκολουθία τοῦ ἀνοσίου τραγογένη σπανοῦ τοῦ οὐρίου καὶ ἐξουρίου, μηνὶ τῷ αὐτῷ, πέρυσι ἐν ἔτει ἐφέτος.* Legrand, Bibl. gr. vulg. v. 2 (1881), S. 28—47.

Trinch — Fr. Trinchera, Syllabus graecarum membranarum usw. Neapel, 1865.

Trivol. I — *Ἱστορία τοῦ Ταγιαπέρα (τοῦ Τριβώλη).* Legrand, Coll. de mon. N. S. vol. 6 (1875).

Trivol. II — *Ἱστορία τοῦ ρὲ τῆς Σκωτίας μὲ τὴν ρήγισσα τῆς Ἐγγλητέρας.* Legrand, Coll. de mon. vol. 13 (1871).

Troad. — *Ὁ πόλεμος τῆς Τρωάδος.* — Maurophydes, *Ἐκλογὴ μνημείων* usw. 1866, S. 183—211.

Venet. — *Εἰς Βενετίαν.* W. Wagner, Carmina, S. 221—223.

Xenit. — *Περὶ τῆς ξενιτείας.* W. Wagner, Carmina, S. 203—220.

Zotik. — *Παρασπονδύλου Ζωτικοῦ ἡ ἐν Βάρνᾳ μάχη.* Legrand, Coll. de mon. N. S. vol. 5 (1875).

2. Monographien und Materialsammlungen bestimmter Verfasser.

Vorbemerkung. Die mit einem * bezeichneten Werke habe ich erst nach Abschluss meiner Abhandlung über die Lautlehre zur Kenntnis bekommen. *Dieterich*, *Sporad.* und *Pernot*, *Parl. de Chio* habe ich fast gar nicht berücksichtigt; *Kretschmer*, *Lesbisch*; und *Philentas*, *Γραμμ.* habe ich, wenn auch nicht berücksichtigt, in die Literaturangaben aufgenommen.

Die Abhandlungen über fremdsprachigen Semasiologieen, die ich für meine „Bedeutungslehre" in Einsicht genommen habe, finden sich am Schlusse dieses Abschnittes.

App. Prob.: — Die Appendix Probi, herausgegeben von W. Heraeus, Leipzig 1899.

Ascoli G., Annotazioni dialettologiche alla „Chronica delli imperatori romani" Archivio glottologico italiano 3 (1878), 244—284.

Birt, *Hiat*: — Th. Birt, Der Hiat bei Plautus und die Lateinische Aspiration. Marburg 1901.

Blass, *Aussprache*: — F. Blass, Die Aussprache des Griechischen, 3. Aufl. Berlin 1888.

Brunot, *Gramm. histor.*: — F. Brunot, Grammaire historique de la langue française des origines à 1906. Paris 1 (1905), 2 (1906).

Chatzidakis, *Einleit* : — G. N. Hatzidakis, Einleitung in die neugriechische Sprache. Leipzig 1892.

— *Μελέται*: — *Γ. Ν. Χατζιδάκι*, *Γλωσσολογικαὶ μελέται*, Bd. I. Athen 1901.

— *'Ακαδ. 'Αναγν.*: — *Γ. Ν. Χατζιδάκι*, *'Ακαδημεικὰ 'Αναγνώσματα*, 2 Bde. Athen, 1902. (Es kommt nur Bd. I in Betracht).

— *Μεσ.*: — *Γ. Ν. Χατζιδάκι*, *Μεσαιωνικὰ καὶ νέα ἑλληνικά,* 2 Bde. Athen. 1905—1907.

— *'Ετυμολογικαὶ σημειώσεις. 'Αθηνᾶ* (1889) 287—288.

— *Βιβλιοκρισίαι. 'Αθηνᾶ* 4 (1892), 465—475.

— *'Επανόρθωσις ἀδικήματος. 'Αθηνᾶ* 14 (1902) 523.

— Besprechung von: Dieterich, Untersuch. Gött. Gel. Anz. 161 (II) (1899) 515.

— Grammatisches und Etymologisches. Glotta I (1908) 117.

Darmesteter, *Gramm. hist* : — A. Darmesteter, Cours de Grammaire historique de la langue française. Bd. 1. 4. Aufl. Paris.

Deffner, *Neograeca*: — M. Deffner, Neograeca, Leipziger Diss. 1871.

Delbrück, *Einleitung*: — B. Delbrück, Einleitung in das Studium der Indogermanischen Sprachen, 5. Aufl. Leipzig, 1908 (Indog. Grammatiken, Bd. 4).

Dieterich, Untersuch.: — K. Dieterich, Untersuchungen zur Geschichte der griechischen Sprache, von der hellenischen Zeit bis zum 10. Jahrh. n. Chr. Leipzig, 1898 (= Byz. Archiv, Band I).

— *Sporad.*: — K. Dieterich, Sprache und Volksüberlieferungen der Südlichen Sporaden. Wien 1908 (Kaiserl. Ak. d. Wissensch., Schriften der Balkankommission, Linguist. Abt.).

— Zu den lateinisch-romanischen Lehnwörtern im Neugriechischen. BZ 10 (1901) 587—596.

— Nachtrag zu den lateinisch-romanischen Lehnwörtern im Neugriechischen. BZ 11 (1902) 500—504.

— Die kulturgeschichtliche Stellung der heutigen Griechen. Die Grenzboten 58 (1899) III, 156—164; 211—220.

— Die heutige griechische Sprache im Spiegel der Kulturgeschichte. Neue Jahrb. 11 (1903) 690—704.

— Die Synkope im Neugriechischen. KZ 37 (1904) 407.

— Neugriechisches und Romanisches. KZ 39 (1906) 81—136.

Dittenberger, Römische Namen in griechischen Inschriften und Literaturwerken. Hermes 6 (1872) 129—155; 281—318.

Dossios, Ngr. Wortb.: — N. Dossios, Beiträge zur neugriechischen Wortbildungslehre. Züricher Dissertation. Zürich, 1879.

— *Volksetym.*: — Einige Beispiele der Volksetymologie im Neugriechischen. Bezzenb. Beiträge 2 (1878) 338—340.

— Alt- und Neugriechische Volksetymologien. Bezzenb. Beitr. 6 (1882) 230.

Dottin, Ant. Celtique: — G. Dottin, Manuel pour servir à l'étude de l'Antiquité Celtique, Paris 1906 (La Bretagne et les pays celtiques).

Eckinger, Orthographie: — Th. Eckinger, Die Orthographie lateinischer Wörter in griechischen Inschriften. Züricher Diss. München, 1893.

Foy, Lautsyst.: — K. Foy, Lautsystem der griechischen Vulgärsprache. Leipzig, 1879.

— Beiträge zur Kenntnis des Vulgärgriechischen. Bezzenb. Beitr. 6 (1882) 220.

— Vokalstudien. Bezzenb. Beitr. 12 (1888) 38.

Gaster M., Besprechung von: Matio, Griechisch-bulgarische Studien. Anz. Indog. Forsch. 6 (1896) 60.

Gröber, Grundriss. — G. Gröber, Grundriss der romanischen Philologie usw. Strassburg 1888.

Hahn, Romanismus: — L. Hahn, Rom und Romanismus im griechisch-römischen Osten. Mit besonderer Berücksichtigung der Sprache. Bis auf die Zeit Hadrians. Leipzig 1906.

— *Sprachenkampf*: — L. Hahn, Zum Sprachenkampf im römischen Reich bis auf die Zeit Justinians, eine Skizze. Philologus, Supplementband X (1907) 676—718.

Hesseling, *Maritim.* — D. Hesseling, Les mots maritimes empruntés par le grec aux langues romanes. Verhandlungen der k. Akademie van Wetenschapen te Amsterdam, Deel 2 (1903).

Pent.: s. erstes Verzeichnis s. v. Pent.

— Brief über den Vulgärgr. Weiberspiegel. B Z 15 (1906) 506.

— Zu den germanischen Elementen des Neugriechischen. B Z 11 (1902) 595—600.

Hehn, *Kulturpfl.*: — V. Hehn, Kulturpflanzen und Haustiere in ihrem Übergang aus Asien nach Griechenland und Italien sowie in das übrige Europa; neue Auflage herausggb. mit botanischen Beiträgen. 7. Ausg. Berlin 1902.

Heilmaier J., Über die Entstehung der romanischen Sprachen unter dem Einflusse fremder Zungen. Aschaffenburg 1834.

Immisch, *Hesych.* — G. Immisch, De glossis Lexici Hesychiani Italicis. Leipzig 1885.

Jannaris A., *Κατεπάνω* — capitano — captain. BZ 10 (1901) 204.

Karolides P.: Brief über die Herkunft des Wortes *μελιτζάνα Νέος Ἑλληνομνήμων* (1905) 160.

Korais "Ατ.: — *Ἀδ. Κοραῆ, Ἄτακτα ἤγουν παντοδαπῶν εἰς τὴν ἀρχαίαν καὶ τὴν νέαν ἑλληνικὴν γλῶσσαν αὐτοσχεδίων σημειώσεων, καὶ τινων ἄλλων ὑπομνημάτων, αὐτοσχέδιος συναγωγή.* 5 Bde. Paris 1828—1835.

Körting, *Malal.*: — G. Körting, De vocibus latinis quae apud Joannem Malalam inveniuntur. Münster 1879—1880.

Kretschmer, *Lesbisch.**: — P. Kretschmer, Der heutige lesbische Dialekt, verglichen mit den übrigen Nordgriechischen Mundarten, Wien 1905 (Kaiserl. Ak. d. Wissensch., Schriften der Balkankommission, Linguist. Abt. VI).

— Zur griechischen Lautlehre. Arch. f. slav. Phil. 27 (1905) 231.

— Lateinische und Romanische Lehnwörter im Neugriechichen, BZ 7 (1898) 396—405.

— Grammatische Miscellen. BZ 10 (1901) 581—586.

— Die Entstehung der Koine. Wien 1900. (Sitz.-B. d. k. Ak. d. Wiss. i. W. Phil. hist. d. Bd. 143).

— Zur griechischen Lautlehre. KZ 35 (1899).

— Wortgeschichtliche Miszellen KZ 39 (1906) 539.

Krumbacher, *Gynaek.* s. Verzeichnis s. v. Gynaek.

— *Irrat. Spir.*: — K. Krumbacher, Ein irrationaler Spirant im Neugriechischen. Sitz.-B. d. philos.-philol. u. hist. Cl. d. k. bayer. Ak. d. Wiss. München 1886.

— *Stud. Theos.*: — K. Krumbacher, Studien zu den Legenden des H. Theodosios. Sitz.-B. d. philos.-philol. u. hist. Cl. d. k. bayer. Ak. d. Wiss. München 1892.

Krumbacher, *Konst. III*: s. Verzeichnis 1. s. v. Konst. III.

— *Opsar.*: s. Verzeichnis 1. s. v. Opsar.

Kukules, *Οἰνουντ.*: — *Φ. Κουκουλέ, Οἰνουντιακὰ ἢ μελέτη περὶ τῆς ἱστορίας. τῶν ἠθῶν καὶ ἐθίμων καὶ τοῦ γλωσσικοῦ ἰδιώματος τοῦ δήμου Οἰνοῦντος τῆς ἐπαρχίας Λακεδαίμονος.* Kanée 1908.

Lambros, *Romans*: — Sp. Lambros, Collection de romans grecs usw. Paris, 1880.

— *Φυσιολογικὴ διήγησις τοῦ ὑπερτίμου πατέρος Πέτρου τοῦ Ζυθομούστου. Νέος Ἑλληνομνήμων* (1904) 433 ff.

Legrand, *Aen. lex.*: — s. Verzeichnis 1. s. v. Aen. lex.

— *Digen. II*: — s. Verzeichnis 1. s. v. Digen. II.

— *Phys.*: — s. Verzeichnis 1. s. v. Phys.

— *Ptochol I*: — s. Verzeichnis 1. s. v. Ptochol.

— *Poëmes hist.*: — E. Legrand, Recueil de poëmes historiques en grec vulgaire, Paris 1877.

— *Trivol. I*: — s. Verzeichnis 1. s. v. Trivol. I.

Lindsay, *Lat.Ausspr.*: — W. M. Lindsay, Die Lateinische Aussprache, Ihre Laute, Stämme und Flexionen in Sprachgeschichtlicher Darstellung. Deutsch übers. von H. Nohl. Leipzig, 1897.

Loewe, *Altgerman.*: — R. Loewe, Altgermanische Elemente der Balkansprachen BZ 39 (1906) 265.

Maurophrydes, *Ἐκλογή*: — *Δ. Μαυροφρύδης, Ἐκλογὴ μνημείων τῆς νεωτέρας ἑλληνικῆς γλώσσης*, Athen 1886.

Menardos, *Γαλλ. Κυπρ.*: — *Σ. Μενάρδου, Γαλλικαὶ μεσαιωνικαὶ λέξεις ἐν Κύπρῳ, Ἀθηνᾶ* 12 (1900) 360—384.

Meyer, *Alb.*, *Wörterb.*: S. Verzeichnis 4.

— *Studien*: — G. Meyer, Neugriechische Studien. 4 Hefte. Wien 1894—1895. (= Sitzungsberichte der kaiserl. Akad. der Wissensch. in Wien, phil.-hist. Cl. Bd. 130—132).

— Türk. Studien. Wien 1893. (Sitzungsb. d. kais. Ak. d. W. in Wien).

— Zur neugriechischen Grammatik. Anal. Graec. S. 1—23.

— Verkannte Fremdwörter. Bezzenb. Beitr. 19 (1893) 1.

— Romanische Wörter im kyprischen Mittelgriechischen. Jahrb. f. rom. Phil. 15 (= 3 N. F.) (1876) 33—56.

— Etymologisches. BZ 3 (1894) 156—164.

— Etymologisches. Indog. Forsch. 1 (1892) 319—329.

— Neugriechisch *ἄμια*. Indog. Forsch. 2 (1891) 370.

— Neugriechisch *ἀρτάνα*. Indog. Forsch. 2 (1891) 370.

— *Tornister*. Indog. Forsch. 2 (1891) 441—445.

— Neugriechische Etymologien. Indog. Forsch. 3 (1894) 63—73.

— Zur Geschichte des Wortes Samstag. Indog. Forsch. 4 (1904) 326—334.

— Etymologisches aus den Balkansprachen. Indog. Forsch. 6 (1896) 107.

Meyer, *Studien*: — G. Meyer, Antar al potamo etc.(zanca). Zeitschr. f. rom. Phil. 16 (1892) 524.

Meyer, *Portius*: — Wilh. Meyer, Simon Portius Grammatica linguae graecae vulgaris, Paris, 1889.

Meyer-L., *Roman.*: — Wilh. Meyer-Lübke, Romanische Lautlehre 3 Bde. Leipzig, 1890—1899. (Es kommt nur der Bd. I in Betracht).

Miklosich, *Slav. Elem.*: — Fr. Miklosich, Die slavischen Elemente im Neugriechischen. Wien, 1870. (= Sitz.-B. d. phil. hist. Cl. d. k. Ak. d. Wiss. Bd. 63 (1869) 529—566).

— *Türk. Elem.*: — Fr. Miklosich, Die türkischen Elemente in den südost- und osteuropäischen Sprachen. Wien 1884 (in 2 Teilen).

— *Türk. Gramm.*: — Fr. Miklosich, Über die Einwirkung des Türkischen auf die Grammatik der südosteuropäischen Sprachen. Wien, 1889. (Denkschr. d. k. Ak. d. Wiss. Bd. 15 (1887) 73—140).

Μικρογιάννης, *Λατινικά*, *Ἑστία* 1891, II, 49, 65.

Moritz, *Byzant. Zunamen*: — H. Moritz, Die Zunamen bei den byzantinischen Historikern und Chronisten. Progr. d. k. humanistischen Gymnasiums in Landshut für das Jahr 1896/97 (Teil I), 1897/98 (Teil II). Landshut.

Morosi, *Bova*: — G. Morosi, I dialetti romaici del mandamento di Bova Arch. glott. Ital. 4. S. 1—116.

— *Otranto*: Studi sui dialetti greci della Terra d'Otranto, Lecce 1870.

Murnu, *Rum. Lehnw.*: — G. Murnu, Rumänische Lehnwörter im Neugriechichen. Münchener Diss. 1902.

Mussafia, *Beitrag*: — A. Mussafia, Beitrag zur Kunde der norditalienischen Mundarten im 15. Jahrhundert. Wien, 1873.

Papadopulos A. Kerameus, Brief zum vulgärgriechischen „Weiberspiegel". BZ 15 (1906) 504.

Paul, *Prinzipien*: — K. Paul, Prinzipien der Sprachgeschichte, 3. Aufl. Halle a. S. 1898.

Pernot, *Parl. de Chio**: — Études de Linguistique Néo-hellenique, I, Phonétique des Parlers de Chio, par H. Pernot. Paris, 1897.

— Mittel- und Neugriechisch. Vollmöll. Rom. Phil. 4, I (1895—1896) 349 ff.

— Mittel- und Neugriechisch. Vollmöll. Rom. Phil. 5, 1 (1897—1898) 358.

Philentas, *Γραμμ.**: — M. Philentas, *Γραμματικὴ τῆς Ρωμαίικης γλώσσας*, Bd. 1. Athen 1907.

Polites, *Παροιμ.*: — *N. Γ. Πολίτου*, *Μελέται περὶ τοῦ βίου καὶ τῆς γλώσσης τοῦ Ἑλληνικοῦ λαοῦ*, *Παροιμίαι*, 4 Bde. Athen 1899—1902. (*Βιβλιοθήκη Μαρασλῆ*).

Porph. Animadv.: — Animadversiones in Constantini Porphyrogeniti libros de thematibus et de administrando imperio. Im Porph. II (s. Verzeichnis 1.).

Prellwitz, W. — Griechisch. Vollmöll. Rom. Phil. 6 (1899—1901). 61.

Psaltes, Θρᾳκικά: — *Στ. Ψάλτη, Θρᾳκικὰ ἢ μελέτη περὶ τοῦ γλωσσικοῦ ἰδιώματος τῶν Σαράντα Ἐκκλησιῶν.* Athen 1905.

Psichari, Essais. — J. Psichari, Essais de grammaire historique néo-grecque, 2 Bde. Paris 1886--1889.

— *Études*: Études de Philologie néo-grecque, publiées par J. Psichari, Paris 1892 (Bibliothéque de l'École des Hautes Études, 92. fasc.).

— À propos du Weiberspiegel. BZ 16 (1907) 15.

— Changement de *λ* en *ρ*, Essai de grammaire historique sur le changement de *λ* en *r* devant consonnes en grec ancien, médiéval et moderne. Extrait des Mémoires orientaux. Paris 1905.

— Besprechung von: G. Meyer. Neugr. Studien IV. Revue Critique 40 (1895) 270.

— Mittel- und Neugriechisch. Vollmöll. Rom. Phil. 2 I (1891—1894) 260.

Psychares, Ρόδα: — *Ψυχάρης, Ρόδα καὶ μῆλα,* Bd. 3. *Ἀπολογία,* Athen 1906.

Reinach, Th., Duracinum. Rev. des ét. gr. 12 (1899) 48—52.

Reiske, Porph.: — Jo. Jac. Reiskii, Commentarii ad Constantinum Porphyrogenitum de cerimoniis aulae byzantinae. Bonn 1830.

Romansky, Lehnw. Bulg. — St. Romansky, Lehnwörter lateinischen Ursprungs im Bulgarischen. Jahresber. d. Instit. f. rumän. Spr. z. Leipzig. Bd. 15, S. 89—134. (Auch als Sonderdruck erschienen).

Rössler, Rumänisch: — Rössler, Die griechichen und türkischen Bestandteile im Rumänischen.

Sakellarios, Κυπρ.: — *Ἀ. Σακελλάριος, Τὰ Κυπριακὰ ἤτοι γεωγραφία, ἱστορία, γλῶσσα τῆς νήσου Κύπρου.* 2 Bde. Athen 1890—1891. (Es kommt nur Bd. II in Betracht).

Sathas, Eroph.: s. Verzeichnis 1. s. v. Eroph.

Sathas-Legrand, Digen. II: s. Legrand, Digen II.

Schulze: *Ἀρταξέρξης, λίτρα.* KZ 33 (1895) 214.

— Alt- und Neugriechisches. KZ 33 (1895) 224.

Schmitt, Chron.: — s. Verzeichnis 1, s. v. Chron.

— *Erscheinungen:* — J. Schmitt, Über phonetische und graphische Erscheinungen im Vulgärgriechischen. Leipzig 1898.

— *Samstag.* Indog. Forsch. 33 (1895) 366—386.

— *Ριζικόν-risico:* — J. Sckmitt, *Ριζικόν-risico,* Miscellanea linguistica in onore di Graziadio Ascoli. Torino 1901.

Schuchardt, Vokalismus: — H. Schuchardt, Der Vokalismus des Vulgärlateins, 3 Bde. Leipzig 1866—1868.

— Lat. *ilex;* lat. *cisterna,* Zeitschr. f. rom. Philologie 27 (1903) 105—110.

— (Zur Wortgeschichte). Lat. *cisterna.* Zeitschr. f. rom. Philologie 27 (1903) 623—624.

Schwan-Behrens, Altfranzösisch: — E. Schwan, Grammatik des Altfranzösischen, neu bearbeitet von D. Behrens. Leipzig 1901.

Seelman, Ausspr. Lat.. — E. Seelman, Die Aussprache des Latein. Heilbronn 1885.

Thumb, Griech. Sprache: — A. Thumb, Die griechische Sprache im Zeitalter des Hellenismus. Strassburg 1901.

— *Handb.*: — A. Thumb, Handbuch der neugriechischen Volkssprache. Strassburg 1895.

— *Μελέτη περὶ τῆς σημερινῆς ἐν Αἰγίνῃ λαλουμένης διαλέκτου*, 'Αθηνᾶ 3 (1891) 95—128.

— Die griechischen Lehnwörter im Armenischen. BZ 19 (1900) 388—452.

— Beiträge zur neugriech. Dialektkunde. Indog. Forsch. 2 (1891) 66; 7 (1897) 1—37.

— Alt- und neugriechische Miszellen. Indog. Forsch. 14 (1903) 343—362.

— Psychologische Studien über die sprachlichen Analogiebildungen. Indog. Forsch. 22 (1907) 1—55.

— Germanische Lehnwörter im Neugriechischen. Hermann Paul zum 17. März 1902 dargebracht. Strassburg 1902. Germanistische Abhandlungen.

— Zur Vorgeschichte von got. *paida*. Zeitschr. f. deutsche Wortf. 7 (1906) 261—267.

Triantaphyllides, Ξενηλασία: — *M. Τριανταφυλλίδης, Ξενηλασία ἢ Ἰσοτέλεια*, 2 Bde. Athen 1905—1907.

Vasmer, M., Beiträge zur ngr. Grammatik, BZ 16 (1907) 544.

— Zeitschr. f. deutsch. Wortf. 9 (1907) 21, 315.

— Zur Frage über die slav. Lehnwörter in der griechischen Sprache. Zivaja Starina Bd. 15, S. 277.

Weigl, Studien: — L. Weigl, Studien zu dem unedierten astrologischen Lehrgedicht des Johannes Kamateros. Münch. Diss. Würzburg 1902.

Wessely, C., Die lateinischen Elemente in der Gräzität der ägyptischen Papyruskunden. Wiener Stud. 24 (1902) 99—151.

Xanthoudides, Συμβολαὶ εἰς τὸν Weiberspiegel. BZ 16 (1907) 472.

Bei der Bearbeitung der Bedeutungslehre habe ich neben einigen schon angeführten Werken noch folgende Abhandlungen in Einsicht genommen:

Bréal, M., L'histoire des mots (Mémoires et documents scolaires, Nr. 44). Paris.

— Essai de Sémantique. 3. Aufl. Paris.

Cuers, H., Bildung und Bedeutungswandel französischer Infinitive. Progr. d. Lessing-Gymnasiums zu Frankfurt a. M. 1899.

Darmesteter, A. La vie des mots étudiée dans leurs significations. 4. Aufl. Paris 1893.
Franz, G., Über den Bedeutungswandel lateinischer Wörter im Französichen. Progr. des Gymnasiums Wettin. Dresden 1890.
Gabelentz, G. von der, Die Sprachwissenschaft, ihre Aufgaben, Methoden und bisherigen Ergebnisse. 3. Aufl. Leipzig.
Hecht, M., Die griechische Bedeutungslehre, eine Aufgabe der klassischen Philologie. Leipzig 1888.
Heerdegen, F., Lateinische Semasiologie oder Bedeutungslehre, 2er Bd. der Vorlesungen über lateinische Sprachwissenschaft von Chr. K. Reisig, in Calvary's phil. u. archäol. Bibliothek, Bd. 86. Berlin 1888.
Hey, O., Semasiologische Studien, Supplementb. d. Jahrb. f. klass. Phil. 18 (1892) 83--212.
Littré, E., Comment les mots changent de sens (Mémoires et documents scolaires, Fasc. No. 45). Paris 1888.
Morgenrot, K., Zum Bedeutungswandel im Französischen. Zeitschr. f. franz. Sprache u. Literatur 15 (1893) 1—24.
Mühlefeld, Blätter für das Gymn. Schulwesen, herausgg. vom bayer. Gymnasiallehrerverein 31 (1895) 106.
Schmidt. K., Die Gründe des Bedeutungswandels der Wörter. Progr. d. königl. Realg. Berlin 1894.
Schröder, Fr., Zur griechischen Bedeutungslehre, Beilage zum Programm des Gymnasiums zu Gebweiler. Gebweiler 1893.
Stöcklein, J., Untersuchungen zur Bedeutungslehre, Programm des kgl. human. Gymn. zu Dillingen 1894/95.
Thomas, R., Zur historischen Entwickelung der Metapher im Griechischen. Diss. Erlangen 1891.
— Über die Möglichkeiten des Bedeutungswandels, Blätter für das Gymn. Schulwesen, herausgg. vom bayr. Gymnasiallehrerverein 30 (1894) 705—736; 32 (1896) 193—219.
Thomsen, E., Über die Bedeutungsentwinkelung der Scheidewörter des Französischen. Kieler Diss. Kiel 1890.
Waag, Alb, Bedeutungsentwickelung unseres Wortschatzes. Lahr i. B. 1901.
Weise, D., Unsere Muttersprache, ihr Werden und ihr Wesen, 5. Aufl. Leipzig und Berlin 1904.
Wölfflin, E., Über Bedeutungswandel, Verhandlungen der Züricher Philologenversammlung 1887, S. 61—70.

3. Sammelwerke.

Anz. Indog. Forsch.: — Anzeiger für indogermanische Sprach- und Altertumskunde, Beiblatt zu den Indog. Forschungen, herausgg. von W. Streitberger. Strassburg 1892 ff.

Arch. f. slav. Phil.: — Archiv für slavische Philologie, herausgg. von V. Jagić. Berlin 1876 ff.

Arch. glottol.: — Archivio glottologico italiano, diretto da G. J. Ascoli. Roma, Torino, Firenze 1873 ff.

Arch. f. Papyrusf.: — Archiv für Papyrusforschung und verwandte Gebiete, herausgg. von Ulr. Wilcken. Leipzig 1905 ff.

'Αθηνᾶ: — *'Αθηνᾶ, Σύγγραμμα περιοδικόν τῆς ἐν 'Αθήναις ἐπιστημονικῆς 'Εταιρίας*. Athen 1889 ff.

Bezzenb. Beitr.: — Beiträge zur Kunde der indogermanischen Sprachen, herausgg. von A. Bezzenberger. Göttingen 1877 ff.

BZ: — Byzantinische Zeitschrift, herausgg. von K. Krumbacher. Leipzig 1892 ff.

Δελτίον: — *Δελτίον τῆς ἐθνολογικῆς καὶ ἱστορικῆς 'Εταιρίας τῆς 'Ελλάδος*. Athen 1883 ff.

Glotta: — Glotta, Zeitschrift für griechische und lateinische Sprache, herausgg. von P. Kretschmer u. Fr. Skutsch. Göttingen 1907.

Gött. Gel. Anz.: — Göttinger gelehrte Anzeigen. Göttingen.

Hermes: — Hermes, Zeitschrift für klassische Philologie, herausgg. von Fr. Leo und C. Robert. Berlin 1866 ff.

Indog. Forsch.: — Indogermanisehe Forschungen, Zeitschrift für indogermanische Sprach- und Altertumskunde, herausgg. von K. Brugmann und W. Streitberg. Strassburg 1890 ff.

Jahrb. für rom. Phil.: — Jahrbücher für romanische und englische Sprache und Philologie, herausgg. von A. Ebert. Berlin 1859 ff.

KZ: — Kuhns Zeitschrift (Zeitschrift für vergleichende Sprachforsshung). Berlin (Gütersloh) 1852—1907.

Lit. Centralbl.: — Literarisches Centralblatt für Deutschland Leipzig 1850 ff.

Νέος 'Ελληνομν.: — *Νέος 'Ελληνομνήμων*, herausgg. von Sp. Lampros. Athen 1904 ff

Neue Jhb.: — Neue Jahrbücher für Philologie und Pädagogik. Leipzig 1831 ff.

Rev. des ét. gr.: — Revue des études grecques. Paris 1888 ff.

Rev. crit.: — Revue critique d'histoire et de litérature. Paris 1866 ff.

Vollmöll. Rom. Phil.: — Kritischer Jahresbericht über die Fortschritte der romanischen Philologie, herausgg. von K. Vollmöller (u. R. Otto). München-Leipzig 1890 ff.

Wiener Stud.: — Wiener Studien, Zeitschrift für klassische Philologie. Wien 1878 ff.

Zeitschr. f. deutsche Wortf.: — Zeitschrift für deutsche Wortforschung, herausgg. von Fr. Kluge. Strassburg 1898 ff.

Zeitschr. f. rom. Phil.: — Zeitschrift für romanische Philologie, herausgg. von D. Gröber. Halle.

4. Wörterbücher.

Boerio: — Dizionario del dialetto veneziano di Giuseppe Boerio. Venezia 1829.

Clugnet: — Dictionnaire grec-français des mots liturgiques en usage dans l'églice grecque par Léon Clugnet. Paris 1895.

Diez: — Fr. Diez, Etymologisches Wörterbuch der romanischen Sprachen, 5. Aufl. Bonn 1887.

Duc.: — Glossarium ad scriptores mediae et infimae graecitatis, auctore Carolo du Fresne Domino Du Cange. (Lugduni 1688), effigies recens, 1891, 2 Bde.

Duc. lat.: — Glossarium mediae et infimae latinitatis conditum a Carolo du Fresne Domino Du Cange usw. Niort 1883—1887, 10 Bde.

Forcellini: — Totius latinitatis Lexicon, opera et studio Aegidii Forcellini lucubratum usw. 4. Aufl. in 6 Bd. Prati 1858—1875.

Godefroy: — Fr. Godefroy, Dictionaire de l' ancienne langue française et de tous ses dialectes du 9. au 15. siècle, 10 Bde., Paris, 1881—1902.

Hesych.: — Hesychii Alexandrini Lexicon post Joannem Albertum rec. Mauritius Schmidt. 5 Bde. Jena 1858—1868.

Körting: — G. Körting, Lateinisch-Romanisches Wörterbuch, 3. Aufl. Paderborn 1907.

Meursius: — Joannis Meursius Glossarium Graecobarbarum, edito altera. Leyden 1614.

Meyer, Alb. Wörterb.: — G. Meyer, Etymologisches Wörterbuch der albanesischen Sprache. Strassburg 1891.

Prellwitz: — W. Prellwitz, Etymologisches Wörterbuch der griechischen Sprache. Göttingen 1905.

Redhouse: — S. W. Redhouse, A turkish and english Lexicon, shewing in english the significations of the turkish terms. Constantinople 1890.

Rigutini: — G. Rigutini di Bulle, Nuovo Dizionario Italiano-Tedesco e Tedesco-Italiano. 2. Aufl. 1. Bd. (= Italienisch-deutsch). Leipzig 1897.

Somav.: — A. Somavera, Tesoro della lingua greca volgare ed italiana usw. Paris 1709.

Soph.: — E. A. Sophokles, Greek lexicon of the Roman and Byzantine Periodes. 3. Aufl. Neu-York 1887. (Die erste Ausgabe von 1860 wird besonders bezeichnet).

Suidas: — Suidae Lexicon graeee et latine post Th. Gaisfordum rec. G. Bernhardy. 2 Bde. Halis et Brunsvigae 1853.

Thesaurus: — Thesaurus linguae latinae editus auctoritate et consilio academiarum quinque germanicarum Berolinensis Gottingensis Lipsiensis Monacensis Vindobonensis. 2 Bde. Leipzig 1900—1906. (unvollständig).

Ungarelli: — G. Ungareili, Vocabolario del dialetto Bolognese. Bologna.

Walde: — A. Walde, Lateinisches Etymologisches Wörterbuch, Heidelberg, 1906.

Sonstige Abkürzungen.

Abg.	= Abgeleitete.	germ.	= germanisch.
Adj.	= Adjektiv.	geschr.	= geschrieben.
Adv.	= Adverb.	got.	= gotisch.
afranz.	= altfranzösisch.	griech.	= griechisch.
agr.	= altgriechisch.	hind.	= hindustanisch.
aital.	= altitalienisch.	hlat.	= hochlatein.
Akk.	= Akkusativ.	intr.	= intransitiv.
akslav.	= altkirchenslavisch.	ital.	= italienisch.
alat.	= altlatein.	jur.	= juristisch.
alb.	= albanesisch.	kalabr.	= kalabresisch.
allggr.	= allgemeingriechisch.	klass.	= klassisch.
anlaut.	= anlautend.	lat.	= lateinisch.
Anm.	= Anmerkung.	Lehnw.	= Lehnwort.
apikard.	= altpikardisch.	mgr.	= mittelgriechisch.
aslav.	= altslavisch.	milit.	= militärisch.
aspan.	= altspanisch.	mlat.	= mittellatein.
Ausdr.	= Ausdruck.	ndl.	= niederländisch.
avenez.	= altvenezianisch.	nfranz.	= neufranzösisch.
bulg.	= bulgarisch.	ngr.	= neugriechisch.
byz.	= byzantinisch.	nordital.	= norditalienisch.
chazar.	= chazarisch.	o.	= oben.
Dem.	= Deminutiv.	orient.	= orientalisch.
Druckf.	= Druckfehler.	pass.	= passim.
Einl.	= Einleitung.	pers.	= persisch.
Etymol.	= Etymologie.	Pl.	= Plural.
Fem.	= Femininum.	prov.	= provenzalisch.
franz.	= französisch.	rhätor.	= rhätoromanisch.
frühbyz.	= frühbyzantinisch.	rom.	= romanisch.
Fussn.	= Fussnote.	russ.	= russich.
gemeinital.	= gemeinitalienisch.	s.	= sieh.
genues.	= genuesisch.	saraz.	= sarazenisch.

serb.	= serbisch.	u.	= unten.
sizil.	= sizilianisch.	übertr.	= übertragen.
slav.	= slavisch.	übrlf.	= überliefert.
span.	= spanisch.	var.	= Variante.
südit.	= süditalienisch.	venez.	= venezianisch.
term. techn.	= terminus technicus.	vgl.	= vergleiche.
trans.	= transitiv.	vlat.	= vulgärlatein.
türk.	= türkisch.	Vok.	= Vokativ.

Zeichenerklärung.

* Vor dem Stichworte, bezw. vor einer Bedeutungsangabe: *nicht belegt.*

× Vor den griech. Lehnwörtern, bezw. vor ihrer Bedeutungsangabe: *belegt, aber nicht in meiner Zusammenstellung vorkommend.* Dieses Zeichen habe ich jedes Mal gebraucht, wo aus dem Zusammenhang nicht ersichtlich ist, dass das bezeichnete Wort nicht in meinem Material vorkommt.

* Nach den griech. Lehnw.: *heute allgemein gebraucht.*

(*) „ „ „ „ *heute veraltet.*

‡ „ „ „ „ *heute dialektisch gebraucht.*

† „ „ „ „ *heute üblich aber unter einer anderen Form.*

*̤ „ „ „ „ *heute nur oder verwiegend in einer anderen Bedeutung vorkommend.*

> bedeutet: *wird, gibt, ist geworden.*

< bedeutet: *stammt aus.*

= bedeutet: *geben* (bei den durch Kreuzung kontaminierten Formen)

: bezeichnet irgend ein Verhältnis zweier Formen zu einander, ebenso die gerade Inversion (s. § 45 A).

:: bezeichnet die oblique Inversion (s. § 45 B).

|| bedeutet: *Anlehnung an, analogisch umgebildet nach* (s. Kap. IV).

× bedeutet: *Kreuzung mit, gemischt mit.*

\+ bedeutet: *zusammengesetzt mit,* oder verbindet zwei durch Assimilation auf sich wirkende, bezw. durch sie entstandene Laute

— verbindet zwei durch Dissimilation sich beeinflussende bezw. durch sie hervorgerufene Laute.

? steht für eine fragliche Form.

(?) nach den Zeichen >, <, ||, ×, nach einem Stichwort oder seiner Bedeutungangabe bedeutet, dass die gegebene Ableitung oder Erklärung, das Stichwort oder seine Bedeutung zweifelhaft sind.

Dieselbe Ungewissheit wird ausgedrückt, wenn das Zeichen einem Buchstaben beigefügt wird z. B. π(?)άτσος bedeutet, dass die Form πάτσος (für μπάτσος) nicht sicher ist.

Im zweiten Teil werden noch folgende Zeichen gebraucht:

‡, *̮, (†), (‡), (*̤), †*̤, *̑, ×̤, (= ?) und *̮, †.

Ihre Erklärung findet man im § 71; ebenda (S. 118) findet man die Erklärung der runden und eckigen Klammern.

Orientierende Erläuterungen.

Zur Orientierung des Benutzers dürfte es zweckmässig sein, noch einige Winke über die äussere Anlage der folgenden Darstellungen vorauszuschicken.

Belege habe ich den einzelnen Stichwörtern beigefügt, so oft ich, ihre Erwähnung zum Verständnis der betreffenden Erscheinungen für nötig gehalten habe. In der Bedeutungslehre bin ich dabei mit Auswahl vorgegangen, in der Lautlehre dagegen habe ich im betreffenden Falle alle bezüglichen Texte, meistens mit Hinweis auf die Zeilen-, bezw. Vers- oder Seitenzahl, zitiert. *Bis*, *ter*, *quater*, *saepe* beziehen sich auf die Häufigkeit des Stichwortes in derselben Zeile (Vers oder Seite), *pass.* = *passim*) auf seine Wiederholung innerhalb desselben Textes. Denn, wenn das Stichwort mehr als zweimal in demselben Texte wiederkehrt, dann wird dem ersten Beleg ein pass. beigefügt, falls nicht alle Stellen zitiert werden.

Die Belege kommen in der Regel nach dem Stichworte, und werden, wenn es mehrere und mit einer Zahl bezeichnete gibt, durch ein Komma getrennt. — Wenn ein Beleg durch ein Komma vom Stichwort getrennt wird, so bezieht er sich nicht nur auf dieses, sondern auch auf die vorangehenden verwandten Formen, z. B. S. 26 *φορνικόν* : *φουρνικόν*, Porph., bedeutet, dass beide Formen bei Porph. vorkommen, S. 73 Imper. II 367, 717, *λαπρός*, bedeutet, dass *λαπρός* in den Versen 367, 717 vorkommt.

Sonstige Erläuterungen findet man in den Vorbemerkungen zu den §§ 47 (S 79), 63 (S. 102), 71 (S. 114 ff.).

Texte mit doppelzahligen Hinweisen sind Alph. ag., Chr. Ath., Chr. Ekth., Hermon., Malal., Myth., Pent., Porph., Theoph. Die einzelnen Zahlen werden durch Komma, die einzelnen Hinweise durch Semikolon getrennt.

Texte, bei denen die Beschaffenheit der Ausgabe eine zweifache Nummerierung bedingt, sind: Aen. lex., Digen. V, Jatros.

Vgl. noch S. 17 der Einleitung, Vorbemerkung.

Nachträge und Berichtigungen.

Nachträge zum Literaturverzeichnis.

Obwohl ich in meinem Verzeichnis keineswegs vollständige Literaturangaben zu geben beabsichtigte, so will ich hier einige Abhandlungen zitieren, die ich erst während des Druckes benutzt oder zur Kenntnis genommen habe:

Chatzidakis, Besprechung von K. Dieterich Sporad., in *Ἀθηνᾶ* 20 (1908) 535–589.

Kamat. II: — Johannes Kamateros *Εἰσαγωγὴ Ἀστρονομίας*. Ein Kompendium griechischer Astronomie usw. bearbeitet von L. Weigl. II. Teil. Progr. d. Kgl. Progymn. Frankenthal 1908. Würzburg 1908.

Meyer, Ital. Gramm.: — W. Meyer-Lübke, Italienische Grammatik. Leipzig 1890.

Psichari, Effendi: — J. Psichari, Effendi, Extrait des Mélanges de philologie et de linguistique offerts à M. L. Havet. Paris 1908.

— *Septante*: — J. Psichari, Essai sur le grec de la Septante, Extrait de la Revue des Études Juives gr. 1908.

Renauld, É., Les mots latins dans la „Synopsis legum“ et le „De legum nominibus“, de M. Psellos. Extrait des Mémoires de l'Académie des sciences, inscriptions et belles lettres de Toulouse, 10. série, 8 (1908) 97—96.

Rigutini e Fanfani, Vocabolario Italiano della lingua parlata, Firenze.

Schuchardt, Slawodeutsch: — H. Schuchardt, Slawodeutsches und Slawoitalienisches. Dem Herrn Franz von Miklosich, zum 20. Nov. 1883. Graz 1884.

Weise, Griech. Lat.: — O. Weise, Die Griechischen Wörter im Lat. Leipzig 1882 (Preisschriften gekrönt und herausggb. von der Fürstlich Jablonowski'schen Gesellschaft zu Leipzig, Nr. 23).

Windisch, Mischspr. und Lehnw.: — Windisch, Zur Theorie der Mischsprachen und Lehnwörter. Berichte über die Verhandl. d k. sächs. Gesellsch. d. Wiss. z. Leipzig, Philol.-hist. Cl. 1897, 2, S. 101—126.

Sonstige Nachträge und Berichtigungen.

S. 17 Einl., Zeile 19 lies *ψυχωφελής* st. *Ψυχωφελής*.

S. 17 Einl., vorletzte Zeile lies *bloss* st. *blos*.

S. 18 Einl. drittletzte Z. lies *Sophocles* st. *Sophokles*.

S. 2, Zeile 13 lies **καρούκα* statt *καρούκα*.

S. 3, Z. 19, zu *κορτέλα*, avenez. *cortela*, vgl. noch ital. *cortello*, rätor. *kurtiš* (Körting).

S. 3, Z. 28 lies *καμουχάς* st. *καμουχᾶς*.

S. 7, Z. 6 (auch sonst manchmal) lies Essais st. Éssais.

S. 7, Z. 19 (auch S. 14, Z. 33) lies **πεδικλώνω* st. *πεδικλόνω*.

S. 18, Z. 8. Nicht arab. *qirwan* sondern türk. *karvan* muss das Stammwort von griech. *καρβάνιον* sein (s. S. 147). Das mittlere *α* in *καραβάνι* findet sich auch in den anderen Balkansprachen (Mitteilung des Herrn Dr. Buturas).

S. 18, Z. 20 lies **ζακόνι* st. *ζακόνι*.

S. 19, Z. 11 lies *lectuca* st. *lectica*.

S. 23, Z. 16 ff. Vgl. damit auch Kretschmer, Lesbisch. Sp. 139.

S. 24, Z. 5. Bei *ὀξέδρα* könnte man auch an eine Anlehnung an *ὄξω* denken (Dr. Buturas).

S. 27, Z. 6 lies *κουτράδα* für *κουντράδα*.

S. 28, Z. 15 (ebenfalls S. 67, Z. 25). *Βράβουλος* stammt (Chatzidakis, brieflich) aus agr. *βράβυλον*. In Kreta nennt man *δράβυλα* das Obst.

S. 30, Z. 19 (auch S. 105, Z. 5). Zur Form *δομέστικος* vgl. Psichari, Études S. 243, wo *δεμέστιχος* an das Vlat. zurückgeführt wird.

S. 31, Z. 9 ff. Vgl. damit *καλοτυχιά* : *καλοθιά*, *ξωτικιά* : *ξωθιά*, bei Philentas, *Γραμμ.* S. 71 und die ebenda gegebene Erklärung.

S. 32. Über die im § 16 angegebene Vasmer'sche Erklärung habe ich schon ebenda meine Bedenken geäussert. Ich möchte noch hier besonders auf den S. 33 unter Klammern angeführten Fall *καρδινάλιος* > *γαρδινάλιος* hinweisen, bei dem die gegebene Deutung unmöglich gelten kann, da das Wort ein spätes lat. (wenn nicht ein ital.) Lehnw. ist. Das Gesetz von Vasmer muss demnach modifiziert werden.

S. 34, § 18. Zu der gegebenen Erklärung des Lautwandels im Anlaut bemerkt Chatzidakis (brieflich), dass sie folgenden Tatsachen widerspricht: Neben *πάγκος* sagt man auch (*τὸ*) *Πάγκειον* (Athen), daneben die Neutra *τὸ περγαντί*, *τὸ παζάρι* [Nur bei den mgr. *ἕναν* περγαντί usw. könnte man den Wandel aus dem Sandhi erklären]. Ausserdem findet man stets auch in der nächst folgenden Silbe einen stimmhaften Konsonanten.

S. 41, drittletzte Z. Nach einer brieflichen Mitteilung des Dr. Buturas wären die Formen μούρτζιος usw. aus walachisch μοῦργκος* „Hirtenhund" abzuleiten. Heute wird μούρτζιος von Hunden und (wohl übertragen) von Menschen gesagt.

S. 48, Z. 2 lies πρωτονωμβελίσσιμος st. πρωτονωμβελλίσσιμος.

S. 51, Z. 29 lies πρόκενσον st. πρόκινσον.

S. 53, Z. 1 lies παίντζω statt παίνζω.

S. 54, Z. 22 lies *φάκλα st. *φάκλα.

S. 55, Z. 13 lies πραιπόσιτος st. πραιπόζιτος. Dies ist kein Druckfehler, denn irregeführt durch die heute übliche Aussprache des Lat., so wie der roman. Wörter und der griech. Lehnwörter (z. B. ντεπόζιτο), habe ich wiederholt in meinen Aufzeichnungen πραιπόζιτος, πραιζεντάλιος usw. geschrieben. Die durch diesen lapsus veranlasste Bemerkung (l. c.) verliert jedoch durch diese Berichtigung ihre Berechtigung nicht. Es finden sich nämlich bei Psellos die Formen δεποζίτης, δεποζίτι, ἰνοφικιόζο neben δεποσίτι, ἰνοφικιόσο: vgl. Rénauld, Les mots latins dans la Synopsis (s. Nachträge).

S. 62. Zum Wandel νσ > σ ist noch zu vergleichen Triantaphyllidès, Lexique de Theophile et des Novelles S. 263, in Psichari, Études.

S. 65, vorletzte Z. zu ἀσλάνι, ἄσλι ist noch beizufügen Ἰσλαμ(ισμός), ἐξισλαμίζω, Ἰσλανδία.

S. 68, Z. 7 lies Orient. st. Lat.

S. 69, Z. 19. Τεφτεράρης könnte als Neubildung (τεφτέρι + άρης) betrachtet werden (Dr. Buturas).

S. 74 B (s. auch S. 76). Βαβά scheint eine volkstümliche und keine gelehrte Form zu sein. Ich finde sie wiederholt bei Χρηστοβασίλης, Διηγήματα τῆς Ξενιτειᾶς, Athen 1907 (S. 11, 17, 18, 21 usw.), daneben βαβούλω (S. 21, 22), wohl zu unterscheiden von μπαμπούλας. Dagegen aber wäre vielleicht βουμπάρδα S. 64, Z. 23 als eine gelehrte Form von μπουμπάρδα zu betrachten.

S. 76, Z. 1. Vgl. dazu Psichari, in Rev. des ét. gr. 20 (1907) 291.

S. 79, Z. 20 (auch S. 11, drittletzte Z.). Die Ableitung von αὐγατίζω aus *augeo* macht Schwierigkeiten. Chatzidakis (in brieflicher Mitteilung) vermutet, dass es aus ἐκβαλτός > βγαλτίζω βγατίζω stammt. In Kreta sagt man ξεβγαρτίζω „ein Werk zu Ende führen". Danach ist das Wort mit β zu schreiben. Ich habe es nicht in der

Aufzählung des § 75 aufgenommen. — Bei dieser Gelegenheit möchte ich bemerken, dass in den Listen des 2. Teiles auch einige andere der im 1. Teil besprochenen Wörter, teils aus Versehen, teils aus anderen Gründen ausgelassen worden sind.

S. 75. Zum Fall B d vgl. noch die Buchformen *δόγης* Doge, *χεδίβης* Kediwe, welche ziemlich verbreitet sind, statt der Formen *ντούζης* Chron., *κεντίβης* ‡.

S. 80 am Schluss der Aufzeichnung der lat. Elemente sind noch folgende Fälle hinzuzufügen: *ὀρδινιάζω* verordnen, befehlen > beschliessen (?); vgl. Koron. 14 Vers 15 — *πάκτον* Vertrag > Tribut; — Vertrag > Verpachtung — *πόρτα* Türe, Tor > Siegestor; Belis I 281, II 469 — *ῥάσον* grober Wollstoff, grober Mantel > Mönchskleid. (Die zweite Bedeutung kommt indessen auch bei lat *rasum* vor). — *ῥωμανήσιον* Riegel; wahrscheinlich entstand diese Benennung aus der „römischen" Art der Verriegelung, oder der Beschaffung der Riegel. — *σακέλλα* Kasse > Benennung eines Saales einer Kirche in Konstantinopel. — *σέκρετον* Privatzimmer > Kasse; — Privatzimmer > Name einer Gesellschaft in Konstantinopel. — *σέλλα* Stuhl > breiter Stuhl für Gebärende. — *τρούλλα* Wölbung > Kuppel. — ˣ*φάκλα φατλίον* Fackel > *φακλαρέα* ein Tanz, bei dem die Beteiliger brennende Fackeln in den Händen hielten.

S. 85, zum § 52 vgl. einiges bei Franz, Über den Bedeutungswandel im Französischen.

S. 108, Z 14. Nach einer brieflichen Mitteilung des Dr. Buturas haben wir in *θαμπούρα* (neben *ταμπούρι*, *ταμπουράς*) den Versuch zu erkennen das türk. dal, welches im Gegensatz zum te eine Aspirata ist, wiederzugeben.

Erster Teil.

Sprachliches.

Lautlehre.

§ 1. Vorbemerkungen.

Drei Kategorieen von Erscheinungen sind aus den folgenden Untersuchungen auszuschalten:

1. Solche Formen, welche weder auf Grund der ngr. Erscheinungen, noch aus den altgriechischen erklärt werden können und einen Gegensatz zu den allgemeinen Gesetzen der griechischen Sprache bilden; solche Formen finden ihre Erklärung in der Unwissenheit, der Geschmacklosigkeit oder der Altertümelei der Verfasser oder Schreiber; vgl. Chatzidakis, *Μεσ.* I 373 (wiederholt in *Μεσ.* II 335). Hierzu gehören *ἠκκόμπισες* bei Glykas, *φυσάτον* bei Tamyrl., wenn die Lesart richtig ist, *τζυκκάλιν* bei Jatr., *τομφάκιον* bei Belis. II, *σαρμούνιν* bei Georg. und alle ähnlichen gezierten Formen in den mittelalterlichen Texten; ausserdem noch einige Fälle von gelehrter Volksetymologie, wie *ἐκδούριν* Prodr. IV 478.

2. Diejenigen Erscheinungen, welche ihre Erklärung schon in den fremden Sprachen finden können; wenn z. B. im venez. Dialekt *capetanio* statt ital. *capitanio* vorkommt, so brauchen wir nicht *καπετάνιος* aus *καπιτάνιος* mit Anlehnung an *κατ᾽ ἐπάνω* erklären zu wollen; oder wenn die ital. Sprache zwar *lisciva* aufweist, ein prothetisches *a* aber in anderen romanischen

Idiomen vorkommt, so wird es wahrscheinlich, dass das *α* bei *ἀλισίβα*, sich nicht selbständig auf mittelgr. Boden entwickelt hat. Meistens haben wir in solchen Fällen Doppelformen, welche auf Doppelformen in der fremden Sprache beruhen, sie mögen nun verschiedenen Dialekten angehören oder nicht.

Auf lateinische Doppelformen sind folgende griechische Doppelformen zurückzuführen:

βισκόμις, *βεσκόμις* zu lat. *vicecomes, vescomtessa,*
κάμαρα, *κάμερα* aus lat. *camara, camera,*
πεδατούρα, *πεδιτούρα* aus lat. *pedatura, peditura,*
σκουτάριος, *σκουτέρης* aus lat. *scutarius, scuterius.*

Καρούκα, *καρούχα* stehen den lat. Formen *caruca, carucha* gegenüber, es scheint aber, dass lat. *carucha* aus den griech. *καρούχα*, *καροῦχος* stammt, die mit Anlehnung an *-οῦχος* gebildet worden sind; vgl. Meyer, Studien III S. 28.

Griechische Doppelformen, welche auf italienischen Doppelformen beruhen, sind:

**ἀλαργάρω ἀλάργα ἀλαργητοῦ* : *λαργάρω* < *allargare* : *largare,*
ἀδραγάντε : **δράκαντον* Somav. < *adragante* : *dragante,*
κολτούρα : *κουλτούρα* < *coltura* : *cultura,*
κορτεσάνος : *κορτισάνος* < *cortegiano* : *cortigiano,*
μπίφερα : *μπίφαρο* < *piffero* : *pifaro,*
παγόνι : **παβόνι* < *pagone* : *pavone,*
πόπολο : *πόπουλο* < *popolo* : *populo,*
τεμόνι : *τιμόνι* < *temone* : *timone*; Chatzidakis, *Μεσ.* II 352 betrachtet *τεμόνι* als eine lat. Entlehnung.
τρενσιέρα : *τρινσιέρα*, *τρενσέρα* < *trinciere* : *trincere.*

Die eben angeführten griechischen Doppelformen finden in der gemeinitalienischen Sprache ihre Erklärung; da aber die italienischen Lehnwörter der griechischen Sprache sehr oft aus den Dialekten, besonders dem venezianischen, stammen, so finden sich häufig Erscheinungen, welche durch die italienischen Dialekte erklärt werden müssen, z. B. erklärt sich *καδέκλα* neben *καρέγλα* nur durch eine Kontamination des nordital. *cadecla* und des gemeinital. *carega*.

Auf venezian.-gemeinitalienische Doppelformen gehen folgende Formen zurück: *ἀμπασιαδόρος-ἀμπασαδόρος*, *γιόστρα-τζόστρα*, *ζιπόνι-τζιμπούνι*, *γιούπα-ζούπα*, *καπετάνιος-καπιτάνιος*, *κουβέρτα-κουπέρτα*; darüber s. „Untersuchungen".

Dasselbe gilt von Wörtern, denen die italienische und eine andere romanische Form, z. B. die französische, zu Grunde liegt; so

ἀμεράγιος	aus ital.	*amiraglio*	ἀμιράλης	aus franz. *amiral*
μπαροῦνος		*barone*	μπαρούς	*baron*[1])
πρεζενταρίζω		*presentare*	πρεζαντίζω πρεζεντίζω	*presenter*
πρίτζιπε πρίντζιπας		*principe*	πρίτζης	*prince*
ρέ		*re*	ρόε ρόι ροῦνα	*roi, roine*
φρά φράρος		*fra fraro*	φρέ φρέρης	*frère*.

Die Dialekte mit ihren älteren Formen geben uns auch manchmal die Lösung für Erscheinungen, die sonst aus dem Griech. zu erklären wären; so muss *κουρτέλα* zu ital. *coltella*, aus avenez. *cortela* abgeleitet werden. Da nun nicht alle mlateinischen und romanischen Erscheinungen bekannt, oder wenigstens mir nicht bekannt sind, so musste ich manches aus dem Griechischen zu erklären suchen, das vielleicht ihm doch fremd war.

Aus dem Türkischen sind wahrscheinlich folgende Doppelformen entlehnt: *βοϊβόντας* : *βοεβόδας*, *σολτάνος* neben *σουλτάνος*. Das mittlere *α* von ˣ*καραβάνι* ist wahrscheinlich aus dem *r̥*-Laut in *qirwan* durch Assimilation entstanden, während das *ου* in *καμουχᾶς* aus dem *m̥* des *kamkha* unter dem Einflusse des Labialen entstanden ist.

Von den slavischen Lehnwörtern sind *βοάνος* und *βοεάνος* beide entlehnt, was ich aber nicht behaupten kann von

1) Vgl. *γαρνιζούν*, *κομεσιούν*, *παρτούν* aus *garnison*, *commission*, *pardon*; die Endung *-ούς* für *-ούν* ist ein weiterer Schritt zur Anpassung des Wortes an die entlehnende Sprache; vgl. (*ἡ*)*κομεσιού* Chron. 7994 var.

βολιάς: *βοϊλάς*; *μοῦντος* kommt vielleicht aus **μουντός*, und hat den Akzent verschoben mit Anlehnung an *ἄσπρος*, *γρίβας*, *μαῦρος* usw.

3. Wir haben eben gesehen, dass der Unterschied in der Lautgestaltung der Lehnwörter auf einem örtlichen (dialektischen) Unterschied beruhen kann; die Zeit ist aber auch ein Faktor der uns hier interessiert. Die Art nämlich, auf welche eine Sprache einen fremden Laut wiedergiebt, wird durch das Verhältnis bestimmt, welches zwischen ihren Lauten und denjenigen der fremden Sprache besteht; da aber die Aussprache einer Sprache nicht stets dieselbe bleibt, so wird sich jeder Lautwandel in dem Verhältnis beider Sprachen abspiegeln, und ein zu verschiedenen Zeiten entlehntes Wort kann zwei verschiedene Formen aufweisen. Diese Erscheinungen werden ebenfalls in den „Untersuchungen" behandelt.

Im Anschluss daran sei hier noch bemerkt, dass ein Fremdwort nicht immer mit derselben Sicherheit wie ein Wort der Muttersprache als Beleg für eine Erscheinung der letzteren angeführt werden kann, falls nicht bewiesen ist, dass dieser Vorgang erst nach der Einbürgerung des Wortes stattgefunden hat. Denn, die fremden Laute sind nur annähernd denjenigen der Muttersprache ähnlich, und da sie nicht genau wiedergegeben werden können, ja nicht einmal stets richtig gehört und aufgefasst werden, sind sie Umgestaltungen ausgesetzt, denen vielleicht die einheimischen Wörter, bezw. die schon eingebürgerten Fremdwörter, nicht so leicht unterliegen würden. Da nun die Fremdwörter Lautschwankungen unterliegen, kann man sie als Beispiele schon bekannter und bewiesener Vorgänge anführen, nicht aber mit ihrer Hilfe eine Erscheinung beweisen; vgl. dazu die oben angeführten Fälle **χαραβάνι*, *καμουχᾶς*, die nicht als Beispiele für spontane Vokalentwicklung zwischen Konsonanten ohne weiteres angesehen werden dürfen. Eine Andeutung dieses Grundsatzes finden wir schon bei Chatzidakis, *Μεσ.* I 236.

Noch eine Bemerkung möchte ich diesen sprachlichen Untersuchungen vorausschicken. Es giebt Erscheinungen, welche mehr als eine Erklärung zulassen; besonders häufig sind die Fälle, wo man durch Volksetymologie eine Form leichter erklärt als durch rein lautliche Umgestaltnng. Chatzidakis, *Μεσ.* II 342, weist darauf hin, dass der Volksetymologie nicht immer die ihr gebührende Bedeutung zuerkannt wird; man muss sich aber auch hüten in den entgegengesetzten Fehler zu verfallen; denn „es ist ein Gebiet, auf dem begreiflicher Weise der Vermutung ein weiter Spielraum gewährt ist, während sichere Feststellungen schwierig sind“, [1]) besonders wenn es sich um eine Wortumbildung handelt, die in entfernten Jahrhunderten stattgefunden hat. Aus diesem Grund, wie auch der leichteren Uebersicht wegen, habe ich in nicht ganz sicheren Fällen es vorgezogen, die Erscheinungen auch bei den Rubriken des Lautwandels unterzubringen und zu gleicher Zeit auf die volksetymologische Erklärung hinzuweisen; manchmal ist es ja nicht ausgeschlossen, dass mehr als eine Ursache den Wandel hervorgebracht hat.

Um bei den folgenden Untersuchungen das Verhältnis der jeweiligen Erscheinungen bei den Lehnwörtern, die aus den verschiedenen Sprachen stammen, richtig abschätzen zu können, muss man folgendes ins Auge fassen:

1. Von den circa 1250 Lehnwörtern, welche meine Zusammenstellung enthält, sind ungefähr 630 lateinisch, 300 italienisch, 140 türkisch-orientalisch, 40 slavisch und 50 französisch, rumänisch oder nicht näher bestimmbare romanische Lehnwörter.

2. Die lateinischen Lehnwörter sind seit fast zwei Jahrtausenden, die romanischen dagegen seit 400 bis höchstens 1000 Jahren in die Sprache eingedrungen; [2]) für die türkischen Lehnwörter ist dieser Zeitraum geringer, während er für die übrigen orientalischen und die slavischen Elemente verschieden ist. Es ist klar, dass Wörter, die seit längerer Zeit in eine Sprache eingedrungen sind, sich mehr an lautlichen oder semasiologischen Wandlungen beteiligt haben.

---

1) Paul, Prinzipien S. 145.

2) Das Verhältnis dieser Zeitabstände wird noch grösser, wenn wir von der Zeit ausgehen, in der die Schriften abgefasst worden sind.

3. Bei den lateinischen und romanischen Lehnwörtern ist in den meisten Fällen das Urwort bekannt, während man nicht immer genau die präzise ursprüngliche Form einer orientalischen oder slavischen Entlehnung erforschen kann. Ausserdem bin ich auf dem türkischen und slavischen Gebiete nicht bewandert, so dass ich in manchen Fällen auf unsichere Erkundigungen angewiesen war, ohne immer feststellen zu können, ob eine Erscheinung aus dem Griechischen zu erklären ist. Wenn man z. B. die Formen *μαχλάμιν, μαχλάβιν, μοχλάμιον, μοχλόβι*, die wahrscheinlich auf ein arabisches Wort zurückgehen, vergleicht, so findet man Erscheinungen, welche nach der lautlichen Gestalt des fremden Wortes (vorausgesetzt dass sie einheitlich gewesen ist), als Assimilation, Dissimilation, Metathese, usw. aufzufassen sind; vgl. noch *καδής* und *κατής*, ×*μπεγλέρμπεης* und *μπεχλέρμπεης*.

Erstes Kapitel.

Vokalismus.

A. Vokalwandel.

§ 2. Vokalverdunkelung in der Nähe von Palatalen und Labialen.

Psichari, Éssais II S. 58 Einl. — Thumb, Indog. Forsch. 2 (1891) 105 ff. 117 ff.; Handb. S. 5. — Dieterich, Untersuch. S. 22, 23. — Chatzidakis, *Μεσ.* II S. 280 ff. — Philentas, *Γραμμ.* S. 79.

Alle Vokale können in *ου* übergehen, wenn sie sich in der Nachbarschaft von Palatalen oder Labialen befinden; bei allen diesen Fällen muss man als Zwischenstufe annehmen die Schwächung des Vokals, und dann seine *ου*-Färbung unter dem Einfluss des benachbarten Konsonanten (Chatzidakis).

Lateinische Wörter.

κοδιμέντον > *κουδουμέντον*, *Κουδούμεντος*.

κόμεντος, *κομεντιανός* s. § 36 > *κουμέντιον* (?) Tragog. 182.

λάβαρον > *λάβουρον* Porph. 11, 21 pass. (auch **λάβωρον*) *λαβουρήσιος* Porph. 718, 8.

πεδικλώνω > *πεδουκλώνω*.

ποκάμισον > *πουκάμισον*, *πουκαμισάτος*.

φισκίνα > *φουσκίνα* Achill. II 724 pass.

**κοχλιάριον*, **χολιάρι* > **χουλιάρι*, *χουλιάρα*; besser ist auf diese Weise *χουλιάρι* zu erklären als aus **κοχλιάριον* > *χλιάριν* > **χουλιάρι*.

Italienische Wörter.

βιτσερές, *βιτσορές* > *βιτσουρές*.

gaglioffo > *γαλουφιά*.

Orientalische Wörter

arab. *qalʿa* > *κουλάς, γουλάς.

Slavische Wörter.

akslav. *mątinu* > *μοντός > *μουντός > μοῦντος, vom Pferd, Achill. II 475 pass. Digen. II 2101, 2119.

*πέστροφα > πέστρουφα.

§ 3. Vokalwandel in ε in der Nähe von Liquidae.

Foy, Lautsyst. S. 99, 2. — Meyer, Portius S. 73. — Thumb, Handb. S. 5; Indogerm. Forsch. 2 (1891) 85 ff., 100 ff. — Dieterich, Untersuch. S. 3, 11. — Chatzidakis, *Μεσ.* I S. 237 ff. — Psychares, *Ῥόδα* S. 184 ff. — Philentas, *Γραμμ.* S. 77 ff.

A. ε in der Nähe von ρ.

Lateinische Wörter.

liburna *λιβυρνίς, *λίβυρνον > λίβερνον Malal. 373, 2.

*παράτον > *περάτον > πέρατον Porph. 285, 10; 284, 12, vielleicht aber mit Anlehnung an πέρας; πέρατον bedeutet ja den Befehl „fertig" zu sein.

Auch bei einigen anderen Beispielen kann man nicht den Wandel Son. > ε der Nachbarschaft von ρ zuschreiben: δηνάριον > δηνέριον bei Apokop., Chron., Sachl. I, kann auch durch Kontamination mit dem ital. Lehnwort ντινέρι entstanden sein (Chatzidakis, *Μεσ.* II 352); κάμερα neben κάμαρα beruht schon auf einer Doppelentlehnung aus dem lat. *camara*, *camera*; ξερματώνω, ξερμάτωτος gehört auch nicht hierher (vgl. unten § 7).

Italienische Wörter.

amiraglio > ἀμεράγιος, daneben ἀμιράλης aus franz. *amiral*.

πουργατόριον > περκατέριον Sachl. II 244 var. Zum Wandel γ (= γκ) > κ s. § 34.

*σαρδέλα > τσερδέλα Prodr. III 255, oder Assimilation.

σίγουρον > σίγερον Chron. 5283.

τρινσιέρα Phort. 834 „Erdeinschnitt" > τρενσιέρα Phort. 779, τρενσιέρα Phort. 770; s. auch § 8.

Vielleicht gehört auch hierher *punteruolo*; > πουνταρέλινον „Pfriem, Locheisen“ Phort. 635.

Orientalische Wörter.

Arab. *nārang* > νεράντζι, oder ‖νερό.
Türk. σουργούνης > σεργούνης.

Slavische Wörter.

δραγάτης Aen. lex. II 39. Kallim. 926 pass., δραγατεύω Kallim. 2459. Lybistr. II 771, > δεργατεύω Lybistr. 928.

B. ε in der Nähe von λ.

Lateinische Wörter.

βιλλάνος > βελλάνος.
καβαλλάριος, καβαλλάρης > καβελλάριος, καβελλάρης.
μαξιλλάρι > μαξελλάρι.

Es ist jedoch nicht sicher, dass der Wandel ι > ε immer auf griech. Boden stattgefunden hat; *nobilissimus* > νωβελίσιμος, βελλάνος, σελέντιον usw., lassen sich besser aus der lat. Aussprache erklären; s. unten § 8. Das ε in δελματικόν ist auch lateinisch (*delmatica*).

Italienische Wörter.

λιμόνι Ger. kor. 70 > λεμόνι, Λεμόνιος Porik. 6, κιτρολεμονίτσι Ger. kor. 165.

§ 4. ε > ο in der Nähe eines Labialen.

Meyer, Portius S. 79. — Thumb, Indog. Forsch. 2 (1891) 91; Handb. S. 5. — Meyer, Studien III S. 5. — Philentas, Γραμμ. S. 78.

In der Nähe von Labialen tritt in einigen Fällen Verdumpfung des ε-Vokals ein; die Bedingungen, unter denen diese Erscheinung eintritt, sind noch nicht untersucht und aufgeklärt worden.

ἐξέμπλιον > ἐξόμπλι, ἐξομπλιάζω, ἐξομπλίζω, ἐξόμπλισις Digen. I 4, 810, παλασοξομπλισμένος Belis. II 875.

Einen Wandel ε > ο haben wir noch bei δεκανίκιον > δοκανίκι Tetrap. 916 und βιτσερές Koron. 14 > βιτσορέ(ς) Koron. 4, 5, 56 (daneben βιτσουρές Koron. 5); δοκανίκι kann man durch Volksetymologie erklären; bei *βιτσορές* wiederum ist eine analogische Bildung anzunehmen; vgl. auch *βιτσορήγας* Koron. 56, 72, 126 bis, 127 quater.

§ 5. ε > j vor dunkeln Vokalen.

Thumb, Handb. S. 8. — Chatzidakis (*Μεσ.* I S. 340); II S. 408. — Philentas, *Γραμμ.* S. 104, 109.

Wenn ein *e*-Laut im Inlaut mit einem ihm folgenden dunkeln Vokale zusammenstösst, so wird er zu einem Konsonanten *j* reduziert; zur Erklärung vgl. Chatzidakis, l. c.

Lat. **γαϊετανόν* > **γαετανόν* > *γαϊτάνι*.

Ital. *galeotta* „Schiff" > *γαλιότα*.

galeotto „Sträfling" > *γαλιότης*.

reale > *ριάλες* Trinch., *ργιάλι* Trinch.

ρεάμε > *ριάμε*, *ριάμι*.

§ 6. ι > ε in der Nähe von Nasalen?

In meiner Zusammenstellung finden sich die franz. Lehnwörter *commission* > *κομεσιούν* Chron. 7843, 8629 var., *κομεσίουν* Chron. 7994, *κομεσιού* Chron. 7994 var.; *φρεμινούριος* Chron. 2659 var. > *φρεμενούριος* Chron. 2659, 2818.

Zur Erklärung dieser Fälle lässt sich nun folgendes sagen. Erstens ist es wohl möglich, dass die Schwankung ι : ε auf der damaligen Aussprache des franz. *i* und auf der Art wie es von den Griechen gehört wurde, beruhe. Da aber der französische Einfluss auf die griechische Sprache sich nur auf einige Wörter erstreckt, kann man nichts für oder gegen diese Hypothese vorbringen. Bei Menardos, *Γαλλ. Κυπρ.* S. 366, 369, 370 finden wir *προβεντζιού* aus *provision*, *πεζούνιν* aus *pigeon* (wobei Menardos l. c. S. 368 an *παίζω* denkt), daneben aber auch *καζιού* aus *occasion* und *τσιμινιά* aus *cheminée*. Wie aber, wenn der Wandel von ι > ε durch die Nachbarlaute bedingt wäre?

Der Wandel von ι zu ε wird der Nachbarschaft eines Nasalen von Psaltes, *Θρᾳκικά* S. 30 zugeschrieben. Die meisten der Fälle jedoch, die man zur Stützung dieses Wandels anführen könnte, können auch auf anderem Wege erklärt werden. Doch diese Frage muss noch eingehender studiert werden.

Beispiele des Wandels ι > ε: *γνέθω*, *θεμωνιά*, *μάκενα*, (bei Psaltes, l. c.); *γνέθω* kann eine Umbildung nach *ἀλέθω* sein, *θεμωνιά* wird von Chatzidakis, *Μεσ.* II S. 431 als Anlehnung an *θέσις* betrachtet, *μάκενα* ist Fremdwort. Von meinen Beispielen kann *φρεμενούριος* durch Assimilation entstanden sein; so auch vielleicht *βρωμεσμένος* Erotik. 299; **σεντόνι* neben **σιντόνι* ist auch Fremdwort (Thumb, Indog. Forsch. 2 (1891) 96), dazu ein älteres Sprachdenkmal; *ἔνδικτος* Aen. lex. 51 neben *ἴνδικτος* Chron. 7300 entstand durch Anlehnung an *ἐν*; *σινεσκάλκος* Apoll. 80, Trinch. 127, 342, *Σενεσκάλκος* Trinch. 380 neben *σινισκάλκος* Phlor. 458 pass. können aus Mischung der ital. Formen *siniscalco* und *seniscalco* erklärt werden (durch Assimilation und Mischung oder Metathese). Vgl. dazu Chatzidakis, *Μεσ.* II S. 341, wo die bei Dieterich, Untersuch. S. 11 ff. angeführten Beispiele durch Volksetymologie erklärt werden. Zum Wandel ι > ε im allgemeinen vgl. noch § 14.

§ 7. α > ε im Anlaut und prothetisches ε bei den Zeitwörtern.

Chatzidakis, Einleit. S. 329 (= *Μεσ.* II S. 232); *Μεσ.* I S. 554. II S. 447. — Krumbacher, Gynaek. S. 417.

Zeitwörter, die im Anlaut einen Konsonanten oder auch (dialektisch) einen Sonanten haben (vgl. Chatzidakis, *Μεσ.* I S. 34), können als Augment der historischen Tempora (so Georg. 223 *καὶ* (*ἐ*)*σπρίσασι*, Pent. E. 15, 27 *ἐπλίκεψαν*) ε haben; dieses wird dann auf das Präsens und Futurum übertragen (der normale Vorgang ist, dass es dort verschwindet).

Lat. *αὐγατίζω* > *εὐγατίζω* Sachl. I 176.

(*ὀψικεύω*, *ψικεύω* > *ἐψικεύω* Belis III 348, Georg. 160).

ξαρματώνω > *ξερματώνω*, *ἀνερμάτωτος*.

§ 8. Assimilation.

Chatzidakis, Einleit. S. 331 ff. — Pernot, in Psichari, Études S. 47 ff. — Thumb, Indog. Forsch. 7 (1897) 35. — Dieterich, Untersuch. S. 19 ff. — Chatzidakis, *Μεσ.* I S. 233 ff. — Psychares, *Ῥόδα* II S. 169, III S. 184. — Kretschmer, Lesbisch. Sp. 103. — Philentas, *Γραμμ.* S. 96 ff.

Obwohl die Erscheinung der Assimilation vielfach bis jetzt untersucht wurde (siehe besonders Thumb, Indog. Forsch. und Chatzidakis, *Μεσ.* I), sind die Bedingungen, unter denen sie stattfindet, noch nicht bekannt; besonders die Assimilation im Anlaute tritt nicht immer ein, wo man sie erwartet.

Chatzidakis, l. c. S. 233, 238 drückt sein Bedenken über die Möglichkeit der Assimilation im Anlaut aus und meint, dass vielleicht die betreffenden Erscheinungen folgerichtiger im Sandhi ihre Erklärung finden müssten. Dass im Satzlaute eine Vokalverschmelzung zu *α* oder *ο* stattgefunden haben kann, ist sicherlich nicht nur ausgeschlossen, sondern höchst wahrscheinlich; dies wäre aber kein Grund, die Möglichkeit der Assimilation im Anlaute auszuschliessen; wir hätten es dann ev. mit einer Kreuzung beider Prinzipien zu tun. Übrigens ist die Assimilation eine Erscheinung, die nicht in allen möglichen Fällen eintritt oder einzutreten braucht. Wir dürfen uns nicht wundern, wenn wir unveränderte Formen sehen, oder solche, welche nach einem anderen Lautgesetz verändert worden sind. Ich wüsste übrigens keinen Grund, warum die Assimilation im Inneren eines Wortes möglich sein sollte, aber nicht im Anlaute. Man muss jedenfalls das gesammte Material einer genauen Untersuchung unterziehen, und dabei die Eigenart von Vokalen, Konsonanten und Konsonantenverbindungen, wie auch die Stellung des Akzentes in Betracht ziehen.

In den folgenden Zusammenstellungen sind die Fälle der regressiven und progressiven Angleichung zusammen behandelt worden. Es sei noch bemerkt, dass die Laute *ο* und *ου* die grösste Assimilationskraft besitzen (Chatzidakis).

A. Assimilation im Anlaute.

Lateinische Wörter.

ἐπακκουμπίζω > *ἀπακκουμπῶ, ἀπακκούμπιον, ἀπακκούμπημαν; vgl. auch Kap. IV.

ἐξαμώνω > ἀξαμώνω (daneben ἔξαμος > *ἄξαμο).

B. Assimilation im Inlaute.

Lateinische Wörter.

a. Assimilation an α.

atrebaticum > ἀτραβατικόν.

valvolae > *βάβουλα > *βάβαλα > βαβάλιον.

calendae > *καλενδῶν (nicht ganz sicher, bei Kaibel, Inscriptiones gracae Siciliae et Italiae, Berlin 1890, Nr. 80) > καλανδῶν, καλάνδαι.

**canicare* > κανακίζω.

κελλεράριος > κελλαράριος.

κατορδινιάζω > καταρδινιάζω; letzteres kann auch aus ἀρδινιάζω (für ὀρδινιάζω) entstanden sein.

**spinaceum* > σπανάκι.

Dass eine Assimilation bei *calendae* > καλάνδαι stattgefunden hat, bezweifelt Chatzidakis, Ἀθηνᾶ 4 (1892) 471, weil die griechische Form stets ein α aufweist. Neuerdings wurde die Assimilation von Vasmer, BZ. 16 (1907) 549 ff. bestritten. Vasmer versucht den Wandel ε > α durch ein „neues" Gesetz zu erklären, nach dem die Vokale ε und ο vor ν in geschlossener Silbe zu α werden; seine interessanten Auseinandersetzungen überzeugen mich aber nicht. Einmal, weil alle beigebrachten Beispiele, welche das Gesetz der α-Färbung beweisen sollen, Fremdwörter sind, und damit an Beweiskraft verlieren; es wäre zu wünschen, dass diese Erscheinung auch in einheimischen Wörtern festgestellt wird (vgl. § 1 S. 4). Zweitens wird behauptet, dass der assimilierende Vokal betont sein muss („wäre in καλανδῶν wirklich Assimilation, dann hätte man doch ein *καλονδῶν zu erwarten, da unbetonte Vokale sich doch den betonten assimilieren");

dies aber ist bis jetzt noch nicht bewiesen worden. Wenn wir das bekannte Material in dieser Hinsicht prüfen, so haben wir folgende Fälle, bei denen ein unbetonter Vokal einen anderen unbetonten assimiliert; dabei ist zu bemerken, dass die Tonsilbe stets den zwei unbetonten Vokalen folgt.

a. Regressive Assimilation. μεγαλώνω > μαγαλώνω, μοναστήρι > μαναστήρι, μοναχός > μαναχός, πανήγυρις > παναγύρι, πηλαμύς > παλαμύδα, σημαντούρα > σαμαντούρα; *ferāje* > φαρατζίκιν; γιβεντίζω > γεβεντίζω; κεντηνάριν > κηντηνάριν, σαλιβάριον > σιλιβάρι; *ragionare* > ροζονάρω; δραγουμάνος > δρουγουμάνος, λειτουργιά > λουτουργιά, λουτρουγιά.

b. Progressiv-regressive Assimilation. *atrebaticum* > ἀτραβατικόν; σιλεντιάριος > σιλιντιάριος.

c. Progressive Assimilation. ἀντρομίδα > ἀντραμίδα, ἀνωνίδα > ἀνανίδα, καθενός > καθανός, καλοπόδι > καλαπόδι. *patella* > παταλίδα; καμπιδούκτωρ > καμπιδικτώριον; καπιστέλλιον > χαλινοκοπίστελλα, χαλιναροκοπίστελλα; *κουβικλάριος > κουβουκλάριος, μορμύρω > μουρμουρίζω (wenn nicht Lehnw.).

Vorstehende Beispiele zeigen alle die Assimilation im Inlaute, Fälle also wie ἀλαφρύς, ἀλαφιάζομαι sind ausgeschlossen worden. Einige lassen sich auch durch Volksetymologie oder fremden Einfluss erklären; z. B. μαναστήρι aus türk. *manaster*, μαναχός aus μαναστήρι, παναγύρι aus türk. *panajer*, παλαμύδα aus παλάμη, ἀντραμίδα aus ἄντρας, χαλινοκοπίστελλα aus κόπτω, κόβω, die übrigen sind aber hinreichend, um zu beweisen, dass die Assimilation bei καλενδῶν > καλανδῶν möglich ist.

b. Assimilation an *ο*.

βούρδων Malal. 178, 16 : βορδώνης Theoph. 182, 29, βορδώνιον Pent. 32, 16, Βορδώνα Trinch. 296, Βορδωνάρης Trinch. 558.

capistellum > χαλινοκοπίστελλα, χαλιναροκοπίστελλα, πεδικλώνω > πεδοκλώνω Belis. III 244.

c. Assimilation an *ου*.

κουβίκλιν Malal. 239, 19 pass. > κουβούκλιν häufig.

κουβικουλάριος > *κουβουκλάριος.*
**colucula* > *κουρούκλα.*

d. Assimilation an ε.

δομέστικος > *δεμέστικος* Chron. 2606; Chatzidakis denkt dabei an eine Anlehnung an *δεμένος* = *ἄνθρωπος τῆς οἰκίας.*
μισσεύω > *μεσσεύω* Imper. II 366.
ξιπτέρι > *ξεπτέρι*, **ξεφτέρι* *.
Fälle wie **βέρηδος*, *βερηδάριος* : *βέρεδος*, *δηφενδεύω* : *δεφενδεύω* gehören nicht hierher; auch *ρέτινον* > *ρέτενο*, *ἐξέρκιτον* > *ἐξέρκετον* (der Vokal liegt ausserdem im Suffix), *μεσσεύω*, *σελέντιον* sind unsicher, weil die Wandlung vom unbetonten *i* > *e*, wie schon bemerkt, lateinisch sein kann; vgl. Schuchardt, Vokal. II S. 1—91; Dittenberger, Hermes 6 (1871) 130; Eckinger, Orthographie S. 29.

e. Assimilation an ι.

βελλεάνιος velleyaneus > *βελλιγιάνιος*, *βελλιάνιος*, s. auch § 27.
καμπιδούκτωρ > *καμπιδικτώριον.*
κεντηνάριν < *κηντηνάριν.*
**ξέστον* > *ξιστί.*
σαλιβάριον > *σιλιβάρι.*
σιλεντιάριος > *σιλιντιάριος* Theoph. 134, 20 var. pass.
obsequium > *ὀψίκιον* (aus dem Genit.) ist unsicher; G. Meyer denkt an eine Anlehnung an *ὀφφίκιον*, aber wahrscheinlicher hat die Wandlung schon beim Übergang aus dem Lat. ins Griechische stattgefunden; vgl. auch: *ἀττιστάτωρ*, **δεκουρίων*: *δικουρίων*, *dextrale* : *διστράλιον*, **πρωτέκτωρ* : *πρωτίκτωρ τσεκούρι* : *τσικούριον*, *σενάτωρ* : *σινάτωρ*; vgl. Psichari, Études S. 219; Eckinger, Orthographie S. 19; darüber in den „Untersuchungen“.

Romanische Wörter.

a. Assimilation an *a*.

(venez.) *canevo* (ital. *canapa*; *canavaccio*, „Tuch“) > *καναβούρι.*
materasso > *ματαράτσον.*
zattera > *τσάταρα.*

Die Wörter auf *-αρία* dürfen nicht in Zusammenhang mit den italienischen Formen auf *-eria* gebracht werden (z. B. *fanteria* : *φανταρία*); sie stammen aus dem Venezianischen, welches *-aria* statt des gemeinitalienischen *-eria* hat.

b. Assimilation an *o*.

rubellare (*ribellare*) > ῾ροβολεύω „zur Empörung, zum Aufstand treiben" Chron. 417 pass. kann man auch hier einreihen.

ragionare > ροζονάρω. „plaudern, argumentieren" Sachl. II 462.

pedotta > ποδότας, ist auch durch Volksetymologie zu erklären (|| πόδι).

c. Assimilation an *ου*.

bussola > μπούσουλας, πούσουλας; zum Wandel μπ > π s. § 18.

misura > μουζούρι.

d. Assimilation an *ε*.

dispetto > δεσπέτο.

πριβιλέγιο > πρεβελέγιον, πρεβελέντζι, πρεβελέτζιο, alles im Chron.

σαρδέλα > τσερδέλα, s. auch § 3.

schiopetto > σκεπέτο, σκεπετίον, Phort.

seniscalco > Σενεσκάλκος, s. § 6 S. 11.

τρινσιέρα (aus *trinciera*) *trincera* > τρενσιέρα, τρενσέρα.

Franz. *γιβεντίζω, γιβέντισμαν Parom. 48, 49 > γεβεντίζω Konst. IV 79, 92. Sachl. II 421.

πρεζαντίζω Chron. 7403 pass. > πρεζεντίζω Chron. 8135 var.; die zweite Form erinnert an ital. *presentare*. Zur Beurteilung des Verhältnisses πρεζαντίζω : πρεζεντίζω müssen vorher zwei Fragen gelöst werden, nämlich: ob der franz. *ẽ*-Laut durch gr. *εν* oder *αν* damals wiedergegeben worden ist, und ob überhaupt diese Formen französisch und nicht etwa italienisch sind. Dazu bemerke ich: neben πρεζεντίζω, *πρεζεντιάζω (bei Menardos, Γαλλ. Κύπρ. S. 377, 378), die möglicherweise auch italienisch sein können, haben wir *ἀμάντα (ebenda S. 374) aus *amende*, ἀμαντίζω Chron. 4959 aus *amender*, παρλαμάν Chron. 4494, παρλαμά Chron. 4402 pass., welche alle deutlich genug für die damalige franz. Aussprache und für die Herkunft dieser Lehnwörter sprechen.[1]) Dazu kommt noch das Suffix *-ίζω*, welches meines Wissens nur in französischen Lehnwörtern vorkommt; vgl. *γαρνίζω*, *παραοφρίζω*, *ρεβεστίζω* (freilich aus Verba auf *-ir*), alle im Chron.; ital. *presentare* würde zweifellos **πρεζεντάρω* oder *πρεζενταρίζω* geben, ähnlich den zahlreichen ital. Zeitwörtern im Mittel- und Neugriechischen wie *ἀβιζάρω*, *κουμβράρω*, *κουράρω*, *ροζονάρω* usw., *ἀπρεπαραρίζω*, *κοσταρίζω* usw.; vgl. Kap. VI. Besonders des Suffixes wegen glaube ich, dass auch die Formen *πρεζεντίζω*, **πρεζεντιάζω* ebenfalls französich sind; zum Suffix *-ιάζω* vgl. Menardos, l. c.; was das zweite *ε* betrifft, kann es durch progressive Assimilation entstanden sein, wenn es nicht auf eine franz. mundartliche Aussprache zurückzuführen ist.[2])

προβεούρης > *πρεβεούρης*, beides im Chron.

φρεμινούριος > *φρεμενούριος*, s. auch § 6.

e. Assimilation an *ι*.

investire > **βιστιρίζω*, *βιστιρία* Trivol. I 151.

γαλουφιά Eroph. 326 > **γαλιφίζω*, *γαλίφισμα* Eroph. 414.

cancelliere > *καντσιλιέρης*; *καντζιλάριος*.

cremisi *κρεμιζένιος* > *κριμιζί*.

λατσόνιον Hermon. 16, 19, *λατσούνι* Tetrap. 620 > *λατσίνι* Tetrap. 620 var.

---

1) Bekanntlich wurde schon im Afranz. ein Vokal vor Nasal in geschlossener Silbe nasaliert; diese nasale Aussprache hatte zur Folge die Veränderung der Klangfarbe der Vokale. Die meisten Vokalwandlungen gehören dem Nfranz. an; der Wandel *ẽ* > *ã* hat, wie es auch aus unseren Fällen ersichtlich ist, viel früher stattgefunden, und zwar haben wir die ersten Ansätze im 11. Jahrhundert, während der Wandel erst im 12. Jahrhundert als abgeschlossen betrachtet werden kann; vgl. dazu Darmesteter, Gramm. hist. I S. 145; Schwan-Behrens, Altfranz. S. 38.

2) Die nord- und westfranzösischen Mundarten, insbesondere das Pikardische und Normannische, beharrten bei *ẽ*, ohne diesen Vokal in *ã* weiter zu entwickeln; vgl. Schwan-Behrens, Altfranz. S. 39.

μισέρ > *μισίρ*, das Wort ist proklitisch, der Endvokal hatte also keinen starken Akzent; vielleicht auch Anlehnung an franz. *messire*.

ρεγίστρο > *ριτζίστρο*.

τρεμεντίνα > *τριμιντίνα*.

Orientalische Wörter.

a. Assimilation an *α*.

qirwan > *καρβάνιον*, **καραβάνι*.
ferāje > *φαρατζίκιν*.
ἱμεράτιον > *ἱμαράτιον*.

b. Assimilation an *ε*.

τεφτετάρης > *τεφτετέρης* hat betontes *α* und ist durch Analogie (‖-*έρης*) zu erklären.

c. Assimilation an *ι*.

Vielleicht gehört hierher *γιασιμί*, welches sonst als **γιασεμί*, **γιασουμί* erscheint, zu arab. *jêsamûn*, pers. *jâsemîn*; vgl. Thumb, Indog. Forsch. 7 (1897) 37.

Slavische Wörter.

Assimilation an *ου* zeigt *δραγουμάνος* > *δρουγουμάνος*. Zu *zakonŭ* > *ζάκανον* : *ζακόνι*‡, vgl. Kretschmer, Arch. f. slav. Phil. 27 (1905) 231.

B. Vokalschwund.

§ 9. Aphärese (Abfall im Anlaute).

Foy, Lautsyst. S. 117. — Psichari, Éssais II S. 63 Einl. — Chatzidakis, Ἀθηνᾶ 1 (1889) 526 ff.; Einleit. 330 ff.; *Μεσ.* I S. 218 ff. — Thumb, Handb. S. 6; Indog. Forsch. 7 (1897) 1 ff.; Anz. Indog. Forsch. 11 (1902/3) 51; Griech. Sprache S. 165. — Dieterich, Untersuch. S. 19. — Kretschmer, Lesbisch. Sp. 131. — Philentas, *Γραμμ.* S. 140 ff.

Dieser Vorgang ist aus dem Zusammenstoss der Vokale im Sandhi zu erklären; der artikulatorisch schwächere Vokal unterliegt dem stärkeren; sonach ist der Abfall von *α* und *ο* selten, dagegen häufig der von *ε* und *ι* (Chatzidakis).

Aphärese zeigen die Zeitwörter, die Hauptwörter und die Wörter, welche mit ihnen assoziativ zusammengehören. Zur Aphärese (so wie zur Prothese) des anlautenden Vokals haben mitgewirkt die Wörter ἐγώ, τό, νά, θά bei den Zeitwörtern, τό, τά, ὁ bei den Hauptwörtern.

a. Abfall des α.

Lat. ἀκκουμπίζω, ἀγκουμπίζω > κουμπίζω, γκουμπίζω.

ἀξαμώνω > ξαμώνω; letzteres kann auch von der Form ἐξαμώνω ausgegangen sein.

ἀπλικεύω > πλικεύω.

amarula > μαρούλι wurde schon aus dem lat. *lectica amarula* ohne *a* aufgefasst und herübergenommen; vgl. Psichari, Études S. 71 Einl.

Ital. ἀγάλι > γάλιν, *γάλι.

accostare > κοσταρίζω.

ἀσεντζίζω > σεντζίζω.

Roman. ἄντζα > *ἀντζί > (τὰ) τζιά.

b. Abfall des ο.

Lat. ὀσπιτάλι>σπιτάλι.

ὀσπίτιν > σπίτιν.

ὀφφικιάλιος > φικιάλος.

ὀψίκιν, ὀψικεύω > ψίκιν, ψικεύω.

Ital. ὀφιτσιάλος > φιτσιάλος.

Franz. ὀμάντζιν, ὀμάτζιον > μάντζι, μάτζι.

Türk. *ὀτζάκμπεης>τζάκμπεης; ähnlich *ὀτζάκι:>*τζάκι*.

c. Abfall des ου.

Ital. *usare* > ζάρω.

usura οὐζούρα > ζούρα „Wucherei“.

d. Abfall des ε.

Lat. ἐξάγιον > ξάγι.

*ἐξεμπλάριον > ξεμπλάριον.

§ 10. Synkope (Vokalschwund im Inlaut zwischen Konsonanten); Kontraktion (Vokalschwund im Inlaut durch Verschmelzung).

Thumb, Indog. Forsch. 2 (1891) 96; 7 (1897) 20 ff.; Handb. S. 6, 8. — Dieterich, Untersuch. S. 37 ff., 45 ff.; KZ 37 (1904) 407. — Psaltes, Θρακικά S. 25. — Kretschmer, Lesbisch. Sp. 127. — Philentas, Γραμμ. S. 29.

Die Synkope ist am häufigsten beim schwächsten Vokal also dem ι, und hängt von der Natur der umgebenden Konsonanten ab, deren leichte artikulatorische Aufeinanderfolge bei schnellem Sprechen und starker Betonung die Ausstossung des interkonsonantischen Vokals bewirkt.

Bei der Verschmelzung wird stets der artikulatorisch schwächere Vokal verdrängt.

A. Synkope.

Lateinische Wörter.

καβαλλικεύω > καβαλκεύω.

ˣκαλαμαροθήκη > καλαμαρθήκη.

ˣκαρακάλλι, Καρακάλλης Trinch. 205, στηθοκαράκαλλον > καρκάλλιν Kallim. 1430, 1556. Pulol. 417.

κουκουλλώνω > κουκλώνω dieses, wie auch die zwei ersten Beispiele finden sich bei Erotokr.; vgl. ebenda ἀκλουθῶ, ἀρνεύω (<εἰρηνεύω), περλαμπαστά, περμάζωξε, φλακή, φλακώνω, φλακωμένος, φλακάτορας, φλακίσματα, ταρθούνια τους, (σμαλιάν, στούτη).

ὀρδινιάζω > ὀρδνιάζω Sachl. II 457 δ var.

ˣχουλιάρι > χλιάριν Paroem. 20.

Der Schwund von ου zwischen Verschlusslauten (die teilweise jetzt zu Spiranten geworden) und Liquida, hat schon auf lat. Boden stattgefunden. Es gehört also nicht die Untersuchung hierher von Fällen wie ἄρκλα, ˣβάιουλος (βαΐοῦλος bei Theoph. 96, 19 var.): βάιλος, βάκλον, κέντουκλον, κουβικουλάριος: κουβουκλάριος, κουβίκλιν.

Auch der Schwund des interkonsonantischen ι bei βίγλα (aus *vig(i)lare), δόμνος Trinch. 464, 465, 478 (daneben ˣδόμινος), δουμνικάλιον Porph. 134, 20, 24, λάρδος Theoph. 230, 24, dazu *λαρδί*, *Λαρδοφόρος* Trinch. 184, *παχυλαρδάτος*, *σύλλαρδος*, *σολδίν* Apokop. 270. Jatr. 229 pass. Trinch. 530 ist auf vlat. Formen zurückzuführen; vgl. *Δέκμος*, *Δέκμιος*, *δόμνος*, *Δομνάτον* bei Eckinger, Orthographie S. 47. Diese Erscheinung ist aber viel älter, da bekanntlich schon bei Plautus Formen wie *ar(i)dus*, *cal(i)dus*, *frig(i)dus*, *lar(i)du(m)*, *sol(i)dus*, *audus* usw. gebraucht werden; vgl. dazu die ital. *caldo*, *freddo*, *lardo*, *soldo*, franz. *froid*, *lard* usw.

Italienische Wörter.

verettone > *βερτόνι*.

Zu bemerken ist, dass bei allen zusammengestellten Fällen, die benachbarte Silbe denselben Vokal hat, wie der ist, der synkopiert wird. Kretschmer, Wochenschr. f. klass. Philol. 1899, S. 5, gibt die Synkope nur in diesem Falle zu. Zu bemerken ist noch, dass bei fast allen Fällen die Synkope neben einem Nasal oder einer Liquida stattfindet.

B. Kontraktion.

a. Son. + *α* oder *α* + Son. > *α*.

Lat. *ἀκτουάριος* Porph. 304, 12 pass. > *ἀκτάριος* Porph. 758, 20.

γαϊτάνι (s. § 16) > *γατάνι*.

λαυρεάτον Porph. 393, 5; 395, 17 > *λαυράτον* Theoph. 294, 15, 16.

**τοιχοαρμάριν* > (?) *τοιχαρμάριν*.

Ital. *eguale*, *uguale* > *ἀγάλι*.

Orient. *γάιδαρος* > *γάδαρος*, *γαδάρα*, *γαδοῦρι*.

Γεννάρης Sachl. II 466 kommt aus vlat. *Jennarius*, braucht also nicht aus *Ἰανουάριος* und *γέννα* erklärt zu werden; vgl. Dieterich, Untersuch. S. 10.

Zu *βοεάνος* : *βοάνος* vgl. slav. *boïan* : *ban*.

b. Son. + *ο* > *ο*.

(Lat. *ἀδμισσιονάλιος* Porph. 405, 15 > *ἀδμινσουνάλιος* Porph 23, 8 pass., vgl. *σιωπαίνω* > *σωπαίνω* usw.

βραχιόλι > *βραχόλι* Pent. G. 24, 30, wegen dem *χ*?). Orient. *Μανουήλ*, *μανοηλάτον* > *μανολάτον*, *μανουλάτον*. Formen wie *νόβο*, *σκόλα* zu ital. *nuovo*, *scuola* kommen wahrscheinlich direkt aus den venez. Formen *novo*, *scola*.

c. *ε* + Son. > *ε*.

feudo > *φέδον* Trinch. 529; *ε* + *ου*, *ου* + *ε* geben in der Regel *ου*, z. B. *ἀποδιαλεούδι* > *ἀποδιαλούδι*, *τοῦ ἔδωσα* > *τούδωσα*.

Hierhin gehören auch einige Hauptwörter auf *-έρης*, *-έρα*, *-έρι*, welche das *ι* vor dem *ε* eingebüsst haben, teilweise aber wohl nach dem Muster der Wörter mit Kons. + *ερ-* aus ital. Kons. + *er-*: *καβαλιέρης* : *Καβαλέρης* Trinch. 118, *λουμπαρδιέρα* : *λουμπαρδέρα*, *μπαλεστρέρης*, *μαδέρι*; *τρενσιέρα* : *τρενσέρα* kommt aus *trinciera* : *trincera*.

βάιες ist erst über *βάγιες* zu *βάες* geworden, während *βοεβόδας*, *βοέβοδος* : *βοϊβόντας* mit türk. *voevoda* : *vaivoda* zu vergleichen ist.

Durch Verschmelzung von *i* + *i* zu *i* sind auch die Formen *καβαλλάροι*, *καβελλάροι*, *κουρσάροι*, *κρουσάροι* aus den entsprechenden Formen auf *-άριοι* entstanden, und nach dem Muster dieser Neubildungen ist ein plur. auf *-άρων*, *-άρους* gebildet worden; vgl. Chatzidakis, *Μεσ.* II. S. 581. Vgl. dazu die Formen *ὀφφικιάλοι* Belis. III 134 (überliefert *φφικιάλιοι*) Ptochol. III 38, 49, *ὀφφικιάλους* Chron. 7935 var., *φικιάλους* Chron. 7935 var., *ὀφφικιάλον* 7926, *ὀφφικιάλος* 7926 var.

C. Vokalentfaltung.

§ 11. Prothese (Vokalentfaltung im Anlaut).

Foy, Lautsyst. S. 110. — Psichari, Essais II 65. — Thumb, Indog. Forsch. 7 (1896) 8 ff. — Dieterich, Untersuch. S. 33. — Chatzidakis, *Μεσ.* I S. 225 ff. — Kretschmer, Lesbisch, Sp. 138 ff. — Philentas, *Γραμμ.* 146 ff.

Die Prothese, ähnlich der Aphärese, ist aus der Wortfuge zu erklären; sie kommt nur bei den starken Vokalen *α* und *ο* vor; bei dem *ε* wird sie von Chatzidakis bestritten, und die von Thumb, Indog. Forsch. 7 (1897) 9 angeführten Fälle als Analogiebildungen richtig erkannt, vgl. Chatzidakis, *Μεσ.* I S. 231—232. Für die Form *ἐριζικό(ν)* statt *ριζικό(ν)*, die sich öfters im Chron. wiederholt, könnte man schwerlich eine Anlehnung an *εὐτυχία* annehmen.

Die Prothese des *ε* in Zeitwörtern mit konsonantischem Anlaut ist nicht lautlich, sondern sie wurde aus den Praeteritalformen übertragen (s. § 7).

Anaptyxe von *α*.

Lat. *comendare* > *ἀκουμανδεύω* Trinch.; das *α* kann jedoch auch mlat. sein.

σκάλα > *ἀσκάλα* Belis. II 360.

ψίκιν > *ἀψίκιν*; letzteres kann ebenso gut von der ursprünglichen Form *ὀψίκιν* kommen (*τὰ ὀψίκια* > *ταψίκια* > *τὰ ἀψίκια* > *τὸ ἀψίκιν*). Die Erscheinung ist häufig bei den Neutris mit anlautendem Vokal; man muss sich aber hüten, diese Ersetzung des Anlauts durch *α* als Vokalwandel zu betrachten. Thumb, Indog. Forsch. 7 (1897) 9—10 glaubt, dass die Umwandlung durch „Aphärese mit darauffolgender Prothese" entstanden ist; „*ὀστρείδιον* > *στρείδι* > *ἀστρείδι*, ähnlich dem *στάχυ* > *ἀστάχυ*"; also *ὀψίκιν* > *ψίκιν* > *ἀψίκιν*, nicht *τὰ ὀψίκια* > *ταψίκια* > *τὰ ἀψίκια*. Mir scheint aber, dass die Umwandlung ebensogut durch die Verschmelzung in der Wortfuge erklärt werden kann; Formen wie *ἀργαστήρι* brauchen nicht auf *ργαστήρι* zurückgeführt zu werden; nach demselben Prinzip, wie aus *τὸ ἐργαστήρι* > *τοργαστήρι* entsteht, kann *ταργαστήρια* aus *τὰ ἐργαστήρια* gebildet werden.

Ital. *preparare* > *ἀπρεπαραρίζω*.

Roman. **μπάρα* > *ἀμπάρα*, **ἀμπάριζα**.

Orient. *παξιμάδι* (aus *Πάξαμος*?) *ἀπαξιμάδιν*.

Die Prothese von *α* ist nicht sicher bei ital. *lisciva* : *ἀλισίβα*, arab. *ζάρι* : *ἀζάρι*, orient. *νάκαρα* : *ἀνακαράς*; vielleicht haben wir bei *ἀνακαράς* eine Anlehnung an *ἀνά*; vgl. *ἰντύβια* > *ἀντύδια*, *ὄνωνις* > *ἀνωνίδα*, *ἀναθιβάλλω* usw. bei Chatzidakis, *Ἀθηνᾶ* 1 (1889) 288.

Anaptyxe von *o*.

Ital. *voglia*, venez. *imbogio* : μπόλια > ὀμπόλια.

Beispiele der Prothese eines *o* bei Femininis finden sich bei Thumb, Indog. Forsch. 7 (1897) 9 : ὀστσά (ὀσκιά bei Duc.) und Chatzidakis, *Μεσ.* I S. 232 : ὀξέδρα.

Dieses prothetische *o* ist wohl aus Verbindungen ausgegangen wie ἀπὸ σκιά > ἀποσκιά > ἀπὸ ὀσκιά; vgl. Philentas l. c.

12. Anaptyxe (Vokalentwicklung zwischen Konsonanten).

Krumbacher, KZ 27 (1889) 512. — Thumb, Handb. S. 6 Anm. 2; Indog. Forsch. 7 (1897) 37. — Dieterich, Unters. S. 40. — Philentas, *Γραμμ.* S. 105.

Bei der Anaptyxe entsteht ein Vokal zwischen zwei Konsonanten, um ihre artikulatorische Aufeinanderfolge zu erleichtern. Wenn unsere Sprechorgane, den ersten Konsonanten hervorgebracht haben, gehen sie nicht gleich zur Bildung des zweiten über; es entsteht somit ein Sonant, dessen Natur durch die benachbarten Konsonanten bedingt ist. Zu dieser Erscheinung vgl. auch § 40.

Die Anaptyxe ist eine besonders bei Lehnwörtern häufige Erscheinung, welche eine für die Sprechorgane der Einheimischen nicht geläufige Konsonantenverbindung enthalten.

Orientalische Wörter.

qirwan > καρβάνιον, *καραβάνι, mit Assimilation?

kamkha > καμουχάς; vgl. *καμτσίκι > *καμουτσίκι, *καμιτσίκι; vgl. auch § 1 S. 3; zu lat. *χουλιάρι s. § 2.

D. Anhang.

§ 13. Das Schwanken von ο : ου in den mittelgriechischen Lehnwörtern.

Einen ου-Laut statt des zu erwartenden ο finden wir nicht nur in der Nähe von Palatalen und Labialen (s. § 2), sondern auch in anderen Fällen. Wenn nun diese Erscheinung bei Lehnwörtern eintritt, bieten sich drei Möglichkeiten zu ihrer Erklärung. Die Formen mit verdunkeltem Vokal können nämlich: a) analogische oder volksetymologische Neubildungen sein, sind b) auf entsprechende Nebenformen der fremden Sprache zurückzuführen, und c) treue Wiedergabe des fremden Lautes überhaupt. Zeit und Ort der Entlehnung richtig erkannt, geben uns in den meisten Fällen Aufschluss über die Ursachen der scheinbaren Verdunkelung. Nachdem Meyer, Studien III S. 6, zuerst eine Erklärung des *ου* aus dem lat. *ō* versucht hat, hat Chatzidakis, *Μεσ.* II S. 280 diese Frage in grösserem Zusammenhang behandelt, ohne diese spezielle Frage über die Lehnwörter mit *ο-ου* Laut zu erschöpfen und die verschiedenen Fälle scharf von einander abzugrenzen. Die Wörter auf *-όνι : ούνι* sind von Kretschmer, Arch. f. slav. Phil. 27 (1903) 228 ff. und neulich von Vasmer BZ 16 (1907) 539 ff. auf Grund eines reichen Materials behandelt worden. Da auch nach meiner Ansicht diese Frage, oder besser gesagt, diese Fragen, in den meisten Fällen aus den fremden Sprachen zu erklären sind, will ich zunächst nur aus meinen Zusammenstellungen die Beispiele die in Betracht kommen, bzw. kommen könnten, hier anführen.

Lateinische Wörter.

ἀδμισσιονάλιος Porph.: *ἀδμινσουνάλιος* Porph. — *vocalis*: *βουκάλιος* Porph. 20, 14 pass. — *dominicale* : *δουμνικάλιον* Porph. 134, 20, 24. — **κάρβων, κάρβωνον* Jatr. 57, *καρβώνιον*: *κάρβουνον* häufig, *καρβούνιν, καρβουνιστιά, βουρλοκάρβουνον* Tragog. 206, 220; *θεοκαρβουνόκαυτη* Konst. II 196. — *κώρτις* „Hof“ Theoph. 462, 12 var.; *κώρτη* Porph., Theoph., Trinch.: *κούρτη* Chron., Pikat. 127, Sachl. II 363. Trinch. häufig. Trivol. II 13, 17; vgl. *cortem*, ital. *corte*, franz. *cour*. — *κορτίνα* „Vorhang, Mittelwall“ Porph. (auch *κορτίς* 451, 8), Digen. IV, Kallim., Trinch. 356, 487, *κορτινάριος* Porph. 487, 21; 489, 20; *κορτινίτσα* Kallim. 1871 : *κουρτίνα* Apokop., Belis. I, II, Georg., Kallim., Tetrap., Trinch. 436; *κούρτη* Trinch. 532. — *λῶρος* Hermon., Porph., Theoph.; *λωρίον* Digen. IV, Malal., Trinch., Porph.: *λουρίον* Belis. II, Digen. II, Tetrap., Trinch.; *ζυγόλουρον, ὁλόλουρος, σκαλό-*

λουρα, — *λωρίκιον* Digen. I, IV, Theoph. : *λουρίκιν* Achill. I, II, Chron, Digen. I, V, Imper. I, IV, Koron., Lybistr., Theoph., Troad.; *λουρικώνω* Belis. II, Imper. IV; *ἐπιλώρικον* Digen. I, Porph.: *ἐπιλούρικον* Digen. I, II; *ἐπιλούριον* Digen. IV; *ὑπολούρικον* Digen. I. — *λωρικάτος* Theoph., Trinch. 27 : *λουρικάτος* Prodr. VI, Theoph. — *novitius* : *νουβίτισσα* Theoph. 452, 30. — *sorbum* : **σουρβί*, *σουρβιά* Trinch. 200, *Σοῦρβος* Porik. 8. — *σαπώνιν* Prodr. II, Suzann. : *σαπούνιν* Prodr. III, IV, Suzann. — *scopa* : **σκούπα*, *σκουπόραβδον*. — *fornix* *φορνικόν* : *φουρνικόν*, Porph. — *φοσσάτον*, *φοσσατεύω*, *παραφοσσατεύω*, *φοσσατικῶς* : *φουσσάτον*, *φουσσατεύω*, *φουσσάτευμαν*, *φουσσατικῶς*. Dazu die Hauptwörter auf -*ούριον*, *ἁρματούριον*, *κιβούριον*, *μισσούριον*, *ὀρνατούριον*, neben *καμπιδικτώριον*, *κωνσιστώριον*, *μητατώριον*, *ὀρνατώριον*, *πραιτώριον*, *φιβλατώριον*.

Italienische Wörter.

ἀβοκάτος Chron. 7528, 7531 : *ἀβουκάτος* Chron. 7521, Georg. 318; *ἀβογάτος* Chron. 7521 var., 7528 var., 7531 var. — *ἀβογαδόρος* Kephall. 337. — *ἀβοκαρίζω* Chron. 7550 : *ἀβουκατέβω* Chron. 7550. — *βόλτα* Apokop. 332, Phort. 771 : *βουλτά* Gadar. II 143. — *γουβερναδόρος* Koron. 136, 146; *γουβερναδοῦρος* Koron. 25; *γουμπερναδόρος* Koron. 116 : *γουμπερναδοῦρος* Koron. 143; *κουμπερναδοῦρος* Koron. 82; *γοβερναδόρος* Koron. 73. — *γουνέλα* Georg. 128, Sachl. II; *παλαιογούνελον* Sachl. II 508. — *ζόστρα* Imper. III 126; *γιόστρα* Eroph. 307 bis, 308, 309 bis; *τζόστρα* Imper. I 887, IV 126 pass.: *ντζούστρα* Chron. 3369; *τζούστρα* Imper. I 386, 693, Koron. 8; *τζούτρια* Phlor. 1857. — *κονσέγιο* — *κόντες*, *κόντος* : *κοῦντοι* Konst. II 177; *κοντέσα* Chron. 5937 var. : *κουντέσα* Chron. 8001, 5937; *κοντάτο* Chron. — *κόντρα* Koron. 12, Trivol. II 16 : *κούντρα* Georg. 243. — *κοντραπάντο* Gadar. II 504. — *κορτεσάνος κορτισάνος* Trivol. II 11, 12, 17. — *κοσταρίζω* Georg. 208, 222. — *κοστίζω* Chron. 601 var. : *κουστίζω* Chron. 601, 1657. — *κοπέρτα* Trinch. 325; *κοπέρτιον* Trinch. 224, 487 : *κουπέρτα* Trinch. 356; dazu *κουβέρτα*, *κου-*

βερτούριν, κουπερτούριν, κουβερτάριν, κουβερτιάζω, κουβερτώνω. — *κουμούνι* Aen. lex. 191, Konst. II 6 tit., 177; *κουμού* Chron. 386, 428, 1278. — *Κουμπανία* Chron. 7773, 7283 pass.; *κουμπανάτος* Aen. lex. 20; *κουμπάνιος* Trivol. I 169, 191. — *κουμπάρος* Gynaek. 1099; *μονοκούμπαρος* (= ?) Pulol. 246. — *κούντιτο* Ch. Ath. 86, 1. — *κουντράδα* Gynaek. 433. — *κουντραπέζον, -ίον* Phort. 688, 693, 698. — *κουριέρης* Koron. 31, 32. — *κουρτέλα* Imper. IV 466. — *κουρτέσης, κουρτέσα, κουρτεσιά, κουρτέσικα,* häufig: *κορτέσικα* Pulol. 596. — *κουφέτο* Gynaek. 888. — *λαβούριν* Phlor. 1334. — *λομπάρδα* Konst. IV 82, 106; sonst *λουμπάρδα, λουμπαρδία, λουμπαρδάρος, λουμπαρδάρω, λουμπαρδιέρα.* — *μαούνα* Chr. Ekth. 43, 1. — *μινούριος* Trinch. 429. — *μοντάρμος μουντάρμος* (< ?) bei Koron. — *μουνίν* Tetrap. 467, Tragog. 561; *μουνιοτζακάτος* (= ?) Tragog. 201, 276; *μουνοῦχος* Pent. G. 39, 1; *καβουριομουνομέτωπος* (= ?) Tragog. 228; *σκατόμουνος* Tragog. 322. — *μουρταρέτο* Phort. 189, 324. — *μοῦτσος* Krasop. — *μπαρόνος*: *μπαροῦνος*, beide Formen bei Koron. häufig. — *μπουκούνι* Gadar. II 195. — *μπούλπερη, μπούλμπερη* bei Phort. häufig; *πουλβερίζω, μπουλμπεροσπορία*, ebenda. — *μπουμπάρδα* Sklav. 175, 181; *πουμπάρδα* Belis. III 399; *βουμπάρδα* Gadar. II 483; *πουμπαρδιέρης* Belis. III 129; *πουμπαρδοχαλασμένος* Konst. II 196. — *μπουρδέλο* Gynaek. 1044 pass.; *πουρδέλι* Sachl. II 472. — *μπροῦντζος* Phort. 64, 447, 442; *μπρούντζινος* Gadar. II 483. — *νοβέλα* Gadar. II 4. — *νόβος* Koron. 11. — *ντουάριν* Chron. 7239. — *ντούζης* Chron. 993, *τούζης* Venet. 41. — *παγόνιν, παόνιν*, häufig. — *πέγουλα* „Pech" Phort. 353, 355 pass. — *πισκούτιν* Ptochol. I 152. — *πότζος* „Brunnen, Zisterne" Porph. 463, 2. — *προβεδόρος* Kephall. 335, 336, Trivol. I 297. — *προβεδούρης* Chron. 7937 var., 8657 var. — *ροῦτος* (*rotto*) Georg. 253. — *σκουπέτο* Koron. 57; *σκουπετιά* Koron. 37. — *σολδάτος* Eroph. 24. — *τζατουνίν* (= ?) Georg. 140. — *τομπέλα* (= ?) Sachl. II 515. — *τορνέσι* Chron. 2608. Erotokr. 65. Prodr. III 88. VI 167; *τορνεσάκιν* Prodr. VI 153; *τουρνέσι* Chron. 2608 var.;

— τουβάλια (-λα, -λος) („Tuch") Trinch. 487, 494, 534. — τρεζουριέρης Chron. 7936, 8656; τριζουριέρης Chron. 8656 var. — τριομφάρω Koron. 14, 85, 34. — τρούμπα Phort. 85, τρούμβα, ξυλότρουμπα, χαλκότρουμπα, ebenda. — τραϊτουρ(γ)ιά Digen. II 484, Erotokr. 105; τραϊτουρεύω Belis. III 501. — τραμουντάνα Gadar. II 162; τρεμουντάνα Pulol. 530. — τρομπέτα Digen. IV 2183 (im Index jedoch ου für ο!) Imper. II 395 (überliefert τροπέντες): τρουμπέτα häufig; τουρμπέτα Pent. N. 10, 2, 8. — τρουμπετίον (= ?) Phort. 589. — τρουμπέτας Koron. 26 bis, 24, pass.; τρουμπετάρης Myth. 141 tit., 1. — τσαμπουνίζω häufig, dazu τσαμπούνισμα, τσαμπουνομύτρια Pulol. 34. — φαλκονέτο (-ίον) Phort. 326, 231. — φορέστα Trinch. 382 pass. — φορτέτσα Koron. 95. — Φορτούνα Eroph.: φουρτούνα Gadar. II 178, Georg. 376, Myth. 48, 9. — *φράγουλα, Βράβουλος Porik. Dazu κορδόνα und die zahlreichen Suffixe auf -όνι, -ούνι (s. Kap. VI).

Französische Wörter.

γαρνιζούν, καπερούνι, κομεσιούν, μπαρούς, παρτούν, Chron.; dazu vgl. καζιού, περρούνιν, προβεντζιού, φουκού bei Menardos, Ἀθηνᾶ 12 (1900) 360 ff. Interessant ist es, dass bei den franz. Lehnwörtern, die erst im letzten Jahrhundert aufgenommen worden sind, ō mit ου wiedergegeben wird, z. B. κομισιόνα, μεντα(γ)ιόν, ὀκαζιόν; dasselbe gilt für Zypern, wo man μεταλλιόν, παρκόνιν sagt (Menardos l. c.). Der Grund davon ist im Franz. zu suchen, wo der ο-Laut seit der Zeit seiner Nasalieruug offener geworden ist (Gröber, Grundriss I S. 746).

§ 14. Das Schwanken von ι : ε in den lateinischen Lehnwövtern.

Es gibt im Ngr. zahlreiche Wörter, welche ε an Stelle eines ι-Lautes aufweisen; abgesehen von den Fällen aber, bei denen dieser Wandel durch die Nachbarschaft der Liquidae

(s. § 3), vielleicht auch der Nasalen (s. § 6) bedingt ist, kann man nicht an die Möglichkeit eines Lautwandels denken. *Πέφτω* und *δέχτυ* für **πίφτω*, *δίχτυ*, die von Polites *Παροιμ.* III S. 21 Anm. angeführt werden, beruhen auf Analogie (*ἔπεσα*, *κλέφτω*) und Volksetymologie (*δέχομαι*); vgl. auch Chatzidakis, *Μεσ.* II S. 341, wo die bei Dieterich, Untersuch. S. 12 angeführten Beispiele untersucht werden. Daneben haben wir eine beträchtliche Menge von lat. Lehnwörtern, welche statt des zu erwartenden *ι* nur *ε* oder *ε* neben *ι* aufweisen. Da auch dieser Erscheinung die besondere lat. Aussprache zu Grunde liegt (vgl. Seelman, Ausspr. Lat. S. 200, Lindsay, Lat. Ausspr. S. 24, 33) und sie in anderem Zusammenhang erörtert werden wird, will ich hier nur einige Beispiele anführen: *βιλλάνος* Trinch. 139, 140, *βιλλάναινα* Georg: 429 : *βελλάνος* Trinch. 147, 156 pass. (s. auch § 3); *ἐξέρκιτος* Theoph. 233, 25 pass., *ἐξέρκιτον* Porph. 425, 2 : *ἐξέρκετον* Malal. 394, 1 pass.; *circitare* : *κερκετεύω* Porph. 481, 6 pass.; **κέρκιτον* : *κέρκετον* Porph. 474, 11; 481, 5; *μισσεύω* : *μεσσεύω* Imper. II 100; *ὀρδινιά*, *ὀρδινιάζω*, *ὄρδινας*, *ὄρδινος*, *ἐνορδίνως*, daneben: *ὀρδενία* Imper. IV 702, *κατορδενιάζω* Erotokr. 82; *regio* : *ρεγεών* Porph. II 257, 7; Theoph. 369, 14; *ρέτινον* Porph. 463, 5 : *ρέτενο* Digen. II 1206, IV 430, 1794. Koron. 51. Lybistr. 3321. Troad. 543. Zotik 300; *σιλέντιον*, *σιλέντιαριος*, *σιλεντιάρισσα* : *σελέντιον* Theoph. 246, 14 var., pass.; *σκηπίων* Malal. 384, 3; Porph. 62, 16; 187, 15 : *σκεπεών* Porph. 574, 7.

Zweites Kapitel.
Konsonantismus.

I. Einfache Konsonanten.

A. Konsonantenwandel.

§ 15. Tonlose Spiranten für tonlose Verschlusslaute.

Die meisten der hier angeführten Fälle sind nicht auf rein lautlichem Wege zu erklären.

κ > χ.

ματσούκα > *ματσούχα*, letztere Form kommt nur bei Sachl. I 10 var. vor, während alle verwandten Wörter und der ngr. Gebrauch κ aufweisen; wenn die Form mit χ wirklich existiert hat, dann ist sie vielleicht durch Analogiebildung zu erklären; *πατούχα* zu venez. *patugia*, ital. *pattuglia* „Runde, Patrouille" könnte jedoch auf den Gedanken bringen, dass der χ-Laut einen bestimmten romanischen Laut wiedergibt.

**καρούκα* > *καρούχα*, bei Hermon., Malal., Pent., Porph., Prodr.; *καροῦχος* Prodr. III 75, 140; *καρουχαρεῖον* Malal. 345, 19, ist durch Anlehnung an griech. *-οῦχα*, *-οῦχος* zu erklären (Meyer, Studien III S. 7, 28).

δομέστικος > *δομέστιχος* Prodr. III 60 wird auch eine Anlehnung sein. Es ist übrigens charakteristisch, dass dieser Wandel nur im Suffix erscheint.

π > φ.

**πισκίνη*, *ζωοπισκιδία* Lybistr. II 2716 > *φισκίνα* Achill. I 443 II 970 pass. Digen. V (2) 15. Kallim. 1298. Lybistr. 360 pass.; *φουσκίνα* Achill. II 724 pass.; *φλισκίνα* Belth. 460,

464. Der Wandel π > φ ist ebenso unerklärlich, wie die spontane Entwickelung von λ bei *φλισκίνα*; ich vermute, dass wir bei beiden Erscheinungen einen volksetymologischen Anklang haben.[1])

παιλόνιον : *φαιλόνη*, *φαιλόνιον* gehört nicht hierher; *φαινόλης*, *φαινόλιον* ist schon agr. und offenbar aus *paenula* mit Anlehnung an *φαίνω* entstanden.

τ > ϑ.

gabata **γαβάτα* > **γαβάϑα*, *γαβάϑι*. Zur Erklärung dieses auffallenden Lautwandels sind zwei Möglichkeiten vorhanden: τ kann auf analogischem Wege zu ϑ geworden sein; ich denke an *καλάϑα*, *καλάϑι*; daneben aber findet sich *κανάτα*, *κανάτι*, welches der Bedeutung nach dem *γαβάϑα* viel näher steht. Deswegen ziehe ich folgende Erklärung vor. In Kreta und manchen Sporaden spricht man bekanntlich ϑ statt τ vor dem *j*-Laute, man sagt also *μάϑχια*, *σπίϑχια*, *τέϑχοιος*, für *μάτια*, *σπίτια*, *τέτοιος* usw.; vgl. Thumb, Handb. S. 12. Chatzidakis, *Μεσ.* II 409. Der Übergang einer entsprechenden und vorauszusetzenden Form *γαβάϑχια* in die allgemeingriechische Sprache ist wohl denkbar, und lautliche Schwierigkeiten liegen auch nicht im Wege. Man kann daran denken, dass die **γαβάται* von Sprachgenossen (dies muss freilich a posteriori erwiesen werden) hergestellt und verkauft worden sind, deren Mundart eben diesen Lautwandel aufweist, und welche ihre Ware als *γαβάϑχια* ausriefen; daraus haben dann die Käufer ein *γαβάϑια* und durch Über-

1) Wie ich nachträglich bei Kretschmer, Lesbisch. Sp. 216 sehe, sagt man in Lesbos *γλιστέρνα* neben *κιστέρνα*. Kretschmer vermutet mit Recht, dass wir in *γλιστέρνα* eine Anlehnung an *γλιστρῶ* „gleiten", *γλίστρα* „Gleitbahn", *γλιστερός* „glatt" haben (zum Wandel κ > γ ist jedenfalls die im § 16 gegebene Erklärung richtig); da nun *κιστέρνα* und *πισκίνα* Synonyma sind (es ist übrigens ein sonderbarer Zufall, dass beide Wörter im Sandhi ihre Anlautslaute zu tönenden verwandelt haben), ist es nicht unmöglich, dass wir im *φλισκίνα* eine Einwirkung von *γλιστέρνα*, bezw. von *γλιστρῶ* usw. hätten.

tragung auf die anderen Formen *γαβάθι*, *γαβάθα* gemacht.

tesserarius **τεσσεράριος*, **τεσσαράριος* > *θεσσάριος* Porph. 340, 16 pass.; die Umgestaltung ist um so auffallender, als *τεσσεράριος* leicht durch Anlehnung an *τέσσερα* oder *τεσσάρα* seine ursprüngliche Form hätte behalten können; ich glaube, die Umwandlung ist durch Einwirkung von Volksetymologie (‖*θέσις*) und dissimilatorischem Silbenschwund (s. § 44) entstanden.

§ 16. Anlautende tönende Spiranten für tonlose Verschlusslaute.

Foy, Lautsyst. S. 13, 25. — Thumb, Handb. § 33, Anm. 3. — Hesseling, Pent. 38 Einl. — Chatzidakis, *Μεσ.* II 434. — Vasmer, BZ 16 (1907) 544.

Diese bis vor kurzem noch unerklärte Erscheinung hat durch die Abhandlung von Vasmer eine annehmbare Lösung bekommen. Zur Zeit als die heutigen tönenden Spiranten noch tönende Verschlusslaute waren, sind die anlautenden tonlosen Verschlusslaute unter dem Einflusse des auslautenden Näsals des Artikels (bzw. des Pronomens) tönend geworden; vgl. Vasmer l. c. S. 546—547. Ein starkes Bedenken gegen diese Erklärung ist, dass man für den Wandel einen sehr frühen Termin ansetzen muss, da schon im 2. Jahrh. n. Chr. *β* anfing spirantisch zu werden (vgl. Blass, Aussprache S. 106); *γ* und *δ* waren schon vorher spirantisch geworden! Jedenfalls aber darf man nicht auf ähnliche Weise den mir unerklärlichen Wandel von arab. *qal*ᵊ*a* **κουλάς* zu *γουλάς* Chron. 8223 erklären wollen (Schmitt). Was den Wandel *κ* > *γ* im Inlaute bei ital. *securo*, *sicuro* : **σίγουρος*, *σίγουρον* betrifft, glaube ich, dass die Erklärung in den ital. Dialekten zu suchen ist; dazu vgl. auch Lindsay, Lat. Ausspr. S. 87.

Lateinische Wörter.

κ > *γ*.

(*caïetanus* **καϊετανόν* > **γαϊετανόν*, *γαϊτάνι*, s. § 46).

κάμπος > *γάμπος* Pent. G. 14, 10, 13; 19, 27 pass.

Selbstverständlich können die Neubildungen mit anlaut. tönenden Spiranten auch nach einem Vokal gebraucht werden; es wäre also nicht richtig, daraus zu schliessen, dass ὁ γάμπος ein γ enthält „qui n'est pas un effet de sandhi" (Hesseling). Die Form γκάμπος (aus τὸν κάμπο), die ebenda vorgeschlagen wird, wäre ja nach demselben Prinzip entstanden und ebensoviel oder ebensowenig berechtigt, in der Satzfuge nach einem Vokal zu erscheinen.

(καρδινάλιος Koron. 67 pass. Konst. II 282 > (?) γαρδινάλιος Chron. 494 var. pass. Chr. Ekth. 6, 2; 7, 19. Koron. 67, 136, γαρδενάλες Chron. 494 var. pass. Koron. 94. γαρδινάριος Chron. 7985. γαρδενάριος Chron. 485, 494.)

κίγγλα Digen. I 4. 377, κιγγλᾶ (κίγγλωσον) Digen. I 4, 377 > γίγγλα Digen. II 1204 oder Assimilation, s. § 43. — Schon auf lat. Boden hat sich wahrscheinlich vollzogen der Wandel bei κιστέρνα Malal. 399, 17 pass. Theoph. 150, 27 pass. κινστέρνα (s. § 31) > γιστέρνα Chron. 8201, 8204. Theoph. 150, 27 var. pass. Schuchardt, Zeitschr. f. rom. Philologie 27 (1903) 105–110 zählt folgende verwandte Formen auf: sizil. und kalabr. *gisterna, jisterna*, altlog. *gisterra*, serbokroat. *gustijerna*. Was das Wort γάτος, γάτα betrifft, so könnte es auf ähnliche Weise aus *cattus* κάττος entstanden sein, da aber die ersten Belege nicht sehr weit hinaufreichen, darf man annehmen, dass es ein ital. Lehnwort ist; s. § 46.

κάττος Gadar. I 169 pass. Paroem. 57. Tetrap. 144; κάττης Paroem. 9. Tetrap. 33 pass.; κάττα Georg. 522. Myth. 81 tit., pass. Paroem. 48, 13. Porik. 94. Prodr. VI 295. Rem kor. 8; καττάκιν Gadar. I 171; καττούδιν Prodr. VI 294 pass.; κατσίον Chron. 2932. Ger. kor. 107: γάτα Gadar. II 259; γάτος Gadar. II 266 pass.; γάτης Gadar. II 265; Γάτας Sachl. II 685; Γάτος Trinch. 334 (?); γατί Chron. 2932; ἀγριόγατος Erotokr. 90.

π > β.

*πισκίνη, ζωοπισκιδία > βισκίνα Kallim. 1626, 1688; zu φισκίνα s. § 15.

πeρίκοκκον > βερίκοκκο. Bei den Neutris haben die vorangehenden Adjektiva wie *καλόν, πολύν, μεγάλον* den Anlass zum Wandel gegeben.

§ 17. Anlautende tönende Verschlusslaute für tonlose Verschlusslaute.

Dasselbe Prinzip, dessen Wirkungen im letzten Paragraphen geschildert worden sind, hat auch später gewirkt, zu einer Zeit, wo die alten tönenden Verschlusslaute zu Spiranten geworden waren; jetzt tritt dieselbe Erscheinung als Wandel der anlautenden *κ, π, τ,* zu *γκ, μπ, ντ* ein. Während wir den früher besprochenen Fall nur in lateinischen Lehnwörtern erwarten durften, tritt der Wandel zu *γκ, μπ, ντ* auch bei romanischen, türkischen usw. Lehnwörtern ein.

π > μπ.

Lat. **pediculare *πεδικλώνω, πεδοκλώνω* Belis. III 244, *πεδουκλώνω* häufig > *μπεδουκλώνω* Myth. 105, 6; *μποδουκλώνω* Sachl. II 688. Chatzidakis, Einleit. S. 154 erklärt die Form *μπεδουκλώνω* durch Anlehnung an *μπερδεύω* (vgl. **μπερδουκλώνω*); s. auch Philentas, *Γραμμ.* S. 134; Meyer, Studien III S. 53 denkt an *impediculare.*

Ital. *palla *πάλα > μπάλα* „Kugel"; × *balla* nach G. Meyer.

**πίφαρο, *(?) πίφερο? > μπίφαρο, μπίφερα.*

πετσίν > μπέτσι Trivol. II 7.

**πούλβερη, πουλβερίζω > μπούλπερη, μπούλμπερη, μπουλμπεροσπορία,* alles bei Phort.

πουνιάλο > μπουνιάλο.

Türk. **πεσκέσι, πεσκέσιον* Chr. Ekth.: *μπεσκέσιον* Chr. Ekth. 28, 18; 76, 31 ist wahrscheinlich Inversion.

§ 18. Anlautende tonlose Verschlusslaute für tönende Verschlusslaute.

Dieser Wandel ist gerade dem im § 17 besprochenen entgegengesetzt; er beruht auf einer analogischen Angleichung, die durch die Satzphonetik zu erklären ist. Das einzelne Wort ist ja, im Grunde genommen, eine grammatische Abstraktion, da es in der lebenden Sprache gewöhnlich im Zusammenhang des Satzes erscheint, welcher dem naiven Sprachgefühl als eine Einheit vorkommt. So erklärt sich auch die verhältnismässig grosse Zahl der Lauterscheinungen, welche durch den Sandhi verstanden werden müssen (vgl. § 9, 11, 16, 17, 18, 28, 29). Weil man nun τὴν πατρίδα (*timbatriđa*), aber ἡ πατρίδα sagte, hat man auch τὸν μπάγκο : ὁ πάγκος, statt ὁ μπάγκος gesagt.

μπ > π.

Ital. *μπάγκος *banco* > πάγκος Trivol. I 97.

μπαλάσι *balascio* Ptochol. III 63. Suzann. 57. ζαφειρομπάλασον Belis. II 881 > παλάσι Belis. II 485, παλασοξομπλισμένος Belis. II 875.

*μπαντιέρα *bandiera* > παντιέρα Imper. IV 503. Koron. 27 pass.; πατιέρα Koron. 106.

μπάσταρδος *bastardo* Chron. 3088. Pent. D. 23, 3. Ptochol. III 269, 280. Γραν-μπάσταρδος Koron. 10. μπαστάρδι Konst. I 84. Sachl. II 175 > παστάρδικος Gynaek. 1183.

μπατάγια *battaglia* Koron. 10 pass. > πατάλια Georg. 284.

*μπεργαντί *brigantino* > περγαντί Belis. II 137.

*μπισκότο *biscotto* > πισκούτιν Ptochol. I 152.

μπουμπάρδα *bombarda* Sklav. 175, 181 > πουμπάρδα Belis. III 399, πουμπαρδιέρης Belis. III 129, πουμπαρδοχαλασμένος Konst. II 196.

μπουρδέλο, -ι *bordello* Gynaek. 1044 pass. > πουρδέλι Sachl. II 472.

μπούσουλας *bussola* Gadar. II 155 > πούσουλας Pulol. 531.

*μπράτσο *braccio* > πράτσο Georg. 215.

*μπερέτα *beretta* > περέτα Koron. 26. Sachl. II 522.

ital. μπαϊλάτον Chron. 1891 var. pass., μπαλίατον Chron. 6755, 7995 : franz. παλιάτζον *baillage* Chron. 1891.

μποῦρκος Chron. 1687, 8236 > ποῦργος Chron. 1687 var.

ντ > τ.

ντέ „von“ *de* Chron. 167 pass. Koron. 5 pass. > **τέ** Koron. 5.

ντούζης „Doge“ *doge* Chron. 993 var. > *τούζης* Venet. 41. **ντουρίζω durare* > *τουρίζω* Gynaek. 718.[1])

Ich will gleich bemerken, dass bei einigen Fällen die Möglichkeit besteht, dass *π*, *τ* für die reinen tönenden *b*, *d* gesetzt worden sind (s. § 46); ausserdem stehen manche der angeführten Beispiele, z. B. *πατάλια*, *περέτα*, *ποῦργος*, *πούσουλας* unmittelbar nach einem auslautenden Nasalen, so dass man vielleicht geneigt sein möchte, sie als Schreibfehler oder als augenblickliche Irrtümer oder individuelle Auffassungen des Schreibers zu betrachten. Diese Annahme wird durch die bekannte Tatsache gestützt, dass in den mittelalterlichen Texten bei der Wiedergabe der Verschlusslaute nicht immer eine grosse Genauigkeit herrscht (s. § 46); besonders Fälle wie *πατιέρα* (zu *ποῦργος* s. § 34) sind nicht geeignet die Glaubhaftigkeit jener Formen zu bekräftigen und die Gewissenhaftigkeit der Schreiber in ein gutes Licht zu setzen. So haben auch die Herausgeber nie gefehlt, welche solche Fehler gelegentlich „korrigieren.“ Neulich hat Chatzidakis, BZ 15 (1906) 506, um ein bestimmtes Beispiel anzuführen, für *τουρίσω ντουρίσω* vorgeschlagen, welches auch heute in Kreta üblich ist (Xanthudides, BZ 16 (1907) 474). Solche Emendationen dürften in der Tat in vielen Fällen gerechtfertigt sein.[2]) Erwägt man aber, einmal, dass der betreffende Wandel a priori möglich, ja sogar wahrscheinlich ist, und zweitens, dass er in manchen Fällen durch die heutige Sprache — wohl das beste Kriterium — gesichert wird, dann wird man sich hüten müssen, solche „bedeutungslose Schreibarten“ ohne weiteres auf die Seite zu schieben, und da eine Scheidung der wirklichen und der scheinbaren Lautveränderungen un-

---

1) Die Fälle, bei denen ich anlaut. *π*, *τ* für *μπ*, *ντ* belegt habe, machen zwei Drittel der gesamten Beispiele aus. Stets unveränderten Anlautslaut haben folgende: *μπαζιλίσκος*, *μπαλέστρα*, *μπαλότα*, *μπαράκα*, *μπάρμπας*, *μπαρμπούτα*, *μπαροῦνος*, *μπαστούνι*, *μπλάβος*, *μπόλια*, *μπότα*, *μπουκούνι*, *μπροῦντζος*, *ντουάριν*.

2) Vgl. beispielsweise Theoph. 444, 22 *τὰ τοῦ βασιλέως Λέοντος σπόνζα*, wo eine Variante *πόνζα* gibt; vgl. auch Schmitt, Erscheinungen S. 29 ff.

möglich ist, wird man lieber auch die zweifelhaften Fälle, wie ich es hier getan habe, zusammenbehandeln.[1])

Zur Aufhellung dieser Frage habe ich feststellen wollen, welche von den erwähnten Beispielen durch den heutigen Gebrauch gesichert werden können; zu diesem Zwecke wandte ich mich an die in Jena studierenden Freunde. Durch die freundliche Mitteilung des Herrn Dr. Kukules kann ich nunmehr folgende Formen bestätigen: *πάγκος**; *πάγκα** „Sitz", aber auch „Bank", Athen, Konstantinopel, *παγκιέρης* „Bankier"; *π(?)αγκώνω* „hintergehen" Syra, *ξεπαγκίζω* „jemanden aus seiner Stelle wegjagen" Lakonien, *παγκάρι* (in der Kirche). — *παντιέρα** Athen, Smyrna, Syra (*σήκωσε παντιέρα* übertr.); *παντιεράς* Syra; *παντιεράδικο* Syra; *ζουρλοπαντιέρα* ‡ von einem leichtsinnigen Mädchen. — *περέτα* Siphnos. — *πισκότο* Athen, Siphnos, Syra. — *πάντα**; *ξεπαντιάζω* Syra; *ξεπαντουρίζω* Lakonien (vgl. Kukules *Οἰνουντ.* S. 287). — *π(?)άτσος*; *π(?)ατσίδι* Syra; *Πάτσης* Familiennamen. — *π(?)ουάδα* Mykonos. — Dazu *πάσταρδος*, *παστούνι*, *πουγάδα*, *πούσουλας*, *πράτσο*, die von den Griechen in Smyrna gebraucht werden, welche erst nach den Kinderjahren das Griechische gelernt haben.

Zu diesen Fällen muss jedoch bemerkt werden, dass der Wandel bei *πάγκος*, *πάντα*, *παντιέρα*, gerade also bei den verbreitetsten Formen, auch durch Dissimilation oder Metathese erklärt werden kann. Durch Dissimilation, wenn man annimmt, dass der anlautende Verschlusslaut wegen der in der nächsten Silbe sich befindenden tönenden Konsonantenverbindung tonlos geworden ist (s. § 44); durch Metathese, wenn man annimmt, dass der Wandel *μπ* > *π* zu der Zeit stattgefunden hat, als noch die Lautkomplexe *γκ*, *ντ* gleich *nt*, *nc* waren, wie dies auch heute noch der Fall ist bei einigen ital. Lehnwörtern, wie *ἀντίκα*, *καραντίνα*, *κομπλιμέντο*, *κόντης*, *πούντα*,*σπόντα* usw.

§ 19. Vertausch von Labialen.

Foy, Lautsyst. S. 22 ff (*μ* > *β*). — Meyer, Studien III S. 7, 60 Anm. (*μ* > *μπ*). — Chatzidakis, *Μελέται* S. 214 ff. (*μρέ*-*μπρέ*). — Kretschmer, KZ 35 (1899) 603 (*β* > *μ*, *μ* > *β*, *μπ* > *π*; Lesbisch, Sp. 181. — Dieterich, Untersuch. S. 123 Anm.; KZ 37 (1904) 415. — Philentas, *Γραμμ.* S. 108.

Zu den Wandlungen *π* > *φ*, *π* > *β* und *π* > *μπ* *μπ* > *π* im Anlaute s. §§ 15, 16, 17, 18.

---

1) Bei Meyer, l. c. S. 56 ff., 88, findet man folgende Beispiele: *μπάντα* : *ἀλαπάντα πάντι*, *μπαντιέρα* : *παντιέρα*, *μπαστούνι* : *παστούνιν*, *μπεργαντί* : *περγαντί περγιντί*, , *μπερέτα* : *περέτα*, *μπιρίκο* : *περίκος*, *μπουγάδα* : *πουγάδα*, *μπούσουλα* : *πούσουλα*; *dattero dattile* : *τάταλον*.

$\beta > \mu$.

venabulum βήναβλον Malal. 163, 3 > μέναυλος Theoph. 221, 3; μεναύλιον Porph. 657, 14.

$\mu > \mu\pi$ (im Inlaut).

φλάμμουλον, φλάμμουρον, φλαμμουριάρης, häufig > φλάμπουλο Achill. I 255, Lybistr. 645, Tragog. 291, 383; φλάμπουρον Achil. II 491. Apoll. 628, 774. Belis. I 222, III 327, 339. Chron. 643 var. pass. Konst. II 528, 634. Koron. 10 pass. Pent. N. 2, 2 pass. Pikat. 65; φλαμπουριάρης Belis. II 936. Chron. 135 var., 923 var. Koron. 6.

$\beta > \mu\pi$ (im Anlaut).

Nur scheinbar kommt dieser Wandel in einigen Wörtern vor. Übrigens ist es unmöglich, diesen als eine Sandhierscheinung zu betrachten, da der Zusammenstoss von Nasal und β den Ausfall des Nasals zur Folge haben muss (Ausnahmen s. § 36 A.).

μπόλια, ὀμπόλια ist als Kontamination von ital. *voglia* und venez. *imbogio* zu erklären. Μπάιλος, *μπάιουλος als Nebenformen von βάιλος, βαϊοῦλος, *βάιουλος sind aus dem ital. zu erklären; und zwar kommt μπάιλος direkt aus dem ital. *bailo*, während μπάιουλος durch Kontamination aus *βάιουλος × μπάιλος entstand. *Μπούκκα μπουκκώνω kann ebenfalls durch Mischung aus *bucca*, βούκκα und ital. *bocca* entstanden sein; vgl. ital. *boccone* > μπουκούνι; hier hat aber auch ἐμβουκκώνω > ἐμπουκκώνω > μπουκκώνω gewiss mitgespielt. *Μπάγκος, πάγκος, neben βάγκον Trinch. 436, sind Doppelentlehnungen aus lat. *bancus*, ital. *banco*.

§ 20. Vertausch der tönenden Spiranten.

Foy, Lautsyst. S. 22. — Chatzidakis, Μεσ. II 421.

Zum Wandel $\beta\lambda > \gamma\lambda$ s. § 32.

Einige dieser Erscheinungen sind durch kombinatorischen Wandel entstanden.

$\delta > \beta$. φοιδεράτος > φοιβεράτος; Assimilation, s. § 43.

$\gamma > \beta$. λαβοῦτο Gynaek. 608, λαβουτιστής Myth. 96, tit, 1, zu λαγοῦτο, λαγουτάρης (s. § 30) kann man besser direkt aus dem ital. *lauto* erklären.

β > δ. βισκόμις, βεσκόμις > δισκόμις Trinch. 145 pass., δεσκόμις Trinch. 213, 216; Anlehnung an δίς, δί-, oder Assimilation; s. § 43.

γ > δ. *salgamarius* > σαρδαμάριος; Assimilation, s. § 43.

§ 21. Verhärtung von j zu κ.

Thumb, Handb. S. 8. — Philentas, Γραμμ. S. 69.

Im Kyprischen und in den ihm nahestehenden Dialekten wird jedes ι (ausser nach Zischlauten) zu κ oder κι verhärtet.

*μπαζάρι, παζάρι > μπαζαρκάνος Trivol. I 77.

§ 22. Übergang zur dentalen Affricata τσ, τζ.

Der Lautkomplex τσ τζ kommt bei folgenden Fällen in der ngr. Sprache vor:

1. Bei der Wiedergabe von fremden Lauten. Die ital. Lehnwörter haben häufig τσ, seltener τζ (ντζ), die türkischen meistens τζ, z. B. ἀτσάλι, βιτσερές, γράτσια, μοῦτσος, πελιτσούνι, πετσί, *τσαμπί, τσαμπουνῶ, τσερβέλα, τσούκα, τσούρμα, σπέτσα; τζενεράλς, τζόγια, ντζόγια; χαράτσι, ρετσίνι; μποσταντζίμπασης, σαντζάκμπασης.

2. Bei einigen Wörtern zweifelhafter Herkunft, wie τσακίζω, τσαγκρουνίζω, τσιμπῶ.

3. Bei griechischen, auch eingebürgerten, Wörtern, und zwar a) durch Zusammenrücken von τ und σ (ἐκάϑ(ι)σε : ἔκατσε). b) an Stelle der Konsonanten κ, τ, σ. c) an Stelle der Konsonanten δ, γ. Nur in diesem letzten Fall, wie auch bei der Wiedergabe eines fremden Lautes ist die Schreibung mit ζ berechtigt. Viele Hss. bieten aber auch sonst τζ für τσ (*ts*).

Da auch eingebürgerte Fremdwörter diese Lautveränderungen mitgemacht haben, so kommen hier folgende Fälle in Betracht.

Erweichung des κ zu τσ und σ.

Hesseling, Pent. S. 37 Einl. — Thumb. Handb. S. 12; Griech. Sprache S. 189. — Kretschmer, Lesbisch. Sp. 148. — Philentas, Γραμμ. S. 66, 67.

Die Erweichung von κ vor ε und ι zu τσ ist eine Erscheinung, die besonders in den südlichen Dialekten verbreitet ist; ihr begegnet man in der Lautgeschichte fast jeder Sprache, nur dass manchmal der Wandel *k* > *ts*, *tš* als letzte Stufe der Entwickelung *s* aufweist, wie im Romanischen und Altgriechischen. Dafür, dass auch im Ngr. ein ähnlicher Abschluss des Wandels dialektisch oder lokal stattgefunden hat, scheint zu sprechen, einmal μασελλειό für μακελλειό bei Stephanos, Bulletin de correspondance hellénique III S. 20 (Thumb l. c.), dann die im Pent. vorkommenden Schreibungen (s. unten); Hesseling l. c. meint jedoch, dass im Pent. σ für einen *ts*-ähnlichen Laut steht.

κ > τσ.

Lat. καλίγια > καλίκια (s. § 43) > καλίτσα Digen. III 1239.

κ > σ.

Lat. ἀπλικεύω, ἀπλίκεμα > ἀπλισέψω, ἀπλισέψαν, ἀπλισέματα, alles im Pent.; ebenda συτάζω, σύταγμα usw.; vgl. auch ζάπωμα Pent. N. 16, 38 (?) statt des üblichen τζαπώνω, -τζάπωτος, τζάπος (= ?) Tragog. 2, 30, 322, τζαπάτος (= ?) Tragog. 191, 231.

§ 23. Assibilation des τ zu τσ (τζ).

Thumb, Handb. S. 19. — Kretschmer, Lesbisch. Sp. 147. — Psaltes, Θρᾳκικά S. 45. — Chatzidakis, Μεσ. II S. 434. — Philentas, Γραμμ. S. 67.

Die Assibilation des τ, hauptsächlich vor dem ι, ist sporadisch und selten; häufig und regelmässig kommt sie nur dialektisch vor; sie bedarf aber einer näheren Untersuchung.

Lat. βούττις Malal. 314, 17, βουττίον Malal. 315, 1. Trinch. 64, 436, 532, βοττίον Malal. 314, 20 > βουτσίον, -ίν, -ί Krasop. 15 pass. Phort. 647 pass. Sachl. II 505. Trivol. II 19, μισοβοῦτσι Krasop. 99.

κάττης, *κάττος* usw. > *κατσί(ον)* Chron. 2932. Ger. kor. 107; dazu **κατσιάζω** „verkümmern, seine Frische verlieren", gewöhnlich von kleinen Katzen (**κατσούλι*‡) gebraucht.

Manchmal findet man *τζ* für lat. *t*; z. B. *capitale* *καπιτάλιον* „Kopfkissen" Trinch. 487 : *καπιτζάλιον* Porph. 463, 5 „lora frontes equorum ambientes" (Reiske); *scorteus* **σκόρτεος* : *σκορτζίδιον* Porph. 463, 17. Die Assibilation aber muss schon romanisch sein; vgl. dazu mlat. *linteolum, lentiolum*, ital. *lenzuolo*, *λέντζουλος* Trinch. 356, 428.

**Ρετσίνα*, *ρετσινίον*, *πιτυρετσινίον*, Phort., kommen nicht direkt aus agr. *ῥητίνη*, sondern über das Türkische; vgl. Meyer, Türk. Elem. S. 34.

§ 24. Verhärtung von *σ* zu *τσ* (*τζ*).

Thumb, Indog. Forsch. 14 (1903) 354 ff. — Chatzidakis, *Μεσ.* I S. 112. — Psaltes, *Θρᾳκικά* S. 52. — Philentas, *Γραμμ.* S. 68.

Es ist noch nicht gelungen, eine Erklärung für diese Erscheinung zu finden; auch sind nicht alle Fälle auf dieselbe Ursache zurückzuführen.

Lat. *securis* **σέκουρις* > *τσεκούρι* Pent., *τσικούριον* Myth. 83, 1 pass. Porph. 524, 3; 576, 6.

servulus *σέρβουλον* „eine Art Schuhe" Porph. II 153, 1, dazu *Σέρβλοι*, Name eines Volkes, Porph. II 152, 9 pass., (ἡ) *Σερβλία* Porph. II 152, 16, (τὰ) *Σέρβλια* Porph. II 152, 21. > **τσερβούλι*‡ (bei Psaltes l. c.) *τζερβουλιανός* Porph. 153, 2; Meyer, Studien II S. 88 leitet es vom türk. *tsarbül* ab.

**σαγγάριος* : *τσαγγάρης* gehört nicht hierher, weil das Urwort *zangarius* ist (Chatzidakis l. c.).

Rom. **σαρδέλα* > *τσερδέλα* Prodr. III 255.

**serga* **σέργα*, **σεργούτσι* > *τσέργα*, *τσεργώνω*.

μουσούδι > **μούτσουνο*, *χονδρομουτσούνα*

§ 25. Erweichung von *γ* zu *τζ*.

Lat. **μούργα* „Bodensatz, Weinhefe", **μοῦργος* > **μοῦρτζος*, **μούρτζια*, **μουρτζίους*, *μούρτζινος* Erotokr. 89: „dunkelrot" (?); zum Worte vgl. Meyer, Indog. Forsch. 6 (1896) 111;

Studien II S. 42; der Fall ist zu vereinzelt, als dass man ihn richtig beurteilen könnte; der Wandel muss von den Formen ausgegangen sein, die nach dem Spiranten einen hellen Vokal haben.

φραντζιάζω Gadar. II 510 (zu *Φραγκία*) ist schon ital.

§ 26. Assibilation von *δ* zu (*ν*)*τζ*.

Der Wandel von *δ* zu *τζ* darf als eine parallele Erscheinung zur Assibilation des *τ* angesehen werden; die Fälle jedoch, in denen er eintritt, sind nicht ganz aufgeklärt.

Lat. *impedimentum* „Gepäck" > *πεντζιμέντον* Porph. 474, 3, *πετζιμέντον* Porph. II 77, 6.

frondosum, frondeatum „Zelt" > (genues. *frunza*) *φρουντζάτον* Kallim. 1869 pass., *φριντζάτον* Porph. 373, 18; 374, 1.

B. Konsonantenschwund.

§ 27. Schwund des intersonantischen *γ*.

Thumb, Handb. S. 14; Griech. Sprache S. 189. — Dieterich, Untersuch. S. 86. — Chatzidakis, *Μεσ.* II S. 345, 417.

Das intersonantische *γ* verschwindet oft vor dem *ι*; vor den dunkeln Vokalen kommt ein Schwund nur dialektisch vor.

A. Schwund vor hellen Vokalen.

Lat. *belleyanum* *βελλιγιάνιος* > *βελλεάνιος*, *βελλιάνιος*, *βελλιάνος*, *βελλιανικός*, alles bei Trinch.; die Formen, welche kein *γ*, *λι* aber nach *λε* haben, sind nach § 5 regelmässige Bildungen.

σαγίττα, *σαγιττιά* > *σαΐττα*, *σαϊττιά*, *σαϊττεύω*.

B. Schwund vor dunkeln Vokalen.

Ital. *παγόνι* häufig > *παόνιν* Pulol. 127, 128, *παών* Pulol. 132, in Bova **παούνι*; da auch die Form **παβόνι* < ital. *pavone* vorkommt, ist es möglich, dass ein *β* ausgefallen ist.

Türk. *δάγος* > *δάος* Chron. 3378; vielleicht aber war der Abfall des Spiranten durch die schwache Artikulation des türk. *gh* bedingt, ev. befördert; vgl. **μπεγλέρμπεης*, *μεγλέρμπεης* Chron. Ekth. 9, 16 pass., Zotik 262 : *μπεχλέρμπεης* Zotik. 268 pass., **μπεκλέρμπεης*‡.

§ 28. Abfall des anlautenden vorkonsonantischen γ.

Die Erscheinung ist durch die Satzphonetik zu erklären; der Spirant ist ursprünglich nur nach auslautendem Vokal weggefallen.

κίγγλα > *γίγγλα* (s. § 16) > *ἴγγλα* Digen. IV 1792. Koron. 63.

κιστέρνα, > *γιστέρνα* (s. § 16) > **ἰστέρνα*[1]) > **στέρνα*, *περιστέρνιον* Tamyrl. 53, *Χαμόστερνα* Chr. Ath. 85, 3; *στέρνα* kann jedoch auch auf einer slavischen Entlehnung beruhen; vgl. Schuchardt, Zeitschr. f. rom. Philologie 27 (1903) 109, wo die Formen bulg. slov. *šterna*, kroat. *šternja* angeführt werden.

§ 29. Lautliche Analogiebildungen im Anlaut.

A. Abfall des anlautenden antekonsonantischen σ.

Foy, Lautsyst. S. 74. — Meyer, Anal. Graec. S. 20; Studien II S. 100. — Chatzidakis, *Μεσ.* II S. 412. — Philentas, *Γραμμ.* S. 144.

Der Abfall des anlautenden antekonsonantischen *σ* ist auch eine Sandhierscheinung; sie geht vom Genitiv der Feminina aus, bei denen der anlautende Sibilant als ein Teil des vorhergehenden Artikels aufgefasst wird. Der entgegengesetzte Vorgang ist die Prothese eines *σ* bei Wörtern mit konsonantischem Anlaut; das auslautende *σ* des Artikels fem. wird dann dem folgenden Hauptworte angehängt (*σκόνη*, *σβραχνάδα*).

Lat. *scapula* > *καπούλα* schon bei Porph. 459, 17.

scutella *σκούτελλι* > *κουτάλι* (unsichere Etymol.).

B. Abfall des anlautenden vorvokalischen ν.

Einer ähnlichen Ursache ist der Abfall und die Anaptyxe eines Nasalen im Anlaute zuzuschreiben.

Pers. *naft*, arab. *naft*, babyl. *naptu*, **νάφθα*, **νέφτι** > *ἄφθα* Porph. 268, 23; 269, 3.

---

1) *Ἰστέρνια* heisst ein Dorf in Tenos (Kukules, brieflich).

C. Konsonantenentfaltung.

§ 30. Entfaltung eines intersonantischen γ.

Krumbacher, Ein irration. Spirant. — Blass, Aussprache S. 107. — Thumb, Handb. S. 14; Griech. Sprache S. 188. — Dieterich, Untersuch. S. 91. — Kretschmer, Lesbisch. Sp. 186 ff. — Chatzidakis, *Μεσ.* II S. 327 ff. — Philentas, *Γραμμ.* S. 107, 108.

Lat. *βαϊοῦλος* Theoph. 96. 19 var., *βαΐλος* Phlor. 1576 : *βάγιλος* Theoph. 96, 19 pass., *βαγύλος* Theoph. 466, 24; ich glaube, dass wir in diesen Formen die Entfaltung eines Spiranten haben, obwohl bei *βάγιλος*, *βαγύλος* Theoph. ein Anklang an lat. *bajulus* wahrscheinlich ist.

Ital. *balio, balia* > (?) *βάιος* Pent. N, 11, 12, *βάιες*, *βάες* Digen. IV, *βαΐτσα* > (?) *βάγιες*, *βάγιτσα*, *βαγιλίζω* Tetrap. 253. *lauto* **λαοῦτο* > *λαγοῦτο*, *λαγουτάρης*.

§ 31. Entfaltung eines vorkonsonantischen Nasals.

Chatzidakis, Einleit. S. 155, Fussn. 1. — Meyer, Studien III S. 7. — Krumbacher, Legend. Theodos. S. 269. — Schulze, KZ 33 (1895) 366—386. — Dieterich, Untersuch. S. 92 ff. — Thumb, BZ 9 (1899) 409; Griech. Sprache S. 135 ff. — Krumbacher, Gynaek. 425. — Kretschmer, Lesbisch. Sp. 170. — Dieterich, KZ 39 (1906) 91. — Chatzidakis, *Μεσ.* II S. 550—555 = *Ἀθηνᾶ* 17 (1905).

Zu der Wandlung *π* > *μπ* im Anlaut s. § 17; dort wird sie als eine Satzlauterscheinung bewiesen, und somit wird die Annahme einer spontanen Nasalentfaltung in der Wortfuge unnötig und unwahrscheinlich.

Die Nasalentwickelung vor Konsonanten, die schon Ducange aufgefallen ist,[1]) hat man bis jetzt auf verschiedene Weise zu erklären versucht, ohne sie jedoch, trotz der vielfachen Erörterungen, genügend aufklären zu können; nur das eine steht fest, „eine einheitliche Erklärung ist für alle Fälle nicht notwendig anzunehmen“ (Thumb). Ich will hier meinem Beitrage eine kurze Übersicht der bis jetzt gegebenen Deutungen vorausschicken, und dann ihr Verhältnis zu dem von mir vorgelegten Material zu präzisieren versuchen.

---

1) „*Κένδρος* pro *κέδρος*, ita *ν* interponere vocibus Graeculos non semel hic observamus.“

1. Das Vorkommen eines Nasals vor tonlosem Verschlusslaute beruht auf einer unvollkommenen Wiedergabe dieses Lautes. Die meisten Beispiele kommen ja aus Aegypten, wo die griechisch schreibenden Einheimischen auch den entgegengesetzten Fehler begingen, so *λιμπάνεντε* für *λιμπάνετε*, *αὐθετικόν* für *αὐθεντικόν* (Thumb l. c. S. 136); s. auch § 46.

2. Die Nasalierung eines Aspiraten ist als eine inverse Schreibung aufzufassen; nach *νύμφη* : *νύφη* schrieb man auch *Παμφλαγόνων* für *Παφλαγόνων* (Thumb, ebenda).

3. Der Nasaleinschub kann in einigen Fällen analogischen oder volksetymologischen Wirkungen zugeschrieben werden; *Ἀνδραμύτιον* wegen *ἄνδρα*, *λήμψεσθαι* wegen *λαμβάνω* (Schulze l. c. S. 367, 371, 372; Thumb, ebenda).

4. Die Nasalierung ist eine Bestrebung bei den Fremdwörtern den tönenden Verschlusslaut wiederzugeben, wie er gehört, oder von den Griechen selbst gesprochen wurde (Thumb l. c. 137).

5. In Fällen, bei denen die Bildung eines fremden Lautes, bezw. Lautkomplexes, schwierig war, hat man durch Lautsubstitution einen Nasal eingeschoben. Dies geschah: a) Bei gelehrten echt griechischen Wörtern, welche in die Volkssprache aufgenommen worden sind, z. B. *Σαπφώ* : *Σαμφώ* (Chatzidakis, *Μεσ.* II 503 ff.). b) Bei Fremdwörtern mit Geminaten, z. B. *blatta* *βλαντίν* (Kretschmer l. c.); die Geminaten können auch durch Versetzung der Dehnung entstanden sein, wie bei *φραγέλλον* > *φραγγέλον* > *φραγγέλιον* (Schulze l. c. 376).

In den Texten, die ich verwertet habe, kommen nun folgende nasalierte Formen vor[1]):

---

1) Ich erwähne nicht die Formen mit schwankendem *τζ* : *ντζ*, bei denen diese Konsonantenverbindung als approximative Wiedergabe des fremden Lautes zu verstehen ist, so: *λιντζέρος* : *λιτζέρος*, *μπρούντζος* : *μπροῦτζος*, *πρίντζιπας* : *πρίτζιπε*, *ντζενεράλ* : *τζενεράλες*, *ντζόγια* : *τζόγια*, *ντζόστρα* : *τζόστρα*; *ἄντζα* : *ἄτζα*, *ὀμάντζιον* : *ὀμάτζιον*, *πασάντζο* : *πασάτζο* usw. In einigen Fällen wird der Nasal vom Lautkomplex *dz* ausgelöst.

Lateinische Wörter.

Vor *κ*: *ἀκκουμβίζω*, *ἀκκουμπίζω*, *ἀκκουμπῶ*, häufig > *ἀγκουμπίζω* Tetrap. 880 var., Alph. ag. 22, 1 (*ἐγκούπισες*); *ἀκκουμπιστήρι* Erotokr. 234, *καταккουμπιστήρι* Sklav. 44 > *ἀγκουμπιστήρι* Tetrap. 880. — *ἀκουμανδεύω* Trinch. 78, 559, *ἐκομαντεύω* Trinch. 558 > *ἀγκουμανδεύω* Trinch. 545 (?), 546. — *ἐκκουσεύω* Malal. 356, 19 (daneben *ἐκσκουσεύω*, *ἐκσκουσάτος*, *ἐκσκουσεία*) > *ἐγκουσάτος* Chron. 2938, 4577, *γκουσάτος* Sachl. II 635, *ἐγκούσιον* Chron. 3025. — *σακέλλιον* Porph. 61, 19 pass., Trinch. 47 pass., *Σακέλλον* Trinch. 58 > *σαγκέλλιον* Trinch. 199, 204, *σαγκούλλιον* Trinch. 367, *σαγκέλλον* Trinch. 164, 256 pass., *Σαγκέλλον* Trinch. 557. — *φάκτον* Trinch. 16, 34 pass. > *φάγκτον* Trinch. 95 (geschr. *φάγτον*); 348, 351, (geschr. *φάγκτον*); 237, 240, (geschr. *φαύκτον*). — Vor *π*: *ἀπλικεύω* häufig, auch bei Trinch. > *ἀμπλικεύω* Digen. I 2, 102; 2, 157; Trinch. 546. — Vor *τ*: *βλαττίν* häufig, nebst vielen Komposita > *βλαντίν* Belis. I 445, II 38, 466, 831; Imper. I 467, II 510. — Vor *β*: *λίβελλος* häufig, Trinch. 395 > *λίμβελλος* Trinch. 413. — *νωβελίσσιμος* Porph., Theoph.; *πρωτονωβελίσσιμος* Trinch. 547 > *πρωτονωμβελίσσιμος* Trinch. 172. — *τούμβικας* Porph. 372, 3. Theoph. 182, 1 var. — Vor *σ* (*σσ*): *ἀδμισσιών* Porph. 269, 14 > *ἀδμινσιών* Porph. 394, 2; 387, 3; *ἀδμισσιονάλιος* Porph. 405, 15 > *ἀδμινσουνάλιος* Porph. 23, 8; 239, 21 pass. — *καμίσιον* Porph. 24, 18 pass. Theoph. 322, 5 > *καμίνσιον* Porph. 99, 4. — (*καστρήνσιος* Porph. 801, 6) *καστρήσιος* Porph. 28, 4 pass. > (?) *καναστρήσιος* Trinch. 226. — *κιστέρνα* Malal. 399, 17 pass. Theoph. 150, 27 pass. > *κινστέρνα* Malal. 423, 5; 436, 1. Theoph. 150, 27 var., pass. — *μίσσα* Porph. > *μίνσα* Porph. — *μίσσος* Belth. 793. Kallim. 358, 360. Phlor. 374. Porph. 371, 18. Prodr. III 183, 259 > *μίνσος* Porph. 96, 4. 748, 12; *ὀπτόμισσον* Porph. 371, 17 > *ὀπτόμινσον* Porph. 293, 14. 748, 12. — *μισσούριν* Prodr. VI 12 > *μινσούριον* Porph. 582, 17. II 15, 14; *μινσουράκιον* Porph. 472, 8. — *πρόκεσσος* Malal. 319, 22 pass. Porph. 415, 12 > *πρόκενσος* Malal. 343, 2 pass. Porph. 5, 12; 6, 2, II 234, 6. Theoph.

226, 19; *πρόκενσον* Porph. 235, 9, 14; *προκισσεύω* Porph. > *προκινσεύω* Porph. — **σέσσος* > *σένσος, σένζος, σέντζος, σένζον, σέντζον*, alle Formen häufig bei Porph. und Theoph.; bei Chron. letztere wie auch *σέντζιον, σέτζο.*

Romanische Wörter.

Vor *κ*: afranz. *maque*, **μακάς* > *μαγκούριν*, **μαγκούρι**, **μαγκούρα**. — Vor *π*: *τρουμπέτα* häufig, *τρομπέτα* > *τροπέντα* Imp. II 395. — *τρεμπουζέτο, τριμπουτσέτο* (*τριπουτσέτο*) > *τριπουντσέτο*, alles im Chron. — *χρυσοτσάμπωτος* Belis. I 479, II 887, neben *τσαπώνω, ὁλοτσάπωτος, χρυσ(ι)οτσάπωτος* usw. (stets mit *τζ* geschrieben). — Vor *τ*: *λαγοῦτο* Erotokr. 18 pass. > *λαγοῦντο* Erotokr. 17.

Orientalische Wörter.

χανδάκιον Trinch. 117 pass. > *χανδάγκιον* Trinch. 243.

Da sich bei den einzelnen Wörtern oft verschiedene Momente kreuzen, bezw. kreuzen können, will ich sie hier zur leichteren Übersicht und Beurteilung zusammenfassend rekapitulieren, und sie zu gleicher Zeit einteilen nach den verschiedenen Gesichtspunkten, unter denen man sie beobachten kann.

Bei folgenden Wörtern findet die Nasalierung statt:

a. Vor *κ*: *ἀγκουμπίζω, ἀγκουπίζω, ἀγκουμπιστῆρι, ἀγκουμανδεύω, ἐγκουσάτος, ἐγκούσιον, σαγκέλλιον, σαγκούλλιον, φάγκτον, μαγκούρα, χανδάγκιν.*

b. Vor *π*: *ἀμπλικεύω, χρυσοτζάμπωτος.*

c. Vor *τ*: *βλαντίν, λαγοῦντο, τριπουντσέτο, τροπέντα.*

d. Vor *β*: *λίμβελλος, πρωτονωμβελίσσιμος, τούμβικας.*

e. Vor *σ, σσ*: *ἀδμινσιών, ἀδμινσουνάλιος, καμίνσιον, κανστρήσιος, κινστέρνα, μίνσα, μίνσος, ὀπτόμινσον, μινσούριν, μινσουράκιον, πρόκενσος, προκινσεύω, σένσος.*

f. Vor Geminaten: *ἀγκουμπίζω, ἀγκουπίζω, ἀγκουμπιστῆρι, ἀμπλικεύω, βλαντίν, ἐγκουσάτος.*

g. In einer Silbe vor Geminaten: *λίμβελλος, σαγκέλλιον, σαγκούλλιον.*

h. Nur bei Trinch. kommen folgende Wörter vor: καντρήσιος, λίμβελλος, πρωτονωμβελλίσσιμος, σαγκέλλιον, σαγκούλλιον, φάγκτον.

i. Bei folgenden Wörtern ist die Ein- oder Mitwirkung von besonderen Momenten wahrscheinlich oder möglich: Assimilation: bei ἀγκουμπίζω, ἀγκουμπιστήρι, ἀγκουμανδεύω, τροπέντα, τριπουντσέτο, χανδάγκιν. Metathese: bei καναστρήσιος, τούμβικας; in beiden Beispielen hat die Nasalierung vor Lauten stattgefunden, vor welchen der Nasal regelmässig schwindet (s. § 36 A, 36 B); ἐγκούπισες, τροπέντα, τριπουντσέτο, wenn man dem π den Wert eines reinen tönenden Verschlusslautes beimisst;[1]) denn sicherlich hat es nicht einen tonlosen Verschlusslaut bezeichnet; s. § 46. Volksetymologie. Bei ἐγκούπισες ferner, so wie beim ἐγκουσάτος, kann man noch an eine Anlehnung oder Zusammensetzung mit der Präposition ἐν denken.[2])

Bei der Mangelhaftigkeit und Trümmerhaftigkeit des Materials ist es nicht möglich einen Geltungsbereich zu erkennen, der von einem bestimmten Ort, oder von einem bestimmten Schriftsteller abhängig wäre. Selbst die nur bei Trinch. vorkommenden Formen sind nicht aus der Tendenz zur Nasalierung zu erklären, wie sie aus den südit. Urkunden ersichtlich ist. Meine Ansicht über die Entstehung der Nasalen bei den angeführten Fällen ist nun folgende:

a. Wiedergabe des fremden Verschlusslautes. Der Nasaleinschub von β bei Trinch. ist sicherlich ein Versuch, den von den italienisch oder lateinisch sprechenden Zeitgenossen gesprochenen Verschlusslaut wiederzugeben; λίμβελλος und πρωτονωμβελίσσιμος sind auf der gleichen Stufe zu setzen mit ὀπλικευθῇ Trinch. 476, ὀπλικεύομαι 500.

---

1) Einen nicht ganz ähnlichen Fall haben wir bei ἀκάνθι : ἀγκάθι; Chatzidakis Μεσ. II S. 491 meint mit Recht, dass die belegte Form ἀκάθι als Zwischenstufe angesehen werden muss.

2) Wagner übersetzt ἐγκούπισες mit „stecken"; vgl. dazu auch ἄς ἐμπρολάβω Alph. ag. 27, 13.

Ἄμβαρ Digen. I zu *ἄβαρ* erklärt sich besser als Inversion aus *ἄμπαρ*; s. § 45 B.

b. Inversion. Alle Fälle, in denen der Nasal vor dem *σ* auftritt, sind als umgekehrte Schreibungen zu betrachten. Hierzu gehören einmal das nur bei Trinch. vorkommende *κανστρήσιος*; vgl. dazu *ἑβδομηκονστῷ* 456, 469, *ἀμφιέρωσις* 439 ebenda; dann die zahlreichen übrigen Wörter mit einfachem oder doppeltem Sibilant. Die Gründe dieser merkwürdigen Erscheinung sind in verschiedenen Momenten zu suchen, die teils schon vor, teils während, teils nach der Entlehnung gewirkt haben.

1. Schon in der vlat. Volkssprache war der Nasal vor dem *s* unterdrückt worden, während ihn die schulmässige, offizielle höhere Literatursprache an seiner alten Stelle zu behalten, bezw. zurückzuschrauben suchte. Die Folge davon war — was stets bei ähnlichen Fällen schlechterdings vorkommt — dass schon im Lat. inverse Schreibungen häufig sind. Wir haben bestimmte Angaben,[1]) dass an Stelle eines urspr. *s*, nach langem Vokal *ns* verwendet wurde; zu dem Material das uns die Inschriften bieten,[2]) kommen die oft sich widersprechenden Vorschriften der lat. Attizisten; *Hercules* non *Herculens*, *occasio* non *occansio*, *Capsesis* non *Capsensis* (überl. *Capsessis*) warnt der Grammatiker Probus (App. Prob. S. 4, 8, 19).

2. Die Unsicherheit, deren Ansätze uns schon in diesen lat. Beispielen entgegentreten, wird jetzt durch die Weise, in der die Entlehnung stattfindet, begünstigt und gesteigert. Je nach der Begriffsphäre, der sie angehörten, haben die lat. Lehnwörter durch den mündlichen Verkehr und die Alltagssprache oder, hauptsächlich wenigstens, durch die offizielle Behörden-, Staats- und Schriftsprache in das Griechische

1) Belege bei Seelmann,Ausspr. Lat. S. 286; Lindsay, Lat.Ausspr. S. 80.

2) Vgl. Fälle wie *Athamans*, *fidens*, *herens*, *mensens* usw. bei Seelmann l. c. S. 285.

Eingang gefunden; dementsprechend müssen sie auch vorwiegend mit oder ohne Nasal anfangs gebraucht worden sein; vgl. *μεσάλιον, μεσάλα, μεσάλιν* „Tischtuch", neben *κωνσιστώριον, μινσουράτωρ* usw. (s. § 36 B); griech. Doppelformen, die auf eine ähnliche Ursache zurückzuführen sind, haben wir schon bei *κουβικουλάριος* : *κουβουκλάριος* (§ 10), *βίγλα* (§ 10), wie auch in den §§ 13, 14 gesehen.

3. Aber auch die Entlehnung schon an und für sich, in einem Lande, in dem das Latein eine fremde Sprache war, die bis zu einem gewissen Grade schulmässig erlernt werden musste, konnte die Verwirrung befördern. Man kann ja auch auf anderen Gebieten beobachten, dass bei der Verpflanzung einer Sprache, im Gegensatz zu ihren volkstümlichen Umgangsformen, Formen und Lautverhältnisse der Schule sich verbreiten, wenn die Sprache erlernt werden muss. Dies ist z. B. bei der Romanisierung Nordfrankreichs der Fall gewesen[1]) und überhaupt findet man in Italien selbst, das die Heimat des Lateins war, viel weniger Spuren vom Hlat. als auf fremdsprachigen Gebieten, wo man sich die Mühe geben musste die lat. Sprache zu lernen.

Eine analoge Erscheinung wird im heutigen Griechenland durch die bekannten Sprachverhältnisse begünstigt. Griechen, besonders Griechinnen, welche in der Fremde gelebt haben, oder solche, welche zwar in griechischen Zentren (auch ausserhalb des freien Königreichs) aufgewachsen sind, ohne jedoch in enge Berührung mit der Masse ihrer Sprachgenossen zu kommen, und ihre „Muttersprache" hauptsächlich aus dem Unterricht kennen, kommen dazu, Wörter, sogar Formen zu gebrauchen, die der allggr. Sprache fremd sind und zu der archaisierenden Kunstsprache gehören; vgl. dazu Triantaphyllides, *Ξενηλασία* I S. 54.

4. Blicken wir jetzt auf die Laut- und Sprachverhältnisse der frühbyz. Zeit, so finden wir, dass die damals lebendige Sprache der Aufnahme des Lautkomplexes *ns* nicht besonders günstig, wenn überhaupt nicht abstossend gegenüberstand

---

1) Auf diese Weise ist z. B. das Franz. dazu gekommen, das im Vlat. verschwundene auslaut. *t* zu konservieren, welches heute noch in der Liaison gesprochen wird.

(s. § 36 B). Auf der anderen Seite aber haben wir auch hier wie in Rom die schon zur Norm erhobene klassische Sprache, den Klassizismus mit seinen Forderungen und die Attizisten mit ihren Warnungen.

Eine unausbleibliche Folge dieser Umstände musste nun sein, dass der Nasal auch an Stellen auftaucht, wo die lat. Sprache nie einen gehabt hat, und ebenso auch in echt griechischen Wörtern; so steht auf einem byz. Goldenkolpion *Σαμαρίτινσα* für *Σαμαρίτισσα*, wie Krumbacher, Theodosios S. 269 richtig erkannt hat.

Inwiefern diese Inversionen als blosse Schreibungen zu betrachten sind oder auch lautliche Verhältnisse wiederspiegeln, lässt sich heute kaum sagen; neben den so zahlreichen lapsus calami kann man schwerlich lapsus linguae ausschliessen. Schmitt, Erscheinungen S. 17 bemerkt dazu: „Zwischen einer Irrung, die sich nur bei einem einzelnen Individuum beobachten lässt, und einer, die als phonetische Eigentümlichkeit gelten kann, muss sehr wohl unterschieden werden.“ Meiner Ansicht nach ist auch unser Fall zu den besonderen ngr. Irrungen wie *βουλεπτής* zu rechnen, von denen Schmitt weiter spricht; es scheint, dass in der offiziellen Sprache eine Zeit lang gewissermassen die nasalierten Formen Mode geworden waren. Für die Wahrscheinlichkeit dieser Vermutung sprechen erstens die Form *σένζος*, die *σένσος* voraussetzt, und zweitens die Tatsache, dass sämtliche Fälle meines Materials, mit Ausnahme von *κανστρήσιος* (s. S. 48) und *σέντζο* (s. § 40) entweder nur bei Porph. (*ἀδμινσιών*, *ἀδμινσουνάλιος*, *μίνσα*, *μίνσος*, *ὀπτόμινσον*, *μινσούριον*, *μινσουράκιον*, *πρόκινσον*, *προκινσεύω*[1]) oder noch bei Malal. (*κινστέρνα*) und Theoph. (*καμίνσιον*, *κινστέρνα*) vorkommen, während die regelmässigen Formen, nicht nur bei diesen verhältnismässig archaisierenden Autoren, sondern auch in den übrigen Texten der ngr. Vulgärliteratur erscheinen.

---

1) Lehnwörter mit Doppel-σ, welche nur unnasaliert bei Porph. vorkommen, sind bloss *βίσσεκστος*, *θεσσάριος*.

Was den Lautwert dieses *ν* betrifft, so ist es sicherlich ein reduzierter Nasal gewesen (s. § 36 B), wie es auch in den lat. Lehnwörtern gelautet haben muss, und wie man heute noch in Griechenland gelegentlich bei gelehrten Wörtern vernehmen kann.[1])

Es ist auffallend, dass in den meisten Fällen der besprochenen Nasalierung ein doppeltes *σ* vorkommt; ich halte dies für einen reinen Zufall. Die Ein- oder Mitwirkung einer Lautsubstitution ist möglich, aber unwahrscheinlich. Für die Annahme der Lautsubstitution spricht das alte Zeugnis, dass die Griechen lat. *ss* nur schwer aussprechen konnten. Dagegen spricht der Umstand, dass wir dann die Fälle der Nasalierung vor einfachem und doppeltem *σ* trennen müssten, und dass die Nasalierung, wenn auch nicht durchgeführt, hauptsächlich bei Porph. vorkommt.

c. Spontane Entwickelung eines Nasalen. Dieser Vorgang liegt bei folgenden Fällen vor:

1. Bei einigen der bei Trinch. vorkommenden Formen: *σαγκέλλιον* und *σαγκούλλιον* [letzteres mit Anlehnung an *σάκκος*, *σακκούλι(ον)*] sind mit *σάγκους* Trinch. 220 (?), *Ριγκάρδος* 239, *ἐγκλησία* 57, 108, 126 saepe, 129, 558 bis zu vergleichen. Dass diese Formen uns nicht durch eine unvollkommene Schreibung vorgespiegelt werden, was sonst bei den südital. Urkunden wohl denkbar wäre, beweist die Tatsache, dass diese und ähnliche Formen in der heutigen Sprache bezeugt sind; *anglisìa*, *inglisìa*, *vleo* : *embleva* (*βλέπω* : *ἔβλεπα*) sagt man heute noch in Süditalien (Morosi, Otranto); *ἐγκλησιά* ist auch für Kleinasien oder Zypern belegt (vgl. Dieterich, KZ 39 (1906) 1901) und Formen wie *landa*, *mienzu*, *mintu* für *latta*, *mezzo*, *mitto* gehören dem heutigen kalabresischen Dialekt; vgl. Gröber, Grundriss I S. 534, Dieterich l. c.

---

1) Ich habe Gebildete gehört, die in gelehrten Wörtern mit der Lautverbindung *νσ*, statt den Nasal auszusprechen, den vorangehenden Vokal nasalieren: *e kimãsis* für *αἱ κυμάνσεις*.

Auch in Patmos sagt man *παίνζω* für *παίζω* und vieles ähnliche (Mitteilung des Prof. Krumbacher).

2. Bei den Wörtern mit doppeltem Verschlusslaute (*ἀγκουμπίζω, ἀγκουμπιστῆρι, ἀμπλικεύω, βλαντίν, ἐγκουσάτος*). Obwohl hier die Annahme einer Lautsubstitution (so Kretschmer l. c.) nicht unmöglich ist, sieht man nicht recht ein, warum unter so vielen Lehnwörtern (*βοῦκκα, κάππα, κάττης* usw.) gerade eine ganz geringe Zahl nasalierte Nebenformen haben sollte, und überhaupt wie diese Formen neben den zu erwartenden entstanden sind; oder wären sie etwa Dialekterscheinungen? Übrigens dürfen sie nicht von den analogen Erscheinungen bei einfachem Verschlusslaute getrennt werden (s. unten). Noch ein Umstand kommt hinzu. Es ist überliefert, dass die Griechen bei der Aussprache der lat. Geminaten *ll, ss* Anstoss nahmen (Lindsay,Ausspr. Lat. S. 106, 131); von den anderen Geminaten ist nie die Rede gewesen, und dies ist ein negativer Beweis für unseren Fall.

3. Die unter Nummer 2 genannten Fälle, dazu noch *ἀγκουμανδεύω, τριπουντσέτο, τροπέντα* (s. auch S. 48), *λαγοῦντο, μαγκοῦρα, χρυσοτζάμπωτος*, so wie die bei Chatzidakis l. c. und Dieterich l. c. aufgezeichneten *ἀμπώθω, θυμιαντόν, λεμπίδα, ὀμπλή, ὄμπως, ὄνταν, ρούμπαλον, ἄγγουρος, ἀγγουρίδα ἀφουγκράζομαι, μέρμηγκας, λάγκερας, ἀγκίδα; κολογκύθι, κόγξα, οὔμπου, ἴγγλα, λέγγω* usw. müssen meines Erachtens einheitlich erklärt werden. An dieser Stelle kann ich nicht näher auf diese Frage eingehen; ich vermute aber, dass wir es mit einem anaptyktischen reduzierten Nasal zu tun haben, der den Übergang vom vorangehenden Vokal zum Verschlusse erleichtern soll, und sich unter Umständen entwickelt, die von der Natur und Stellung des Akzentes, von der Natur der Nachbarlaute und besonders vom Sprechtempo (lebhafter Verschluss) bedingt sind.

II. Konsonantenverbindungen.

A. Wandel des einen Elementes.

§ 32. Wandel der Verschlusslaute vor λ.

βλ > γλ.

Meyer, Studien III S. 62. — Dieterich, Untersuch. S. 101. — Kretschmer, Lesbisch. Sp. 173. — Philentas, Γραμμ. S. 80.

Lat. *σούβλα, σουβλίν, σουβλεά, σουβλίζω, σουβλισμός, σουβλοκοπῶ, σουβλομανικάς* > *σούγλα, σουγλίν, σουγλεά, σουγλισμός, σουγλιταριά.*

τλ > κλ.

Philentas S. 80.

Zum Wandel **στλ* > *σκλ* s. § 41.

Lat. *σίτλα* Trinch. 356, *σιτλολέκανα* Porph. 468, 4 > **σίκλα*, **σίκλος*, *σικλότρουλλον* Porph. 215, 16; obwohl der Wandel *τλ* > *κλ* auch auf griechischem Boden nicht selten ist — man braucht nur an *σέφτλο* > *σέφκλο* zu denken — ist es wahrscheinlich, dass wir es in diesem Beispiel mit einer roman. Erscheinung zu tun haben (vgl. Gröber, Grundriss I S. 372); schon in der App. Prob. haben wir die Formen *veclus, viclus* belegt; inschriftlich auch *acleta* für *athleta.*

κλ > τλ.

**φάκλα, φακλαρέα* Porph. 279, 9; 349, 15 > *φατλίον* Porph. 279, 8 pass.; der einzige Fall, in dem sich ein solcher Wandel bietet; nötigenfalls ist an Inversion zu denken.

§ 33. Wandel νσ > νζ.

Durch den Einfluss des benachbarten Nasals wird der Sibilant in folgenden Wörtern tönend:

σένσος Theoph. 125, 4 var. pass. > *σένζος* Porph 168, 1 pass. Theoph. 125, 4 pass., *σένζον* Porph. 229, 9; 234, 7; zu *σέντζον, σέντζιον* s. § 40, zur Nasalentwickelung s. § 31, besonders S. 49.

sponsa (?) *(τὰ) σπόνσα σπόνζα, σπόντζα; man könnte annehmen, dass die Assimilation des Sibilanten schon auf lat. Boden stattgefunden hat. In der Regel aber wird lat. *-ns* durch griech. *-νσ* wiedergegeben (Beispiele s. § 36 B), und ausserdem hat man im Lat. die Aussprache eines tönenden (auch des intervokalischen) *s* nicht beweisen können; vgl. Seelmann, Ausspr. Lat. S. 304; Lindsay, Lat. Ausspr. S. 116; selbst für das Franz. ist nicht die Zeit näher bestimmt, in der das intervokalische *s* tönend geworden ist; vgl. Brunot, Gramm. histor. I S. 157. Wenn also die tönende Aussprache des *s* nicht trotzdem vlat. oder romanisch wäre (bei Eckinger, Orthographie S. 117 findet sich ein wichtiger Fall, μῆζες für *menses*), dann muss man auch πραιπόζιτος Porph., neben δισιγνατεύω, ἐκσκουσεύω, ἐκσκουσάτος, πραισεντάλιος, πραίσεντον, aus dem Griech. zu erklären suchen; βουργέζιος, βουργήζιος, Chron., neben βουργήσιος sind italienisch; s. § 64.

§ 34. Wandel der tönenden Spiranten und tönenden Verschlusslaute nach ϱ zu tonlosen Verschlusslauten.

Dieterich, Untersuch. S. 106, 291; Sporad. Sp. 64. — Kretschmer, Lesbisch. Sp. 157.

Durch Assimilation zu der vorhergehenden Liquida werden die tönenden Spiranten zu Verschlusslauten; nachher werden die Verschlusslaute von tönenden zu tonlosen verhärtet.

Lat. *merda* ἀναμουρδώνω Eroph. 339, 427. Erotkr. 164, 199, 322 > μουρτάρης Jatr. 380, Μουρτάρα (Ortsname) Koron. 46 bis, 49 bis, μουρτεύω Chron. 5978, 6199; die Etymologie des Wortes ist nicht sicher (näheres im „Wörterbuch").

Ital. πουργατόριον Sachl. II 244 (zum γ s. auch § 46) > περκατόριον Sachl. II 244 var.

Franz. *pardon* : παρτούν Chron. 8590; das τ kann jedoch für ντ stehen (s. § 46); möglich wäre es auch, dass franz. *d* als τ gehört worden ist; vgl. § 46, S. 74.

ποῦργος Chron. 1687 var. : μποῦρκος Chron. 1687, 8236, wozu dasselbe zu bemerken ist wie für *pardon* : παρτούν.

§ 35. Wandel der Liquidae vor Konsonanten.

A. Wandel $\lambda > \varrho$.

Thumb, Handb. S. 17; Griech. Sprache S. 192. — Dieterich, Untersuch. S. 107 ff. — Kretschmer, Lesbisch. Sp. 162. — Psaltes, Θρᾳκικά S. 56. — Psichari, Changement de λ en ρ S. 300 ff. — Philentas, Γραμμ. S. 80.

Die Fälle des Wandels $\lambda > \varrho$, in Wörtern, die schon ein ρ haben sind als Assimilationserscheinungen zu betrachten; sie finden sich mit den verwandten Vorgängen in § 43 A zusammengestellt.

Die erste Frage, die bei der Untersuchung dieses Wandels entsteht, ist, ob er den allmählichen oder den sprunghaften Lautänderungen zuzurechnen ist. [1]) Psichari l. c. S. 316, der sich mit dieser Erscheinung eingehend beschäftigt, erklärt sich, wenn ich richtig verstehe, für das erstere. Der Wandel sei physiologisch, also allmählich. Ich bin der Ansicht, dass wir es mit einer Lautvertauschung, einem sprunghaften Wandel zu tun haben (ohne dabei einen Mittellaut als Übergangsstufe ausschliessen zu wollen) und nicht mit einer wiederholten Unterschiebung von etwas unendlich Verschiedenem, welches das Wesen des allmählichen Wandels ausmacht. Dass wir hier eine Lautsubstitution haben, scheint auch die Meinung von Chatzidakis l. c. S. 191—192 zu sein.

Eine zweite Frage ist die nach den Bedingungen, unter welchen dieser Übergang stattfindet. Psichari l. c. hat richtig erkannt, dass er in erster Linie abhängig ist von der Natur der benachbarten Konsonanten, vom Akzent und von der Häufigkeit des Wortes, so wie vom Alter der Entlehnung (bei gelehrten oder Fremdwörtern). Die Frage bedarf aber einer weiteren Untersuchung, obschon man eine vollständige Aufklärung unmöglich erzielen kann, wegen der steten Herstellung der veränderten Formen durch den Einfluss der gelehrten Sprache, sowie durch die zu derselben formalen Gruppe gehörenden Formen.

---

1) Zum Unterschied vgl. Delbrück, Einleitung S. 147, Chatzidakis, Ἀκαδ. Ἀναγν. I S. 190 ff., Paul, Prinzipien S. 59.

λτ > ρτ.

Lat. *μοῦλτος* Theoph. 474, 16 > *μοῦρτος* Konst. II 950; letztere Form wird jedoch von Thumb, Indog. Forsch. 14 (1903) 343—362 aus germ. *mr̥th* „Mord" > vlat. *mordrum, murtrum* abgeleitet und mit *μουρτάτης* verbunden; näheres im Wörterbuch.

Ital. *κάλτσα* > *κάρτσα* Georg. 584.

λδ > ρδ.

Ital. *manigoldo* > *μανιγόρδος*.

B. Wandel ρ > λ.

Dieser Wandel, dem eben besprochenen entgegengesetzt, ist a priori vor bestimmten Konsonanten möglich (dazu vgl. Psichari l. c. S. 328) und für andere Sprachen belegt (Passy, Chang. Phonét. S. 148). Im Griechischen aber und zwar in echt griech. Wörtern wurde er bis jetzt nicht beobachtet. Auch die bei Eckinger, Orthographie S. 107 zusammengestellten Fälle sind unsicher, da sie meistens durch Dissimilation oder Volksetymologie erklärt werden können. Solange nur in Lehnwörtern dieser Wandel nachweisbar ist, kann man annehmen, dass bei ihrer Übernahme die fremde Liquida auch als λ aufgefasst worden ist.

Lat. *φοῦρκα, φουρκίζω* : *φοῦλκον* Theoph. 318, 16, *φουλκίζω* Malal. 431, 12 nach einer Korrektur zweiter Hand; vgl. BZ 6 (1897) 229; λ für ρ kann auch inverse Schreibung sein.

Ital. *βερτόνι* Eroph. 320 : *βελτόνι* Eroph. 102.

Türk. *σουργούνης* Chr. Ekth. 33, 17 pass. : *σουλγούνης* Chr. Ekth. 70, 4.

τουλπάνι Pent. L. 29, 38 neben **τουρμπάνι* kommt aus türk. *tulbent*.

B. Schwund des einen Elementes.

§ 36. Nasalschwund vor Spiranten.

A. Vor tönenden Spiranten.

Psychares, *Τὸ ταξίδι μου*, 1. Aufl. S. 178 ff.; *Ρόδα* III S. 117 ff. — Thumb, Handb. S. 11, 18 Anm. 3. — Chatzidakis, *Μεσ.* II S. 429. — Kretschmer, Lesbisch. Sp. 163 ff. — Philentas, *Γραμμ.* S. 74.

Die alten tönenden Verschlusslaute *β*, *γ*, *δ*, welche bereits in den ersten Jahrhunderten unserer Aera zu tönenden Spiranten geworden waren, haben ihren ursprünglichen Lautwert in der Nähe eines vorangehenden Nasals bewahrt. Um aber den Lautkomplexen *mb*, *nd* die überlieferte alte Aussprache auch in der Schrift zu erhalten, ist es nötig geworden, statt *μβ*, *νδ* *μπ*, *ντ* zu schreiben,[1]) da in der Zwischenzeit auch die tonlosen Verschlusslaute in der Nähe der Nasale tönend geworden sind. Diesen rein orthographischen Wandel haben natürlicherweise auch zahlreiche lat. Lehnwörter mitgemacht, bei denen *mb*, *nd* durch *μβ*, *νδ* wiedergegeben worden war. Ich nenne aus meiner Zusammenstellung folgende Beispiele:

μβ : *μπ* *ἀκκουμβίζω* : *ἀκκουμπίζω*, *ἀκκουμπῶ*, *ἐμβουκκώνω* : *ἐμπουκκώνω* *μπουκκώνω* (s. § 19), *κομβίνα* : *κομπίνα* Porph. — *νδ* : *ντ* *ἀκουμανδεύω* : *ἀκομαντεύω*, *βάνδον* *βανδοφόρος* *πρωτοβανδοφόρος* : *βάντον*, *δηφενδεύω* *διαφενδεύω* : *διαφεντεύω* *διαυθεντεύω*, *καλάνδαι* : **κάλαντα*, *κανδήλα* *κανδήλι* *κυθροκανδήλα* *πολυκάνδηλον* : **καντήλα*, *μανδάτον* *μανδατεύω* *μανδάτωρ* *πρωτομανδάτωρ* : *μαντάτον* *μαντατεύω* *μαντατευτής* *μαντατούρης* *μαντάτωρ* *μαντατοφόρος* *μαντατοφορίζω*, * *φοῦνδα* *φουνδάτος* *φουνδοσυράτος* : *φοῦντα* *φουντώνω* *ξεφουντώνω* *ξυλοφουντώνω* *φούντωμα* *φουντάτος* *φουντοσυράτος*. Diesen sind noch *ἰνδικτιών*, *ἰνδουλγεντία*, *κανδιδάτος* und Ableitungen, *μουνδουάλδος*, *πραιπενδούλιον*, *σεκουνδικήριος* beizufügen, welche nur die ältere Schreibart aufweisen. Der Vollständigkeit

---

1) *γγ* musste an sich schon *ŋg* ausgesprochen werden; deswegen ist es nicht nötig gewesen, dafür *γκ* zu schreiben.

halber füge ich ἀξούγγιον, κίγγλα, πουγγίν hinzu, bei denen wir das lat. *ng* wiederfinden.

Es gibt indessen Fälle, wo der Nasal ausgefallen ist und statt des zu erwartenden μπ, ντ, γκ bloss β, δ, γ eintritt; dies geschieht:

1. Vor anlautendem β, γ, δ; weil hier die Verbindung Nas. + β, γ, δ locker war (so Chatzidakis l. c.), oder weil die regelmässigen Komplexe *mb, nd, ng* an die veränderten Anlautslaute β, δ, γ, die spirantisiert wurden, angeglichen wurden; so τὸ βλέπω (meistens τόνε βλέπω) für τόν βλέπω (*tomblepo*).

2. Häufig, aber nicht immer, in gelehrten Wörtern, die aus der Schriftsprache in die lebendige Sprache aufgenommen worden sind, z. B. σύβαση, aber daneben συντρομή; vgl. Psychares, *Ρόδα* III S. 118. Hierzu können sicherlich auch Lehnwörter gehören, welche in gelehrter Form vom Volke aufgenommen werden. Was aber die Formen Σεπτέβρης Belis. I 254, *Δεκέβρης (vgl. dazu Δεκεβρίου, Νοέβρου, Σεπτεβρίου, Σεπτέβριον bei Dieterich, Untersuch. S. 111 f. aus Inschriften des 3.—6. Jahrh.) neben *Δεκέμπρης, *Σοτέμπρης (Thumb, Indog. Forsch. 2 [1891] 91) betrifft, so sind sie keine gelehrten Formen, da sie auf Lautverhältnisse der lat. Volkssprache zurückgeführt werden können; vgl. *Decebris* (431 n. Chr.), *Novbr(is)* (5. Jahrh. n. Chr.), *Septebris* (463 n. Chr.), *Septibris* (632 n. Chr.) bei Seelman, Ausspr. Lat. S. 281; vgl. dazu Lindsay, Lat. Aussprach. S. 77.

Einen analogen Fall bilden die Wörter, die im Schriftlatein die Lautverbindung *nv* haben, und welche im frühbyz. μβ aufweisen, wie κομβέντιον, τριομβιράτωρ, τριομβιρατωρία, τριομβιρία. Die Form *κουβέντα* hätte man ganz gut aus dem Griechischen erklären können — eine Form κομβέντιον kann ja nie volkstümlich gewesen sein — wenn die Verstummung des Nasalen nicht schon durch lat. Inschriften belegt wäre. Was die Formen κόμεντος, κομεντιανός bei Malal. Porph. betrifft, so sind sie (Chatzidakis, nach brieflicher Mitteilung) durch Kontamination mit κομμέντον, *κομίτιον zu erklären.

3. Es bleiben noch einzelne Wörter, bei denen keine einheitliche Erklärung gelungen ist. Aus meiner Sammlung gehören folgende Fälle hierher:

Lat. *condimentum* > κοδιμέντον Prodr. I, 13, κουδουμέντον Prodr. IV 81, Κουδούμεντος Porik. 48.

μαγκλάβιον Porph. II 236, 10. Prodr. III 270, μαγκλαβίτης Porph. II 208, 9 pass., μαγκλαβοκοπῶ Tetrap. 636 > μακλαβοκοπῶ Tetrap. 636 var., s. § 46; dazu μαγλάβιον Porph. 7, 19 pass. Pulol. 553, μαγλαβίτης Porph. 22, 21 pass.

tu vincas > τούβικας Theoph. 182, 1; τούμβικας Porph. 372, 3. Theoph. 182, 1 var.

Türk. *μπαζάρι, μπαζαρκάνος Trivol. I 77 > παζάρι häufig.

Chatzidakis (in einer schriftlichen Mitteilung) meint, dass κοδιμέντον durch Dissimilation wegen des folgenden Nasals, und überhaupt eines tönenden Lautes wegen (so auch μπαζάρι > παζάρι) entstanden ist; er denkt dabei an die ngr. κομπλιμέντο > κοπλιμέντο, Μπάγκειον > Πάγκειον (s. auch § 18 S. 37). Diese Erklärung leuchtet ein. Die Fälle *μακλάβιον, μαγλάβιον und τούβικας : τούμβικας sind komplizierter. Vielleicht haben wir in μαγλάβιον (von Meyer, Studien III als Fehler betrachtet), μαγλαβίτης eine Assimilation[1]), bei *tu vincas* > τούμβικας eine Metathese;[2]) τούβικας wäre dann eine regelmässige Umgestaltung aus τούμβικας. Jedenfalls aber braucht man nicht an Dialektformen zu denken, eine Hypothese, die seiner Zeit anlässlich der Wörter κόλυβο, συγυρίζω von Thumb[3]) ausgesprochen und neuerdings, wie

---

1) Vielleicht damit zu vergleichen (ἀφουκράζομαι >) ἀφουγκράζομαι > ἀφουγράζομαι; στρίγγλα wahrscheinlich aus στρίγλα × στρίγξ, στρίγκα.

2) Zu beachten ist die Akzentverschiebung. Vielleicht hat die kräftige Betonung der Anfangssilbe die Vorwegnahme des Nasalen, bezw. die Nasalierung des β bewirkt; s. § 31 S. 53.

3) Zur neugriechischen Volkskunde, Zeitschrift des Vereins für Volkskunde 1892 S. 288 Anm. 4. „Danach müssten wir κόρυβο, bezw. κόλυβο für ein auf gleichem Wege eingedrungenes Wort ansehen. Ich sträube mich etwas dagegen, alte volkstümliche Worte, wie z. B. συγυρίζω so zu erklären . . .“ Thumb vermutet (ebenda), dass vielleicht

es scheint, von Dieterich wieder aufgenommen ist. Dieterich, Sporad. Sp. 87 hat folgende Fälle zusamengestellt: *συββαίνει, συβάζω, συββουλή, ἀνοβρία, συβράζω* (Sakellarios, *Κυπρ.* I S. 804, 778, 804, 453, 804), dazu noch aus der westlichen Sporadengruppe *συβία, συβουλή, συβουλεύγω, συβουλάτορας, χταβιοῦμαι (ἐκθαμβοῦμαι), δέδρα.* Trotz dieser neuen Beispiele erachte ich die Sache nicht als bewiesen. Formen wie *συβουλεύγω, δέδρα,* mögen sie nun in Urkunden der vergangenen Jahrhunderte stehen oder jetzt bisweilen gesprochen werden, können ganz gut diese Form ihrer gelehrten Herkunft verdanken.

Auch bei der Besprechung von anderen Lautverhältnissen hat man sich wiederholt die Frage stellen müssen, inwiefern darin Dialekterscheinungen zu erkennen sind, so lange die fraglichen Formen häufig wiederkehren oder heute noch gang und gäbe sind, vgl. besonders *βουτσί* S. 40, *κατσί,* **κατσιάζω* S. 41, **μαγκοῦρι* S. 47. Die ungenügende Kenntnis, die wir heute noch von den einzelnen griech. Dialekten haben, ermöglicht uns nicht, diese Frage zu beantworten. Dialektische Infiltrationen in die allggr. Sprache sind sicherlich von vornherein anzunehmen, solange aber nicht auf Grund umfangreichen und sicheren Materials das Gegenteil bewiesen wird, kann ich dies nur bei Wörtern annehmen, die bis dahin in der allgemeinen Sprache überhaupt nicht vorkamen, oder bei solchen, bei denen wegen des ausgedrückten Begriffes das Prädominieren einer dialektischen Form gerechtfertigt werden kann; dies kann z. B. der Fall gewesen sein bei *γαβάθια* (s. § 15), möglicherweise auch bei *βλαντίν* (s. § 31 S. 53).

„die verschiedene Behandlung von Nasal + agr. Media nach Dialekten verschieden sei und gegenseitige Mischung bezw. Durchkreuzung stattgefunden habe.“ Chatzidakis, *Ἀθηνᾶ* 4 (1892) 475 hat treffend gezeigt, dass wir bei *συγυρίζω* als ersten Teil des Wortes *συ-* anzunehmen haben (nach den Bildungen *συ-λλαβαίνω, σύ-μμαινα, συ-σπασμός* usw). Dies ist umsomehr wahrscheinlich, als auch von anderen Sprachen dieselbe oder die entgegengesetzte Erscheinung (Herstellung in der Kompositionsfuge der phonetisch veränderten Formen) bekannt ist.

B. Vor tonlosen Spiranten.

Wandel von *νσ* zu *σ*.

Meyer, Portius S. 89, — Eckinger, Orthographie S. 114 ff. — Thumb. Handb. S. 18 Anm. 1.

Der Schwund des Nasalen vor *σ* ist schon agr. gewesen (vgl. G. Meyer, Griechische Grammatik [2] S. 286 ff.) und heute noch eine allggr. Erscheinung, obwohl oft (nur bei gelehrten und Fremdwörtern?) *νσ* gehört wird. Es ist wahrscheinlich, dass auch im Mgr. kein voller Nasal vor dem *σ* möglich war, und dass die Verbindung *ns* bald nach der Einbürgerung der lat. Fremdwörter ihren Nasal einbüsste, bezw. reduzierte. Für die meisten Fälle jedoch darf man annehmen, dass die Ausstossung des Nasals schon auf lat. Boden stattgefunden hat; vgl. Seelmann, Ausspr. Lat. S. 283, Lindsay, Lat. Ausspr. S. 80, App. Prob. S. 12.

Lat. *δεφενσίων* Trinch. 164, 314 pass., *δεφένσωρ* Trinch. 521 : *διφεσίων* Trinch. 402.

**μένσα* : *ἀντιμίσιον* Porph. 66, 5 pass. Theoph. 456, 16.

mensale : *μεσάλιον* Porph. 465, 19, *μεσάλα* Trinch. 356, *μισάλιν* Belth. 999.

Dazu zahlreiche Wörter auf -*ήσιος*, -*ησιανός*; s. Kap. VI.

Daneben bleibt *ν* neben *σ* erhalten bei *βονσιγνῶρος* Trinch. 486, *ἰνσόλιδουμ* Trinch. 424, *κωνσιλιάριος*, *κωνσιστώριον*, *ἀντικωνσιστώριον*, *μινσουράτωρ*, alles bei Porph.

Wandel von *μφ* zu *φ*.

Thumb, Handb. S. 18. — Philentas, *Γραμμ.* S. 75.

κάμφορα Phort. 387 pass. : ⟨ *καφουρά* ⟩ Digen. II 1918; der ersten Form liegt offenbar ital. *canfora*, mlat. *camphora* zu Grunde; zur zweiten vgl. auch arab.-pers. *kafur*.

§ 37. Abfall der Spiranten vor *μ*.

Thumb, Handb. S. 15. — Philentas, *Γραμμ.* S. 75.

Die Erscheinung gehört der ngr. Gemeinsprache an.

γμ > μ.

Lat. *σηγμέντον > σήμεντον, σημεντένος, χρυσοσήμεντος, alles schon bei Porph.

§ 38. Wandel von λν zu ν.

Zu agr. λν > λλ vgl. G. Meyer, Griechische Grammatik[3] S. 262.

Lat. *βαλνιάριον, βαλνιαρία Porph. 422, 15. 599, 21, βαλνιαρίτης Porph. 554, 13; 555, 11 > βανιάριν Malal. 222, 20. Porph. 154, 14. Vielleicht aber ist der Schwund der Liquida vlat., bezw. roman.; vgl. ital. *bagno*, franz. *bain*, zu lat. *balneum*.

§ 39. Erleichterung drei- und viergliederiger Konsonantengruppen.

Chatzidakis, Μεσ. I S. 164-165. — Psychares, Ρόδα IV S. 112. — Kretschmer, Lesbisch. Sp. 210. — Philentas, Γραμμ. S. 76.

Im Gegensatz zu der alten lässt die ngr. Sprache von den dreikonsonantischen Gruppen nur diejenigen zu, bei denen der mittlere Laut ein tonloser Verschlusslaut und der letzte eine Liquida oder ν ist; vier Konsonanten nacheinander werden überhaupt nicht geduldet. Lehnwörter der frühbyz. Zeit treten uns selbstverständlich auch unter komplizierteren Formen auf. Diejenigen aber, die sich in der lebendigen Sprache weiter behauptet haben, mussten ihre Konsonanten erleichtern. Einer genauen Untersuchung auf Grund vollständigeren Materials bleibt noch festzustellen, was jedesmal bei der Bestimmung des auszustossenden Lautes massgebend gewesen ist (vgl. z. B. *ἐκστραορδινάριος > *ἐκτραορδινάριος zum Wandel κστρ > στρ).

κστρ > στρ.

In diesem Lautkomplexe ist, ähnlich dem Italienischen, der erste Konsonant aufgegeben worden, und somit blieb die auch heute noch sehr häufige Verbindung στρ.

dextrale *δεκστράλιον oder *δικστράλιον (vgl. *ἐκστρα ορδινάριος, *ἐκστράνεος, *ἐκσπλωράτωρ, ἐκστρατεύω, ἐκστρέφω ἐκστραγγίζω usw.) > διστράλιον Porph. 73, 1 pass.

κσκ > κκ.

In dieser Lautgruppe wird der mittlere Konsonant (durch Dissimilation?) ausgestossen und die Geminaten fallen zusammen.

ἐκσκουσεύω Porph. 695, 8. 698, 12; ἐκσκουσάτος Porph. 288, 19. Trinch. 9, ἐκσκουσεία Trinch. 33 > ἐκκουσεύω Malal. 356, 19 > ἐγκουσάτος, γκουσάτος, ἐγκούσιον;· zum Wandel κ > γκ s. § 31.

Unverändert findet man κσκ bei ἐκσκουβίτωρ, ἐκσκούβιτον.

Bei ἐκσπηλλεύω, ἐκσπέδιτον, (πραίσεκστον Porph. 629, 4 wohl Druckf. für) πραίτεκστον haben wir die Komplexe κσπ, κστ.

C. Entfaltung eines neuen Elementes.

§ 40.

Die Entfaltung eines Konsonanten zwischen zwei anderen ist durch ihre artikulatorische Unverträglichkeit beim beschleunigten Sprachtempo bedingt; der Übergang vom ersten zum zweiten Konsonanten wird besonders beim lebhaften Verschluss dadurch erleichtert, dass man nach dem ersten einen Übergangslaut bildet, der mit beiden verwandt ist. Es kommen hier zwei Fälle in Betracht; die Konsonantenentfaltung in den Verbindungen νζ und σλ.

Wandel νζ > ντζ.

Philentas, Γραμμ. S. 109.

Die Verbindung νζ ist nach der ngr. Lautlehre unmöglich. In der Wortfuge schwindet der Nasal vor anlautendem ζ.

Lat. σένσος, σένζος, σένζον > σέντζος, σέντζον, Porph., Theoph.; die im Chron. vorkommenden Formen σέντζιο, σέντζο, σέτζον sind wahrscheinlich vom franz. *siège* beeinflusst; zur Entwickelung des ν s. § 31.

sponsa (τὰ) *σπόνσα, σπόνζα > σπόντζα Theoph. 444 22 var. Zum Wandel νσ > νζ s. § 33.

§ 41. Wandel σλ > *στλ (σϑλ) > σκλ.

Vasmer, Zeitschr. f. deutsche Wortf. 9 (1907) 21 ff., 315 ff.

*Σλάβος, Σφενδόσλαβος Porph. 597, 14 > *Στλάβος, *στλαβώνω : σϑλαβῶ Porph. II 53, 18; 54, 3, σϑλαβοπούλα Prodr. I 144, *σϑλαβικός > Σκλάβος, Σκλαβηνός, Σκλαβησιανός, Σκλαβίνιος, Σκλαβοῦνος, bei Malal., Porph., Theoph., Σκλαβουνία Chron. 416, Trivol. I 7, σκλάβος, σκλαβιά, σκλαβώνω, ξεσκλαβώνω, σκλαβομός σκλαβοσύνη, σκλαβίνα, σκλαβικός, σκλάβικος, σκλαβόνικος, σκλαβινικός, σκλαβινιστί, σκλαβάρχων (die letzten drei bei Porph. II), σκλαβοϑώρετος, Σκλαβόπετρος. Auf die Entfaltung des interkonsonantischen τ wird geschlossen durch die Formen, welche dafür ϑ haben; letztere sind archaisierende Formen der Schriftsprache, die auf Inversion beruhen (s. § 45); vgl. Vasmer l. c. Der Wandel σλ > σϑλ, der vom altgr. bekannt ist in Fällen wie ἐσλός > ἐσϑλός, μάσλης > μάσϑλης, ϑύσϑλα (auch lat. *sosϑrinus consobrinus;* vgl. Fick, Das ϑλ-Suffix und seine Wechselformen, Zeitschr. f. vergl. Sprachf. 42 (1908) 84), kann nicht als das Pendant zu unserem σλ > σϑλ betrachtet werden, weil der Laut ϑ zur Zeit unseres Wandels nicht mehr denselben Wert hatte, und gerade das mgr. τ läge am nächsten dem agr. ϑ.

Die σκλ-Formen sind eine Weiterentwickelung der *στλ-Formen. Der Wandel τλ > κλ kommt auch sonst vor (s. § 32) und eine direkte Entfaltung von κ zwischen σ und λ anzunehmen, liegt nicht so nahe.

Die Verbindung σλ kommt im Neugriechischen in einigen Lehnwörtern vor, sie bleibt aber meines Wissens unverändert; so ἀσλάνι‡, Ἀσλάνογλους* (Familiennamen), ἄσλι‡; der Sibilant bleibt dabei tonlos.

III. Fernlautwandel.

§ 42. Metathese (Umstellung).

Meyer, Studien II S. 92. — Hesseling, Pent. S. 41 Einl. — Dieterich, Untersuch. S. 110. — Thumb, Handb. S. 17. — Kretschmer, Lesbisch. Sp. 205. — Dieterich, KZ 39 (1906) 92. — Philentas, Γραμμ. S. 110.

Metathese von Liquidae.

1. Postvokalische Liquida wird antevokalisch.

Lat. κιρκέλλιν > κρικέλλιν.

κουρσεύω κοῦρσος, κουρσάρος, *κουρσάρικος > κρουσεύω *κροῦσος, κρουσάρος, κρουσάρικος.

τουρμάρχης > Τρουμάρχης Trinch. 32, 65, τρομάρχης Georg. 212, Trinch. 251 (‖ τρόμος).

Ital. *perfetto* *περφέτος > πρεφέτα Georg. 361.

Franz. *porveor, porveour* > προβεούρης, mit Anlehnung an πρό, προβεδούρης.

2. Antevokalische Liquida wird postvokalisch.

Lat. πραίσεντον > παίρσεντον Theoph. 165, 6 var.

σκρίνιον > σκιρνίτσι Troad. 253.

τρούλλα, τροῦλλος, ⟨τρουλλάτον⟩ Prodr. IV 163, σικλότρουλλος > τούρλα ⟨τουρλάτον⟩ Prodr. III 163, τετραπεντάτουρλος Konst. IV.

Ital. *brigantino* > *μπεργαντί, περγαντί Belis. II 137.

σκρόφα > σκόρφα Pulol. 545.

τρουμπέτα > τουρμπέτα Pent. N. 10, 2, 8.

Slav. δραγατεύω > δεργατεύω.

3. Die Liquida tauscht ihren Platz mit einem anderen Konsonanten.

Lat. *duracinum* *δωράκινον, vgl. *δουρακνιά*₊ *δρυκνεά*₊ > ρωδάκινον, (‖ (?) ρόδο).

*παινόλης, *φαινόλης > παιλόνιον, φαιλόνη, φαιλόνιον.

4. Eine intersonantische Liquida tauscht ihren Platz mit dem vorhergehenden Vokal.

Ital. *doario* ντουάριν > ντουράιο.

5. Bei der Metathese beteiligen sich keine Liquidae.

Lat. *salgamarius* ⟨σ⟩αλγάμι, σαρδαμάριος Prodr. III 97 > σαρμαδάριος Prodr. IV 4, 97.

*σεκστάριος > *ξέστον, *ξέστης, *ξεστίον, ξιστί Pent.

tu vincas *τούβιγκας > (?) τούμβικας; s. § 36 A.

Orient. μασγίδιον > μαγίσδιον, μασγίδιον > σμαγίς, vgl. σφάγανον > φάσγανον, μείσγω > σμείγω*.

Dazu noch möglicherweise ἀκκουμπῶ : ἐγκούπησες, καστρήνσιος : κανστρήσιος, τριμπουτσέτο : τριπουντσέτο, τρομπέτα : τροπέντα; s. auch § 31, S. 48.

6. Metathese einer ganzen Silbe (bezw. Vokalmetathese).

βαβούρα, βαβουρίζω, ἀναβαβουρίζω > ἀναβουβαριάζω.

προβεούρης > προβουέρης.

§ 43. Assimilation.

Psichari, Changement de λ en ρ. — Philentas, Γραμμ. S. 93.

A. Totale Assimilation.

λ + ρ, ρ + λ > ρ + ρ. Lat. *salgamarius* > σαρδαμάριος. Bei den Fällen γαρδινάλιος, γαρδενάλιος > γαρδινάριος, γαρδενάριος und *pectorale* > πεκτοράριν Porph. 391, 14 ist auch die Angleichung an die Suffixe -άριος, -άριον möglich.

Slav. *Βούλγαρος, βουλγαρικός > Βούργαρος, βουργαροαναθρεμμένος, βουργαρομουσουδάτος, vgl. § 35.

κ + χ > χ + χ. Lat. *κοχλιάριον > *χουχλιάριον; s. § 44 B.

Orient. καμουχάς > χαμουχάς Belis. III 415.

β + γ > β + β. Ital. *φράγουλα > (?) *βράγουλα > Βράβουλος Porik. 17.

B. Partielle Assimilation.

a. Assimilation in der Artikulationsstelle.

φ + δ > φ + β. Lat. φοιδεράτος > φοιβεράτος, zu § 20.

β + δ > δ + σ. Lat. βισκόμις > δισκόμις, oder Anlehnung an δίς, zu § 20.

β + ν > μ + ν. s. § 19.

b. Assimilation in der Artikulationsart.

κ + γκ (= γγ) > γ + γκ: Lat. κίγγλα > γίγγλα, zu § 16.

μπ + γ > μ + γ: Lat. *μπεγλέρμπεης > μεγλέρμπεης; s. auch § 44 A.

Unsicher sind die Fälle bei βαρσαμανάτης Malal. 271, 8: βαρζαμαράτης Malal. 271, 22; καδής : κατής.

C. Assimilatorische Anaptyxe.

Ein in der Nachbarsilbe befindlicher Konsonant wird auch in der vorangehenden Silbe entwickelt.

ρ > ρ + ρ: Lat. κούκουρον > κούρκουρον Theoph. 366, 18 var.

Ital. κουβερτούριν, κουβερτάριν, Chron. > κορβερτήρι Chron. 7698 var.

Die Entwickelung eines Nasals liegt möglicherweise vor bei ἀγκουμπῶ, ἀγκουμανδεύω usw.; s. § 31, S. 48.

§ 44. Dissimilation.

Meyer, Studien III S. 7. — Chatzidakis, *Μεσ.* I S. 323 (= KZ 33 (1895) 118). — Psichari, Changement de λ en ρ. — Dieterich, Untersuch. S. 122. — Kretschmer, Lesbisch. Sp. 176, 208 ff. — Philentas, *Γραμμ.* S. 84 ff.; 82.

A. Dissimilatorischer Wandel.

λ — λ > λ — ρ: Lat. φλάμμουλον, φλάμπουλον > φλάμμουρον, φλάμπουρον.

λ — λ > ρ — λ: Lat. **colucula* > κουρούκλα.

flagellum *φλαγέλλον > φραγέλλιον Porph. 709, 1.

μπ — μπ > β — μπ: Ital. μπουμπάρδα > βουμπάρδα Gadar. II 483.

μπ — μπ > μ — μπ: Türk. *μπεγλέρμπεης > μεγλέρμπεης Chr. Ekth. 9, 16; s. auch § 43 B b.

μπ — μπ > π — μπ. Zu ital. *μπάγκος > πάγκος, *μπαντιέρα > παντιέρα, μπουμπάρδα > πουμπάρδα, πουμπαρδιέρης, πουμπαρδοχαλασμένος, s. auch § 18, S. 35, 37.

μπ — μπ > μπ — π.: Ital. (*πούλβερη) μπούλμπερη Phort. 185 pass. > (?) μπούλπερη Phort. 181, 196, 237; vgl. μπαρμπούτα Digen. IV 3481 > (*μπαρβούτα), *μπαρπούτα, Duc.

λ — γ > λ — κ: Vielleicht gehört hierher, obschon er auch als Assimilation (zu κ) aufgefasst werden kann, der

Wandel lat. *καλίγιον*, *καλιγώνω*, *καλιγοκάρφι* usw. > *καλίκι* Georg. 145 (übrlf. *κολλήκιοῦ*) 152, Prodr. III 51, *καλικώνω* Belis. II 778, *φελλοκάλικον* Alph. ag. 83, 49.

Vgl. noch *άβδιουμάς* Theoph. 295, 12 var. für *σουβαδιουβάς*.

B. Dissimilatorischer Schwund.

Liquidae.

λ — λ > λ: Lat. *valvolae* > **βάβουλα*, **βαβούλι*, *βαβάλιον*.

ϱ — ϱ > ϱ: Türk. *τεφτερτάρης* > *τεφτετάρης*.

Nasale.

μ — μ — μ > μ — μ: Orient. *άμερμουμνής* — *άμερουμνής*.

ντ — μ > δ — μ: Lat. *condimentum* *κοδιμέντον*, *κονδουμέντον*, s. § 36 A, S. 60.

Sibilanten.

ζ — σ > ζ: Ital. *τζούστρα* > *τζούτρια* Phlor. 1857.

σ — σ > σ: Lat. *ἐκσκουσεύω* > *ἐκκουσεύω*, s. § 39.

Verschlusslaute.

χ — χ > χ: Lat. *cochlear*, *cochliarium* **κοχλιάριον* > **χουχλιάριον* > **χουλιάρι*, *χουλιάρα*, *χλιάριν*.

τ — τ — τ > τ — τ: Türk. *τεφτερτάρης* > *τεφτεράρης*.

C. Silbendissimilation oder Haplologie.

Von zwei aufeinanderfolgenden Silben, welche den gleichen oder einen artikulatorisch verwandten konsonantischen Anlaut haben, geht durch Dissimilation die eine verloren.

Lat. *καβαλλικεύω* > *καλλικεύω* Pikat. 365; zu *καβαλκεύω* s. § 10.

καταρδινιάζω > *καρδινιάζω*, bei Erotokr·; ebenda *ζαμάγρα* < *ζαβομάγρα*, *ἐξά* < *ἐξουσιά*; vgl. § 10.

κουκουμάριον Porph. 95, 14 pass. > **κουμάρι*.

Durch Silbendissimilation in der Wortfuge erklärt man am besten *τεσσεράριος* (s. § 15, S. 32).

Zu *κιστέρνα* > **στέρνα* s. § 28.

Ital. *pirolo* > (?) *πίρος* Krasop. 23.

**Πουτανοελένη* > *Πουτολένη*.

Türk. *τεφτετέρης* > *τεφτέρης*.

Den Schwund einer ganzen Silbe haben wir auch in einigen anderen Wörtern, bei denen jedenfalls keine Dissimilation vorliegt; vgl. *impedimentum* : πετζιμέντον, *investire* : βιστιρία.

tumultus > μοῦλτος ist aus der Satzfuge zu erklären.

IV. Anhang.

§ 45. Inversion bei den Konsonantenkomplexen.

Zur Erklärung der Erscheinung vgl. Schmitt, Erscheinungen, S. 5 ff., 25 ff., 27 ff.

A. Gerade Inversion.

In der Nähe von σ.

σκ : σχ (zum Wandel σχ > σκ vgl. Chatzidakis, Μεσ. I S. 163). Lat. *ēsca* ἧσκα : ἧσχα.

Ital. *meschino* *μεσκίνης : μεσχίνος.

στ : σϑ (zum Wandel σϑ > στ vgl. Chatzidakis, Μεσ. I S. 163). Lat. μπροστελίνα, ἐμπροστέλλα, προστέλλα : ἐμπροσϑελίνα, ἐμπροσϑέλλα, wohl mit Anlehnung an ἔμπροσϑεν, vgl. § 67.

*στλ : σϑλ; s. § 41.

σ : νσ; s. § 31 S. 49 ff.

λτσ : λσ. Ital. *calzone*, venez. *calzoni* *καλτσούνι, *Σκαλτσούνης* (Familiennamen) (dazu *calza* κάλτσα): καλσούνι Trinch. 512. Ich betrachte das λσ in diesem Falle als eine inverse, bezw. mangelhafte Schreibung; man durfte ja eher den entgegengesetzten Wandel λσ > λτσ erwarten (vgl. ϑέλεις > ϑέλς > ϑέλτς, Thumb, Handb. S. 20—21). Eine abweichende Erscheinung haben wir bei *κάρσα (in den südlichen Sporaden) für κάρτσα; vgl. Dieterich, Sporad. Sp. 58.

In der Nähe von Nasalen.

Die umgekehrte Schreibung νδ für ντ ist schon früh nachzuweisen (Belege bei Dieterich, Untersuch. S. 104 f.).

Dieterich fasst diese Erscheinung als einen Versuch auf, den zu jener Zeit nach den Nasalen bereits tönend gewordenen Verschlusslaut wiederzugeben. Für die frühen Beispiele mag diese Erklärung richtig sein, nachweisen aber lässt sie sich für unsere Fälle nicht; und man kann auch nicht eine Grenzlinie ziehen zwischen älteren und jüngeren Erscheinungen. Vgl. dazu auch Schmitt, Erscheinungen S. 27.

μπ : *μβ*. Ital. *comprare* **κουμπράρω* : *κουμβράρω* Georg. *τρούμπα*, *ξυλότρουμπα*, *χαλκότρουμπα* : *τρούμβα* Phort. Orient. *ἄμπαρ* Achill. II 1586. Digen. II 998, *ἄμπαριν* Digen. IV 1537, 2878 : *ἄμβαρ* Digen. I 6, 39.

βαμπάκι : *βαμβάκι*, wenn *βάμβαξ* nicht aus agr. *βόμβυξ* stammt.

**ταμπούρι*, *ταμπουράς*, *θαμπούρα* : **θαμβούρα*, **θαμβούριον*.

ντ : *νδ*. Lat. *mantile* *μαντίλιον* : *μανδίλιν* bei Porph., Theoph. und sonst; *μανδίλα* Tragog. 264, *μανδέλιον*, *Μανδιλάς*, *Μανδίλας*, *χειρομανδίλι*, Trinch.

μαντίον Malal., Porph., Theoph., *μαντί* Ger., Kor., Gadar. II, Pulol. : *μανδίον* Prodr. I, II, Pulol., Theoph., vielleicht mit Anlehnung an *μανδύας*.

τέντα : *τένδα* Digen. I, Theoph.

Orient. **χαντάκι* : *χανδάκιν*, *χάνδαξ*.

B. Oblique Inversion.

φτ :: *φθ*. Lat. *ξιπτέρι*, *ξεπτέρι*, *ἐξίπτερος* > *ξιφτέρι*, **ξεφτέρι*, *ἐξιφτέριν* : *ξιφθερογυρευτάδες* Gadar. I 35.

§ 46. Schwanken im Gebrauch der Lautreihen *π* : *μπ* : *β*.

Man hat in den bisherigen Erörterungen wiederholt (s. §§ 18, 31, 34, 36) die Gelegenheit gehabt zu beobachten, dass Auffassung und Verständnis der Lautverhältnisse und -veränderungen durch ungenaue oder zweifelhafte Wiedergabe der *π* : *μπ* : *β*-Reihen erschwert wird. Chatzidakis, *Μεσ.* II S. 568 betrachtet die Unterlassung der Nasalen vor den tonlosen Verschlusslauten und den „Medien“ als einen zu korrigierenden Fehler; Schmitt, Ercheinungen S. 28, Chron. S. 28 Einl. vertritt die Ansicht, dass κ, π, τ, unter Umständen auch γ, β, δ, für γκ, μπ, ντ in den Fällen geschrieben wird, bei denen die tönenden Verschlusslaute den vorangehenden reduzierten Nasal völlig in sich verschmolzen haben. Wie mir scheint, darf man dies nicht ohne Weiteres als einheitliche Erklärung aller Fälle annehmen; es können ja auch andere Momente mitspielen. Aber auch als Schreibfehler möchte ich diese Schreibungen nicht ansehen.[1]) In unserem Fall ist es freilich schwer zwischen Schreibung und Lautbild immer genau zu unterscheiden. Die in Betracht kommenden Fälle wiederholen sich so oft, und von ihrer richtigen Schätzung hängt die Beurteilung so vieler Erscheinungen ab, dass man sie einmal einer eingehenden Prüfung unterziehen müsste. Soviel ich sehe, können für die Beurteilung dieser abweichenden Schreibungen folgende Gesichtspunkte massgebend sein.

A. Die tonlosen Verschlusslaute können stehen:

a. Für einen tatsächlich gesprochenen tonlosen Laut. Zu dem schon erwähnten *μακλαβοκοπῶ* (§ 36, S. 60) möchte ich hier einen ganz ähnlichen Fall nachtragen: *κέντουκλον*, *κεντούκλα*, *κεντήκλα*, *κεντουκλέινος*, *Κεντουκλᾶς* zu lat. *centunclum*. Zum Abfall der Nasalen vgl. was über die Form *κοπλιμέντο* in S. 75 gesagt wird.

b. Für einen reinen tönenden Verschlusslaut; ein wichtiges Zeugnis dafür ist *ὀπλικεύομαι*, *ὀπλικευθῇ* (s. § 31, S. 48).

Ferner können sie bloss graphische Erscheinungen sein, und zwar:

c. Sie können bei Inversion oder lautlicher Analogiebildung gebraucht worden sein. Nach dem Verhältnis *λαγοῦτο* > *λαγοῦντο*, *ἀκίδα* > *ἀγκίδα*, *καμήλα* > *γκαμήλα* usw.,

1) Man wird dabei umso vorsichtiger sein, wenn man bedenkt, dass Formen, welche als Schreibfehler betrachtet worden waren, erklärt werden können, so z. B. *βλαντίν*, welches von Wagner, Imper. I s. v. als orthographe fausse charakterisiert wurde, *μαγλάβιον*, welches von Meyer, Studien III s. v. ebenfalls als fehlerhaft betrachtet wird usw.

kann man auch μοῦντος : μοῦτος Digen. IV, τσαγκίν : τσακίν Belis. I 142, Prodr. IV 69 geschrieben haben.

d. Sie werden überhaupt für alle entsprechenden Verschlusslaute gesetzt. Es kommt auch heute vor, dass Ungebildete beim Schreiben gelegentlich π für μπ setzen usw., z. B. δὲ πορεῖ, ἀκάθια (Mitteilung des Dr. Psaltes). Hinsichtlich des Resultats sind solche Schreibungen Schreibfehler. Es kommt aber darauf an, inwiefern solche Schreibungen von der inoffiziellen, im Mittelalter üblichen Orthographie abweichen. Schon Schmitt, Erscheinungen S. 7 hat darauf hingewiesen, dass Formen wie φθωχός, νάπτης wahrscheinlich als parallele Erscheinungen zu den Schreibungen ἔπηκαι, εὐοιάστοι (für ἔποικε, ἐβιάστη) aufzufassen sind und in den Apparat verwiesen werden müssen.

Die Frage wird erst gelöst, wenn die Behandlung der betreffenden Laute im Ngr. genau untersucht,[1]) der Entstehungsort der einzelnen Hss möglichst bestimmt und jeder Fall im Zusammenhang mit den Schreibungen derselben Hs behandelt wird. Ich will hier einige Fälle aus den Hss zitieren, in denen uns die Formen mit der π- statt der μπ-Reihe oft entgegentreten: Achill. I 25 γαπρέ, 582 γαπρόν, 188 κάπος, 30, 406, λαπρόν, 250 ἐξάκωνα, 377 ἀποπρός, 525 ἐμούκρισεν, 616 περιλάπανω, 529 περιλαπάθησαν, 671, 672 Φρακόπλοι, 680 ὀπρός, 737 ἐθαπώθηκεν, 714 ἐκούπισεν; ebenda 648 Φρανκίτζης, παντλήθής. — Chron. ὀπρός, ἐγράφως, τὴν τέταν, Καρετάνα, ἐποδίσει, ζωτανός, πεντα, ἐτράπημαν, κοτά, ἄρχοτες, (Schmitt, Erscheinungen S. 28), ἔπροστεν (Schmitt, Chron. S. 28 Einl.). — Imper. II 100, 118, 131, 359 386, 529, Ἰπέριος, 367, 717, λαπρός, 53 ἠπορῶ, 516 ἐτζίπαν 516 ἐκατατζίπαν; weitere Belege bei Lambros, Romans S. 347.

1) Wie ich bei Pernot, Parl. d. Chio S. 379 nachträglich sehe, hat man in Chios die Tendenz, in den Verbindungen μπ, ντ, γγ die tönenden Verschlusslaute in tonlose zu gestalten, und in Karpathos ist man noch weiter gegangen, so dass man sagt φεκκάριν (*feŋgarin* > *feŋkarin* > *fekkarin*), Φρακκάκι, χαττάκια, ἔρκουνται, τὸπ πόλεμον usw.

B. In denselben Hss gibt es auch Fälle, bei denen der Nasal vor den Reibelauten ausgelassen wird: Achill. I 232 *συβουλήν*, 597 *ἀδρεία*. Achill. II 1440 *γαβρόν* (?). Chron. 4863 *παδαχοῦ*. Imper. II 230, 648, *συβουλήν*, 216 *σύβαμα*, 420 *σφόδυλον*. Ein Schwanken zwischen *β—μπ*, *δ—ντ* habe ich auch in den Lehnwörtern gefunden; so *βαβά* Prodr. I 91, *πρωτοβαβά* Prodr. I 36 zu **μπάμπω**, **μπαμπόγερος** (s. § 50). *βοάνος*, *βοεάνος* zu slav. *boian* **μπάνος* Duc. *βοέβοδος* Porph. II 168, 5 pass., *βοεβόδας* Chr. Ekth. 81, 17 pass. zu *βοϊβόντας* Koron. 6, 104. Diese und alle ähnlichen Fälle sind ebenfalls auf verschiedene Ursachen zurückzuführen. Die Reibelaute können nämlich stehen:

a. Für die entsprechenden Laute und zwar:

1. In gelehrten Wörtern: zu *συβουλή* usw. s. § 36 A.

2. In Lehnwörtern: Die Laute *b*, *g*, *d* der fremden Sprachen haben nämlich nicht denselben Wert wie allggr. *μπ*, *γκ*, *ντ*; in vielen Fällen werden sie deshalb mit griech. *β*, *γ*, *δ* wiedergegeben; vgl. franz. *γαρνιζούν*, ital. *γαρόφαλο*, *μπαγάσα*; dazu auch Doppelformen wie *γιρλάντα* : **γκιρλάντα*, *γράτσια* : **γκράτσια*, *δέ* : *ντέ*. Am besten und einleuchtendsten ersieht man dies in Wörtern, die erst jetzt entlehnt werden. Ich habe oft *μπαγατέλα* neben *μπagατέλα*, letzteres hauptsächlich bei Leuten die französisch sprechen, besonders in affektierter Aussprache (dann auch *bagatelle*) gehört, und ich selbst habe oft *λεγιτιματσιόν(α)* mit *γ* für *Legitimation* (*λεgιτιματσιόν(α)* sehr selten) gesagt. Darnach kann man *γαϊτάνι*, *γάτα* ruhig aus dem Ital. ableiten und nicht mit Vasmer B Z 16 (1907) 546 aus dem Lat. (s. § 16). Näheres in den „Untersuchungen.“

Eine analoge Lautsubstitution bei der Wiedergabe von Verschlusslauten findet sich auch in anderen Sprachen. Bekanntlich haben viele Deutsche die Neigung die (tonlosen) Tenues der anderen Sprachen durch tönende oder tonlose Mediae wiederzugeben, da die ersteren in ihrer Sprache aspiriert sind und die fremden tonlosen Tenues ihren Mediae am nächsten zu kommen scheinen, ja sogar als solche gehört werden.

Franz. *mon père, je vous prie* wird oft von Deutschen *mon p̂ère, je vous p̂rie* ausgesprochen, und griechisch *Delta, Trianda* (Familiennamen) wird als *Delder, Driander* aufgefasst. Auf eine ähnliche Ursache muss man die Umgestaltung der mgr. (ἀ)ποθήκη, (ἡ)μικρανία in die franz. Formen *boutique, migranie* zurückführen; denn, dass die franz. Aussprache der Verschlusslaute als tönend nicht dem Griech. zuzuschreiben ist (unrichtig bei Darmesteter, Gramm. hist. III S. 110 aus dem „bas-grec" *botheki, migrania* abgeleitet) liegt auf der Hand.

Eine parallele Erscheinung zu *γκιρλάντα : γιρλάντα haben wir vermutlich in *κομπλιμεντο : κοπλιμέντο. Der Umstand, dass man heute allgemein die Form ohne Nasal zu hören bekommt, legt den Gedanken nahe, dass wir darin nicht eine Erscheinung zu erblicken haben, die möglicherweise eintritt (zur Dissimilationserklärung s. § 36, S. 60), sondern mit einem Vorgang, den das Fremdwort schon bei seiner Einbürgerung mitmachen muss. Da nämlich dem fremden Lautkomplexe *mpl* griech. *mbl* gegenübersteht, muss vermutlich das Fremdwort seinen Nasal vor der Konsonantenverbindug bei seiner Aufnahme einbüssen. Die Form κομπλιμέντο wäre dann eine Herstellung nach dem oft gesagten und gehörten franz. *compliment*. Um die Richtigkeit dieser Erklärung zu kontrollieren, muss man die Behandlung von ähnlichen Fällen untersuchen. Ich vermute, dass auch die Formen κέντουκλον, μακλαβοκοπῶ auf dieselbe Weise (unter Mitwirkung von Dissimilation?) erklärt werden müssen.

b. Für reine tönende Verschlusslaute.

c. Für nasalierte tönende Verschlusslaute. In diesem Fall durfte man die Auslassung des Nasalen mit Chatzidakis als Fehler betrachten, insofern die Schreibungen νδ, μβ auch heute üblich sind, teils als historische Schreibarten, teils als naives Bestreben den Lauten *nd* ($_nd$), *mb* ($_mb$) ihre angebliche alte Aussprache als *nđ*, *mv* zu bewahren, und die in der heutigen Schriftsprache künstlich eingeführte, teils auch ererbte Aussprache möglichst zu sanktionieren; vgl. ἄνδρας, ἐμβαίνω, μανδολινάτα.

d. Aus puristischer Tendenz. Es ist ein Faktor, der sehr oft mitspielt, und den man sich durch die Verhältnisse der heutigen Schriftsprache am besten vergegenwärtigen kann; ein Wort z. B. wie türk. ντοβλέτι wird höchstens unter der Form *δοβλέτιον* geduldet.[1]) Das einzige Kriterium, gegen solche unberechtigte Verdunkelungen der wirklichen Aussprache, die gelegentlich sogar in sprachliche Abhandlungen eindringen, ist das Zeugnis der heutigen Volksdialekte; denn die gewöhnliche Umgangssprache ist nicht immer frei von gelehrten Infiltrationen. Für die Fälle *βοεβέδας* : **βοϊβόντας* : *βοϊβόντας*, *βαβά* : *μπάμπω*, ist es mir zur Stunde nicht möglich, das Verhältnis *μπ* : *β*, *ντ* : *δ* zu beurteilen.

---

1) Ähnliche und verwandte Fälle finden sich bei Triantaphyllides, *Ξενηλασία* I S. 161. Ein interessantes Beispiel teilt mir Dr. Kukules mit; *ἀπὸ τὸ μέσα τοῦ δουβάρεως* (offenbar für *ντουβαριοῦ*, zu *ντουβάρι* „Mauer") las er in einer Hss. (Ende 18. Jahrh.) in Thrazien.

Bedeutungslehre.

Drittes Kapitel.

§ 47. Allgemeiner Überblick.

Die Bedeutungslehre untersucht und stellt die Beziehungen fest zwischen den Wörtern als sprachlichen Gebilden und den Begriffen, die sie ausdrücken. Sie zerfällt in drei Teile: die gewöhnlich als „Bedeutungslehre" oder „Semasiologie" bezeichnete Lehre von der Bedeutung des Wortkörpers, die Lehre von der Bedeutung der flexivischen Elemente oder Wortformen und die Lehre von der Bedeutung der Wortarten. Hier ist nur von der Bedeutungslehre im engeren Sinne die Rede.

Die griech. Lehnwörter haben, nachdem sie sich einmal eingebürgert, nicht nur zahlreiche Laut-, sondern auch Bedeutungswandlungen mitgemacht. Wenn man nun das gesammelte Material daraufhin prüft, inwiefern die aufgenommenen Lehnwörter aus oder ausser der, bzw. den ursprünglichen eine neue Bedeutung entwickelt haben, und aus den einzelnen Fällen die verschiedenen Kategorieen des Bedeutungswandels abstrahiert, so ergibt sich folgendes Schema (dabei werden die Erscheinungen nach bestimmten formalen Gesichtspunkten geordnet und nicht nach den Ursachen dieser Erscheinungen).

a. Wandel innerhalb derselben Begriffssphäre. Der dem Worte neu verliehene Sinn bleibt in der Sphäre des alten, und zwar verschiebt sich die Bedeutung: 1. durch Hervorhebung von Momenten, die vorher indifferent waren, also durch Reduktion oder Verengerung des Begriffsumfangs und Bereicherung des Inhalts (dadurch wird die Verwendbarkeit des Wortes eingeschränkt); 2. durch Ausscheidung von determinierenden Momenten, welche die Erweiterung der Bedeutung und Beschränkung auf einen Teil des Vorstellungsinhalts zur Folge haben. Es ergeben sich demnach folgende zwei Hauptarten: 1. Spezialisierung, Einschränkung oder Determination. 2. Generalisierung, Verallgemeinerung oder Assoziation.

b. Wandel durch Übergang in eine neue Sphäre (Translation oder Übertragung). In diesem Falle kommt die neue Bedeutung aus einer anderen Begriffssphäre. Hier unterscheidet man wieder zwei Kategorieen, je nachdem der Bedeutungsübergang durch einen tatsächlichen wirklichen Zusammenhang zwischen altem und neuem Begriffe vermittelt wird, oder bloss durch eine Ähnlichkeit, die auf rein subjektiver, gedanklicher Vermittelung der Begriffe beruht. Im letzteren Falle haben wir die Metapher, im ersteren die Metonymie.

Vorbemerkung. Die mittel- und neugr. Bedeutungslehre ist bis jetzt von den Gräzisten stiefmütterlich behandelt worden, obwohl die Untersuchung des Bedeutungswandels der mittel- und ngr. Wörter eins von den wichtigsten Desideraten unserer Disziplin ist. Laut-, Flexions- und Wortbildungsverhältnisse hat man stets berücksichtigt, Bedeutungsentwickelung nur selten[1]) und meistens nebenbei, wenn es darauf ankam, dadurch den Zusammenhang zweier lautlich verschiedener Formen zu beweisen. Die meisten Anregungen hat auch hier Chatzidakis gegeben. Und doch wird es nicht möglich sein, ohne lexikalische Vorarbeiten feste Grundlagen

---

1) Ich nenne hier einige von den bezüglichen Arbeiten:

Chatzidakis, *Νεοελληνικὰ Ποικίλα*, *Παρνασσὸς* 1894, S. 16 ff.; *Περὶ τῆς ἐτυμολογίας τοῦ μαλώνω*, *Ἀθηνᾶ* 3 (1891) 94; *Σημασιολογικαὶ μεταβολαί*, *Ἀθηνᾶ* 3 (1891) 175-176. — Dieterich, Bedeutugsgeschichte griechischer Wörter. R. Mus. 59, S. 220; 60, S. 229—240. — Thumb ⟨ *γόμος* : *γομάρι* ⟩ Indog. Forsch. 2 (1891) 115 Anm.; ⟨ *risico* : *ριζικό* ⟩ Zeitschrift f. Volkskunde 1892, S. 399. — Triantaphyllides, *Ξενηλασία* I S. 87 ff.

für ein Neugriechisches Lexikon zu schaffen. Ich gebe zunächst in diesem Kapitel eine kurze Skizze der Bedeutungsentwickelung, welche die ngr. Lehnwörter meiner Aufzeichnung, durch die Bedeutung, die sie haben, voraussetzen.

Dazu möchte ich noch bemerken, dass ich von den zahlreichen Ableitungen und Zusammensetzungen der Lehnwörter nur diejenigen erwähne, bei denen sich eine durch die Ableitung, bezw. Zusammensetzung nicht unmittelbar bedingte Bedeutungsveränderung herausstellte, z. B. Fälle wie *κουρβιάρης* Hurenbock zu *κούρβα* Hure, *κουκουλλώνω* bedecken zu *κουκούλλα* Mütze, *σκαλί* Stufe zu *σκάλα* Treppe.

Die Literatur, die ich bei Abfassung dieses Kapitels durchgesehen habe, steht im „Verzeichnis der gebrauchten Werke und Abkürzungen," am Ende der zweiten Abteilung.

§ 48. A. Spezialisierung oder Einschränkung.

Lateinische Elemente.

ἄσπρος weiss > Schimmel.

ἄσπρος weiss > *ἄσπρο* türkische Münze; das Neutrum wegen *πέρπερο, γρόσι, χρήματα* usw.

ἄσπρος weiss > *ἀσπράδι* weisse Schminkfarbe.

augeo wachsen machen, gedeihen > *αὐγατίζω* gewinnen.

blatta Purpurfarbe > **βλάττα* purpurner Stoff, s. § 54.

**γρίζος* grau, *γριζόθωρος* graufarbig > *γρίζον* Kleidungsstück, *γριζοφόρος* der ein *γρίζον* trägt, im Pulol.

exagium Wägen, Gewicht > *ἐξάγιον* Sechstel der Unze, s. § 66.

casa Hütte, Wohnung > *κάσος* Kamat, der zwölfte Teil des Zodiakos.

cibarius zur Speise gehörig, *cibarium* grobes Gerstenmehl > *κιβαρίτης* eine Art Brot.

scuta Schale, flache Schüssel > (?) *κουτάλι* Löffel.

κόμις Hauptmann, dann 1. Gouverneur, Präfekt (byz. Staatsamt), 2. Schiffskapitän; im Chron. 2190 noch mit *τοῦ κάτεργου τὸν κύρην* erklärt, dann (Apokop. 327, Belth. 1227, 1228) alleinstehend.

κόρδα Darmseite > Bogenseite.[1])

**κοῦρβος* gebogen > *προστοκούρβιν* Lybistr. 2044 der vordere Bogen des Sattels.

λῶρος Riemen, Gürtel > kostbare Gürtel, die bei Festlichkeiten von den Vornehmen getragen werden, bei Porph.

μάγιστρος; das allgemeine *magister* hat sich nach und nach in verschiedene speziellere Bedeutungen abgezweigt; Hofmarschall, Prior, militärischer Befehlshaber; *μαστόρισσα* Troad. wird auch von den Begleiterinnen der Prinzessin gebraucht.

μανδατεύω melden > denunzieren.

μανδίλιον Tuch > Taschentuch, Tischtuch.

manualis zur Hand gehörig, mit der Hand gefasst (*manuale* Handbuch) > *μανουάλι* Kirchenleuchter.

μαῦρος schwarz > schwarzes Pferd.

μαῦρος schwarz > *μαυράδι* ein schwarzer Punkt.

μαῦρος schwarz > *μαυρί* schwarze Schminkfarbe.

merda >(?) *μουρτάρης* *schmutzig, *μουρτεύω μουρδώνω ἀναμουρδώνω* beschmutzen, besudeln, Erotokr. 199 *λίγο ἄν ἐμουρδώθηκε τὸ ροῦχο πάστρεψέ το.*

moles Grundbau, Wehr, Damm > *μῶλος* Quai, Hafendamm.

παγανός gewöhnlich, üblich (*paganus* ländlich, unsoldatisch, bürgerlich). Dieser allgemeine Begriff hat sich zu verschiedenen engeren Bedeutungen verdichtet: *παγανὴ Κυριακί* (häufig bei Porph.), *ἱππικ ὀνπάγανόν*, *χλαμύδες παγαναί;* näheres im Wörterbuch.

Italienische Elemente.

κουρτέσης, *κουρτέσα* höflich, fein, liebenswürdig > *κουρτέσα* feine Dame, Gynaek. 1164 *εὐθειάνεται ὡσὰν κουρτέσα.*

πετσίν Stück > Grundstück; Trivol. II 7 *ρήγας ἔναι ὁ πατέρας μου κ' ἔχει περίσσια μπέτσια.* Die Ansätze zu dieser

1) Bei solchen Fällen ist die Spezialisierung der Bedeutung nicht in der Geschichte der Vorstellung, sondern in der Geschichte des Wortes zu suchen; eine objektive kulturhistorische Veränderung hat den Anstoss zum Wandel gegeben.

Bedeutung finden wir häufig bei Trinch. (296, 297, 419 usw.), wo *πετσίν* mit *χωραφίου*, *χωραφίων* verbunden steht; *πετσόπουλον* kleines Grundstück.

πετσίν Stück > Haut, Leder.

πετσίν Leder > *πετσώνω* besohlen, *πέτσωμα* Besohlung, *πετσωτής* Flickschuster.

pipilare pipen > (?) *πιπιλίζω* saugen.

zampa Pfote, Tatze.> **τσαμπί* Stengel (mit Trauben) > *τσαμπουδολογῶ* Pent. L. 19, 10 Nachlese halten; vgl. *gambala* Stengel < *gamba* Bein.

Romanische Elemente.

ἄντζα Wade, Kniekehle, zu franz. *anche* Rohr (unsicher); ähnliche Spezialisierung der Bedeutung bei lat. *canna* > *canalis, canon, Kanone, Kanel, Kanüle.*

βαβοῦρα Lärm, Getöse > (?) Lärm vieler Zusammensprechender oder -schreiender.

μαγκοῦριν *Stab > Konst. II 207, 590, Instrument zum Fesseln.

Slavische Elemente.

draga Tal > *δραγάτης* Weinhüter, Gärtner.

κότσι *kleiner Knochen > Knöchel am Fusse.

**μουντός* braun, dunkel, matt (auch vom Pferde) > *μοῦντος* (dunkles) Pferd.

ρωσθέλιον eine besondere Faltung des Kleides des Kaisers, gehört vielleicht auch hierher.

Gotische Elemente.

γρίβας (got.?) grauweiss (vom Pferd) > Pferd.

Orientalische Elemente.

βάιον Palmenblatt, Palmenzweig > Palmenpreis.

§ 49. Assoziative Verdichtung.

Unter den eben angeführten Fällen von Bedeutungswandel gibt es manche, welche durch die sogenannte assoziative Verdichtung hervorgegangen sind. Die Wörter kommen nämlich gewöhnlich beim Sprechen nicht vereinzelt vor, sondern werden mit anderen verbunden. Manchmal werden zwei Wörter so oft im Zusammenhang gebraucht, dass man sie nicht mehr als selbständige Elemente fühlt; dann übernimmt das eine die Bedeutung des anderen; auf diese Weise wird seine Bedeutung durch Assoziation mit ursprünglich ganz fern liegenden und nur akzidentell verbundenen Elementen spezialisiert.

Schön veranschaulicht finden wir diesen Übergang beim Gebrauch von *μαῦρος* in den ngr. Texten; *μαῦρος* „schwarz" wird häufig als Beiwort des Pferdes gebraucht; *φαρίν μαῦρον, ἄλογον μαῦρον, ἵππος μαῦρος, μούλα μαύρη*; vgl. Achill. I 80, 176, 413. II 213, 346. Digen. I 1, 146; 4, 899. II 1611. Hier bleibt noch die Bedeutung von *μαῦρος* durchaus innerhalb der ursprünglichen Grenzen; vgl. noch: Achill. I 514 *μαῦρον καβαλλικεύει· ἄσπρον εἶχεν εἰς ἔρωτα καὶ μαῦρον εἰς πολέμους*, Achill. 147 *μαῦρον ἐκαβαλλίκευσε μαῦρον ὡσὰν ἐλαίαν*. Bei Fällen wie Achill. I 178, 180, 242, 452 usw., Digen. I 4, 407 *ἦτον δάος ὁ μαῦρος του*, Pikat. 97 *στὸν μαῦρον καβαλλάρης* ist der Wandel schon abgeschlossen; *μαῦρος* ist Substantivum geworden, indem die Bezeichnung vom Pferd gänzlich verdrängt worden ist und man darf sich nunmehr nicht wundern, wenn *μαῦρος* ein Pferd bezeichnet, das nicht schwarz ist (Katachrese).

Spezialisierung durch assoziative Verdichtung haben wir bei: *ἄσπρος ἄσπρο, γρίζον, κιβαρίτης, μαῦρος, πετσίν*; *βάδιος, γρίβας, δάγαλλος*. Die meisten dieser Verengungen beziehen sich auf Bezeichnungen des Pferdes und stammen wahrscheinlich aus der militärischen Interessensphäre.

Eine ähnliche Verdichtung haben wir auch in den Fällen, bei denen ein Wort, das ursprünglich die Herkunft eines Stoffes oder Kleides bedeutete, nachträglich für den Stoff, bezw. das Kleid selbst gebraucht wird; so *βαγδάτιον, γάζα*. Einen ähnlichen Fall bieten uns auch die Münznamen wie *μανουλάτον*; hierher gehören auch Wörter wie *ρωμανήσιον, ρωσθέλιον* (s. o.), *παξιμάδιον* usw.

§ 50. Steigerung und Entwertung.

Als Spezialisierung wird auch der Vorgang aufgefasst, bei welchem ein Gefühls- oder Empfindungston zu der ursprünglichen Bedeutung des Wortes sich gesellt und ihm dadurch etwas vornehmes oder gemeines verleiht, welches hernach auch für die stilistische Bedeutung des Wortes bestimmend ist.

Eine Art Steigerung oder Veredlung kann man auch im ngr. *μούρη* annehmen. Schon genues. *mūro,* afranz. *mourre,* prov. *morra* bedeuten „Schnauze" oder „Gesicht" im verächtlichen Sinne, und meines Wissens weist der heutige Gebrauch nur auf diese Bedeutung hin. In den mgr. Texten haben wir jedoch neben den Fällen, wo diese Bedeutung mehr oder weniger passt (so *χοντρομούρης* Ptochol. II 422; Koron. 152 *σὲ βάπτισαν καὶ ἔβγαλαν Μερκούρη, γιατ᾽ ὅπου λάχῃς καὶ βρεθῇς τσακίζεις τους τὴ μούρη*) auch einige, bei denen nichts von der geringschätzigen Herabsetzung wahrzunehmen ist. So heisst es in Erotokr. 318 von den zwei schönen Vögelein, welche Aretusas Glück vorauskünden: *ἀγκαλιαστὰ περιπλεκτὰ τὲς μοῦρες τους ἐσμίγαν.*

Man könnte freilich gegen diese Auffassung einwenden, dass selbst wenn das Wort *μούρη* die übliche Bedeutung hätte, ein Volksdichter doch nicht Anstoss daran zu nehmen brauchte es in einem Sinne zu verwenden, wo unser Gefühl ein feineres Wort verlangt. Dazu wären zu vergleichen die üblichen Ausdrücke *μωρέ, βρέ,* die, obschon sie durch den langjährigen Gebrauch abgeschwächt sind, immer etwas Grobes und derb Volkstümliches haben; im Volksgebrauch haben sie jedoch gelegentlich auch einen ehrerbietigen Sinn (Kretschmer, Lesbisch. Sp. 366), und *μωρέ, μωρή* usw. können auch dem *εὐγενέστατε κύριε* (geehrter Herr), *ἀξιότιμος κυρία* (gnädige Frau) gleichbedeutend sein (Kukules, *Οἰνουντ.* S. 178).

Einen Fall von Entwertung (verbunden mit Generalisierung) haben wir wahrscheinlich bei *μπομπόγερος.* Bekannt sind mir aus dem heutigen Gebrauch *μπαμπόγερος*, *μπαμπόγρια* und *γριά μπάμπω*, die als Synonyma der *παλιόγερος*, *παλιόγρια* gebraucht werden. Vermutlich kommt das Wort aus aslav., bulg. *baba* Grossmutter; *βαβά* hat auch Duc., und ich habe es noch bei Prodr. und zwar noch in gutem Sinne gefunden (I 91 *δουλεύω τὰ παιδία σου παρὰ βαβὰν καλλίστην*, I 36 *πρωτοβαβά*). Dagegen heisst es bei Digen. III 2797 *μπομπόγερε δειλιάρη, γιὰ ἕναν μόνον ἄνθρωπον θὲς κι ἄλλους, φοβιτσιάρη*. Für die Ableitung aus dem ital. *babbo* Vater, Papa, und dann auch: unbegründet, vernunftwidrig, spricht kein Zeugnis; auch an ital. *bobba, bobbia* schlammige Masse, ist nicht zu denken.

Ein gewisses Interesse bietet uns noch in negativem Sinne das Wort *φέστα* „Feier,“ bei welchem noch nicht die heutige Bedeutung (*ἔπαθα μιὰ φέστα* es ist mir etwas (unangenehmes, lächerliches) passiert) zu belegen ist; so Georg. 372 *ἡ τοῦ Προδρόμου φέστα.*

§ 51. Spezialisierung bei Eigennamen.

Durch Spezialisierung der ursprünglichen Bedeutung werden oft Gattungsbezeichnungen zu Personen- oder Ortsnamen gestempelt. Der Übergang vollzieht sich freilich erst nach und nach und in manchem Fall kann man nicht mit Bestimmtheit sagen, ob das betreffende Wort bereits als Eigenname zu betrachten ist.[1]) Ich führe einige Beispiele an:

Ortsnamen: *ἀσπρόκαστρον* Zotik. 294, *Ἀσπρόκαστρον* Chr. Ekth. 50, 18, *Ἄσπρη Πέτρα*, *Ἀσπρόπετρα*, *Τρούλλα* Raum im byz. Palaste.

Personennamen: *Βηλαρίτης*, *Βιστιαρίτης*, *Γάτος*, *Γραῖκις*, *Δομέστικος*, *Καβαλέρης*, *Καρακάλλης*, *Καρβούνης*, *Κεντουκλάς* usw. bei Trinch.; *Βαρελοπούλα*, *Γάτας*, *Μαρκεζίνα* usw. bei Sachl.; *Δούξ*, *Δούκας*, *Χρυσοβέργης* bei Digen., dazu die Personifizierungen bei Porik. *Ρωδάκινος*, *Σοῦρβος* usw., bei Psard.

1) Besonders interessante und lehrreiche Fälle bietet uns in dieser Hinsicht Trinch.

usw. Diese Namen waren ursprünglich Substantiva, die das Geschäft, das Amt, einen Titel, eine Eigenschaft, oder die Abstammung des damit benannten bezeichneten. Für einige, wie *Γραῖκος*, *Καβαλέρης*, *Πελεγρίνος*, *Περεγρίνος* darf man annehmen, dass sie schon als Personennamen entlehnt worden sind.

§ 52. Spezialisierung durch die Entlehnung.

Auf eine besondere Weise wird die Bedeutung mancher Lehnwörter spezialisiert, nicht, wie wir bis jetzt gesehen haben, nachdem sie sich in die entlehnende Sprache eingebürgert haben, sondern durch einen Vorgang, der durch die Natur der Entlehnung bedingt ist, und die Spezialisierung schon beim Eintritt des Wortes zur Folge hat. Die Untersuchung dieser Erscheinung gehört also eigentlich nicht hierher, da sie aber meines Wissens nirgends erwähnt wird, will ich hier kurz die Ursachen andeuten, durch die sie bewirkt wird.

Jedes Wort hat meistens innerhalb der eigenen Sprache mehrere Verwendungen und Bedeutungen. Wenn es nun in eine andere Sprache aufgenommen wird, so wird es gewöhnlich in einer Bedeutung (s. § 60) und oft in nur einer Verwendung entlehnt. Meistens wird der Gebrauch einem Lehnworte eine Bedeutung zuweisen, die im Verhältnis zu der vorher besessenen enger ist.

Dies ist einer von den Gründen, dass ein Wort, das vor seiner Entlehnung ungefähr gleichbedeutend mit einem einheimischen Worte war, als Lehnwort diesem synonym wird, eine Schattierung desselben Begriffes ausdrückt und auf diese Weise die Sprache bereichert (vgl. Triantaphyllides, *Ξενηλασία* I S. 127 ff., 136 ff.; dasselbe gilt auch für die gelehrten Wörter). Darin liegt eine von den Ursachen, die das Fortbestehen der Fremd- oder Lehnwörter (bezw. der gelehrten Wörter) in der Sprache nötig macht und die Bestrebungen mancher eifriger Sprachreiniger scheitern lässt. Als Beispiele dieser Art von Spezialisierung führe ich an:

Lat. *paenula* geschlossenes Kleid, *φαιλόνιον* Priestergewand. — *dirigere* *διριγεύω*, z. B. *εἰσιέναι τὴν στήλην διριγευομένην ὑπὸ τῶν στρατιωτῶν, διριγευόμενος ὁ βασιλεὺς ὑπὸ τῶν ἀρχόντων; designare διισιγνατεύω*, z. B. *ψηφισάμενοι καὶ διισιγνατεύσαντες ὑπάτους δύο.*

Dazu ist noch zu bemerken, dass man wegen der mangelhaften Überlieferung der Gefahr ausgesetzt ist, einem Worte eine engere Bedeutung beizumessen, da wo nur eine engere Verwendung vorliegt. Denn aus vereinzelten Fällen, besonders wenn uns der heutige Gebrauch keine Stütze gewährt, kann man unmöglich die wahre Bedeutung des Wortes abschälen. Aus einem Fall wie *πόνοι τὴν πιάνουν δυνατοί, στὴν σέλλαν τὴν ἐκάτσαν*, kann man nicht mit Sicherheit schliessen, dass *σέλλα* nicht mehr Stuhl bedeutet; dies wird erst sicher durch den Umstand, dass heute in Kephallonien, wahrscheinlich auch sonst wo, *σελλί* einen breiten Stuhl für Gebärende bezeichnet.

§ 53. B. Generalisierung.

Lateinische Elemente.

ἀκκουμβῶ urspr. nur vom Liegen bei der Mahlzeit gebraucht, zu Tische sich auf dem Sopha hinlagern; bei Duc. findet sich das einzige Beispiel: *ἡνίκα γὰρ ὁ ῥὴξ ἐπὶ τῷ ἀριστῆσαι ἠκκούμβισεν*, > sich anlehnen, sich stützen.

axungia Wagenschmiere > *ἀξούγγιον ξύγγι* Fett.

applar kleiner Löffel > *ἀπλαρέα* Löffel, Becher, Teller.

ἀπλικεύω lagern, kampieren (aus dem milit. Ausdr. *castra applicare*) > wohnen.

asper rauh > *ἄσπρος* weiss; der Ausgang der neuen Bedeutung ist wahrscheinlich bei den Münzen zu suchen, welche *asperae* d. h. noch neu waren und dadurch weiss aussahen.[1])

βουλλώνω versiegeln > verschliessen.

δεκανίκιον Stab, urspr. nur der Stab eines *δεκανός*.

---

1) Dieser Bedeutungswandel kann auch als Metonymie betrachtet werden; vgl. *βαρβάτος* im § 57.

δηνάριον *der *denarius* der Römer > Geld.

δουκάτον Dukat > Geld.

ἐμπροστέλλα, *μπροστελίνα* Brustriemen des Pferdes > Schürze*.

ἐξαμώνω *Mass nehmen > *durch Massnehmen prüfen > ausstrecken.

καῖσαρ Titel im byz. Hofe > Führer, Fürst; Belis. I 415 *καίσαραν τὸν ἐποίησε ἀπάνω στὸ φουσσάτον;* vgl. *ἀρσάκης* (S. 88) *Kaiser*.

**canicare* (*canis* Hund): *κανακίζω* liebkosen, schmeicheln; vgl. Meyer, Studien III S. 25; die Bedeutung kann aber schon rom. sein.

κάππα Kopfbedeckung > Decke, Mantel.

κατοῦνα Biwaquierung, Quartier > Wohnung.

**κουκοῦλλα* Kopfbedeckung, Mütze > *κουκουλλώνω* verhüllen, bedecken.

κουρσεύω den Seeraub treiben > plündern.

μάγιστρος *magister* > Handwerker.

* *Μαῦρος* Maure > (?) *μαῦρος* schwarz.

μονῆτα Münze > Geld, Vermögen.

μούρτζινος dunkelrot (?), zu *μοῦργα* Weinhefe; näheres im Wörterbuche.

ὁσπίτιον σπίτι Quartier, Herberge > Haus; näheres im Wörterbuche.

ὀψικεύω geleiten, begleiten > defilieren.

ῥογεύω (Geld) verteilen > zerstreuen, ausstreuen.

τεντώνω einquartieren, das Zelt aufschlagen > ausspannen, dehnen (wenn es nicht direkt aus *tendere* gebildet worden ist).

trulla Schöpfkelle > *τροῦλλα* Wölbung.

φασκιώνω *in Windel wickeln > einwickeln.

φοῦντα Quaste > *φουντώνω* buschig werden, dichtes Laub bekommen; *ξεφουντωμένος* ohne Decke.

Romanische Elemente.

Ital. *eguale uguale* gleich, gleichmässig > *ἀγάλια* langsam.

Franz. *gibet* Galgen > *γεβεντίζω* verhöhnen.

λίζιος Vassal > Knecht, Sklave; Lybistr. 322 *δοῦλος τοῦ ὁρισμοῦ σου, λίζιος τοῦ θελήματος καὶ τοῦ προστάγματός σου.*

Orientalische Elemente.

(*Ἄραψ*), *αράπης* *Araber > schwarz (von Menschen).

ἀρσάκης; so hiess der Stifter des Arsakidenreiches (250 v. Chr.); bei Malal. 270, 8 findet man *ἀρσάκην, ὅ ἐστι βασιλέα*; es ist fraglich, ob der urspr. Personenname nach dem Vorbilde von *καῖσαρ* als allgemeine Bezeichnung des Würdenträgers gebraucht wurde, oder ob wir es mit einem Irrtum des braven Malalas zu tun haben.

δάος Pferd für Bergtouren > Pferd (?); s. § 55.

Λάζαρος der Lazarus von Bethanien > **λάζαρος* ein Verstorbener, denn, nach einem *Συναξάριον* „*ἀπὸ τούτου* (des Lazarus') *χάριν καὶ πᾶς ἄνθρωπος ἄρτι θανὼν λάζαρος λέγεται καὶ τὸ ἐντάφιον ἔνδυμα πάλιν λαζάρωμα καλεῖται*"; *λαζαρώνω* begraben, beerdigen Digen IV 4619.

Πιλάτος Pilatus > **πιλάτος* Peiniger, Quäler; **πιλατεύω*, **πιλάτεμα, πιλατήριον* Folter, Plage, Chron. 4474. Kallim. 535.

Σατανάς der Satan > *σατανικός* satanisch, teuflisch (*σατανικὸν δόγμα, σατανικὴ ὑπόκρισις*), *σατανικῶς*.

Slavische Elemente.

Σκλάβος kriegsgefangener Slave > *σκλάβος* Sklave.

§ 54. Kreuzung von Spezialisierung und Generalisierung.

Häufig bietet uns die Bedeutungsentwickelung Fälle von Kreuzung der verschiedenen Arten des Wandels. Auf eine Kombination von Spezialisierung und Verallgemeinerung lässt sich der Bedeutungsübergang bei folgenden Wörtern zurückführen:

Lateinische Elemente.

ἀρματώνω ἐξαρματώνω bewaffnen, rüsten > auftakeln.

valvolae Schoten > *βαβάλι* Knospe.

βλαττίν purpurner Stoff > Teppich, Pferdedecke.

centunculum Lumpen > *κέντουκλον* Kleid aus grobem Stoffe.

μισσεύω *eine Versammlung entlassen (frühbyz.) > *(selbst) aus der Versammlung fortgehen > fortgehen > abreisen; zu § 58.

magulum Mund > *μάγουλον* Wange.

**ποῦλλος* junges Tier > *πουλί* Vogel.

*(?) *σούβλα σουβλίν* Pfriem > *σούβλα* Bratspiess.

Romanische Elemente.

βάγια Amme > *βαγιλίζω* hätscheln, schmeicheln.

γρινιάζω weinen, murren, sich beklagen, *γρίνια* Verdruss, Klage, zu franz. *grigner les dents, grigne,* ital. *digrignare* die Zähne fletschen, mit den Zähnen knirschen, knurren, rhätor. *grigna.*

risico[1]) Wagnis > *ριζικόν* Schicksal, Geschick; dazu (vorbereitend zum Übergang in die nächste Bedeutung) *κακὸ ριζικόν* Ger. Kor. 71, Sachl. II 380; *πικροριζικό* Erotokr. 8, *καλορίζικος, κακορίζικος, καλοριζικιά, κακοριζικιά, διπλοκακορίζικος* > Glück, Unglück; Fälle wie *κλαί τὸ ριζικόν του* Sachl. I 182 können noch die alte Bedeutung haben; *ριζικάρης* der Glück hat, Belis. I 323. III 175. Koron. 151.

Orientalische Elemente.

abba Vater > *ἀββᾶς* Mönch; vgl. *Vater, pater, père, πατήρ.*

Slavische Elemente.

στουμπώνω *in den Mörser zerstampfen > zerstampfen > zustopfen, stopfen.

Bei einigen Wörtern ist der Übergang nicht sehr klar; bei anderen lässt er sich auch nach einem anderen Schema erklären.

---

1) Schmitt, *Ριζικόν-risico*, hat nicht ohne Wahrscheinlichkeit zu beweisen versucht, dass *risico* aus *ριζικόν* abzuleiten ist; *κακορίζικος* findet sich schon bei Michael Glykas. Zu den von Schmitt angeführten Belegen möchte ich hier noch nachtragen *νησίν, ριζιμίον χαράκιν* Imper. IV 596, *πέτραν ριζιμίαν* Lybistr. 2435.

§ 55. C. Übertragung innerhalb derselben Begriffsphäre.

Eine besondere Kategorie, nur äusserlich mit der zuletzt besprochenen verwandt, bilden Wörter wie *δομέστικος*, *κελλάριος*, *ὀστιάριος*, *σακελλάριος*. Diese bezeichneten ursprünglich Amt- oder Würdenträger im byz. Reiche, sind aber nachträglich von der Kirche auf ihre Beamten übertragen worden. Es sieht aus, als ob auch in diesen Wörtern eine Kombination von Verallgemeinerung und Spezialisierung die Bedeutungsentwickelung bewirkt hätte; dies ist aber nicht der Fall. Wir haben hier vielmehr eine Übertragung; nicht aber der Art, wie sie uns bei der Metapher (s. § 47 S. 78) entgegentritt, sondern eine Übertragung, die innerhalb derselben, freilich etwas grösseren Begriffssphäre bleibt.

Hinsichtlich dieser Wortsippe muss noch folgendes bemerkt werden. Auch die lat. Wörter *cellarius, domesticus* usw. haben die zweite Bedeutung gehabt, und es entsteht die Frage, ob diese unabhängig von der griech. Bedeutungsentwickelung zu stande gekommen ist, oder ob wir ein kausales Verhältnis zwischen diesen parallelen Erscheinungen zu suchen haben. Genau lässt sich diese Frage nicht beantworten, besonders auf Grund vereinzelter Fälle. Infolge der besonderen Sprachverhältnisse, die im frühbyz. Staate geherrscht haben, wird es manchmal schwer, wenn nicht unmöglich festzustellen, ob eine Erscheinung in der griech. oder in der lat. Sprache ihren Ursprung gehabt hat. Um ein Beispiel aus einem anderen Gebiete anzuführen, Wörter wie *κένταρχος*, *κουροπαλάτης*, *πρωτοκούρσωρ* können ebensogut oder ebensoschlecht von griechisch oder lateinisch Sprechenden gebraucht worden sein. Man braucht aber nicht die Frage schwieriger zu gestalten, als sie in der Tat ist. Solche Wörter sind am Ende von den griechischen oder gräzisierten Bürgern des römischen Reiches gebraucht worden, die griechisch und lateinisch gleich gut konnten und denen die Elemente dieser Sprachen gleich mundgerecht waren, so dass sie leicht aus ihnen Mischformen zusammenstellten.

Die Bedingungen und die Weise, unter denen solche Hybriden entstehen, kann man auch heute in der Sprache der sogenannten Levantiner studieren, oder auch der Kaufleute in Smyrna, Aegypten und Indien.[1])

§ 56. D. Metapher.

ἀκκουμπίζω ἀκκουμπῶ stützen, sich stützen > anvertrauen, einsetzen, stützen: Konst. V 150 *σὲ σὲ τὸ γένος μας θαρρεῖ καὶ ἀκκουμπίζει.* Imper. II 62 *εἰς ἄρχοντας εὐγενικοὺς θέλω σᾶς ἀκκουμπίσει;* übertragen werden auch die zahlreichen Abg. gebraucht: *ἀπακκούμπιον ἀποκκούμπι ἀπακκούμπημαν ἀκκουμπιστῆρι καταккουμπιστῆρι* = Stütze > Hilfe, Stütze, Zuflucht.

armus „scapula, humerus" Duc. lat. > *ἄρμος*, Seite („*πλευρά, βραχίων*") oder Anhöhe: Trinch. 161 *ὁ ποταμὸς καὶ ἡ φρακτὴ καὶ ὁ ἄρμος ὅπου ὑπάρχει* (sic) *οἱ ἀγροσυκιές;* das Wort ist aber sonst nirgends belegt, und wahrscheinlich ist der Bedeutungsübergang romanisch.

ἐμπροστέλλα Brustriemen des Pferdes > Vorhut.

καβαλλικεύω reiten, zu Pferde steigen > beherrschen, die Oberhand haben.

καλαμάρι Tintenfass > Tintenfisch.

καρβούνιν Kohle > Kummer; Prodr. III 441 *αἴ ἔδε παραπόνεσες, ἔδε καρβούνιν μέγα,* 617 *καρβούνια καὶ θλίψεις;* die Ansätze zur übertragenen Bedeutung findet man bei Erotokr. 204 *τὸ κάρβουνό μου στὴν καρδιὰ πάντα σοῦ θέλει βράζει,* Phlor. 1484 *καρβούνια γέμω στὴν καρδιά; καρβουνιστιά* Kummer.

---

1) Folgendes Beispiel verdanke ich der schriftlichen Mitteilung meines Freundes Dr. P. Vlastos: Die griechischen Kaufleute in Indien gebrauchen das Wort (*ὁ*) *μπανκβαλάς*, Bankier (z. B. *πιαστήκανε οἱ μπανκβαλάδες μὲ τοὺς μεσίτες*), das aus engl. *bank* Bank, hind. *walla* (ein hind. Suffix, sinnverwandt dem griech. *-λόγος* in Wörtern wie *γυρολόγος, πουλολόγος*) und griech. *-άς* besteht. Die Engländer sagen *a bankwalla, three bankwallas*, die Eingeborenen *koï bankwalla sahib*, ein Herr Bankier, *bankwalla log ke pas* (*log* = viele Menschen, vgl. griech. *-αρία*, *ke pas* = *παρὰ τοῖς* (*τραπεζίταις*)).

καστέλλον Kastell, Festung > *καστέλλωμα* Porph. 672, 6 der oberste Teil eines Kriegsschiffes; aus *καστελλώνω* mit einem *καστέλλωμα* versehen Theoph. 298, 16 *πλοῖα καστελλωμένα, ἔχοντα ἐν τοῦς καταρτίοις κιβώτια καὶ εἰκόνας τῆς Θεομήτορος.*

λοῦπος Name eines Raubvogels, wahrscheinlich aus *lupus* Wolf; näheres im Wörterbuch.

μακελλειό Schlachthaus > Gemetzel, Pulol. 645 *νὰ γίνῃ ὁ γάμος μακελλειόν.*

μανίκιον Aermel > Griff, Henkel; in der übertr. Bedeutung auch bei *μαυρομάνικος, μαχαιρομάνικο, σουβλομανικάς.*

μαῦρος schwarz > unheilvoll, traurig, schlecht; *μαῦρα μαντάτα* schlechte Nachrichten, *μαύρη καρδιά* armes Herz.

postella Pferdriemen > *ὀπιστέλλα* Nachtrab, Nachhub; vgl. *ἐμπροστέλλα.*

πεδουκλώνω fesseln, auch übertr. gebraucht, z. B. Rem. 49 *πεδουκλωμένη στῆς ἀγάπης τὰ φιλιά.*

σουφρώνω Falten ziehen > unterschlagen, stehlen.

στράτα Strasse, Weg > Weise Mittel: Trivol. II 6 *δὲν ἔναι φύση, δὲ στράτα, οὐδὲ λογισμός;* Lybistr. *νὰ σᾶς δώσω μηχανὴν καὶ μέθοδον καὶ στράταν*; die erste Verwendung in diesem Sinn haben wir in Beispielen wie Erotokr. 74 *ποιὰ στράτα μέλλει νὰ κρατῇ καὶ ποιὰ βουλὴ νὰ πιάσῃ.* In diesem und ähnlichen Fällen haben wir noch ein Bild und keine Metapher; es ist auch nicht immer leicht zwischen Bild und Metapher zu unterscheiden.

σελλάδα Bergsattel, aus *σέλλα* Sattel; vgl. neugr. *διάσελλο, διασέλλι.*

trulla Schöpfkelle > *τρούλλα* Kuppel.

φάλκων, φάλκος der Falke, wird auch übertr. gebraucht und zwar bedeutet es dann 1) die Geschicklichkeit und Tüchtigkeit; Belis. I 89 *πετρίτες καί φάλκονες οἱ ναῦτες* (zum Bedeutungsübergang vgl. das häufig wiederkehrende Bild des Kampfes zwischen Falken und Rebhühnern Achill. I 93 *τοὺς ἐσύντριψεν ὡς φάλκονας περδίκια,* Achill. II 137 (auch 500) ὡς φάλκων τὰ περδίκια, Achill. I 259 ἂς συντρίψωμεν ὡς γέρακες περδίκια, Achill. II 535 ὡς ἱέραξ τὰ περδίκια. b) „meine Liebe", „mein Lieber"; Achill. I 449 χρυσοπτέρουγε φάλκε, s. auch ebenda 1089; als eine Metapher (und nicht ein Bild) kann man es wenigstens nach dem ngr. πουλί μου auffassen.

φοῦρκα Keil > φοῦλκον Soldatenabteilung in der Form eines Keiles.

φουρνόστομος wer ein grosses Maul hat, Pulol. 41, Tragog. 137; vgl. Tragog. ἐπλατύνθη τὸ στόμα του ὡς φοῦρνος.

Romanische Elemente.

κόξα Pfeil > eine Art Schiff (oder hat etwa der Bedeutungsübergang auf ital. Boden stattgefunden?) vgl. Ἀστραπή Pfeil usw., als Benennung von Schiffen und Barken.

ματσούκι Stock > männl. Geschlechtsteil, Tragog. 501; dazu μεγαλοματσουκάτος Tetrap. 650, ἐξεματσουκώνω Gadar. I 314, ἐξωματσουκώνω Gadar. II 456; im selben Sinn wird ματσούκα noch als Bild gebraucht bei Gadar. I 338; vgl. dazu σαρκίναις καλαύροψι bei Festa, Theodori Ducae Lascaris Epistulae, Firenze S. 104.

monin (venez.) Katze > μουνίν weiblicher Geschlechtsteil; vgl. Pernot, Vollmöll. Rom. Phil. 5 (1897—1898) 368; zu den dort angeführten analogen Fällen füge ich hinzu *μπράσκα‡ Frosch, *μπρασκούνι‡ weibl. Geschlechtst. (vgl. Kukules, Οἰνουντ. S. 266); ähnlich deutsch *Katze*.

μούρη (s. § 50) von des Messers Schneide, Apokop. 350 var.

Slavische Elemente.

κατσικάς (alb.) Ziegenhirt > Bezeichnung einer Konstellation.

κότσι kleiner Knochen, Knöchel am Fusse > knochenartige Verhärtung der Haut; Jatr. 179 ἥλους ἢ τὰ λεγόμενα κότσια παρὰ τῶν χωρικῶν.

„Zur Erzeugung der Metapher, soweit sie natürlich und volkstümlich ist, werden in der Regel diejenigen Vorstellungskreise herangezogen, die in der Seele am mächtigsten sind ...

In der Wahl des metaphorischen Ausdruckes prägt sich die individuelle Verschiedenheit des Interesses aus und an der Gesamtheit der in einer Sprache usuell gewordenen Metaphern erkennt man, welche Interessen in dem Volke besonders mächtig gewesen sind" (Paul, Prinzipien S. 86). Bei der verhältnismässigen Spärlichkeit des Materials ist es hier nicht möglich, irgend welche Schlüsse ziehen zu wollen; es lohnt sich aber, unsere Metaphern nach der Art der Übertragung zu prüfen; es ergeben sich dann folgende Kategorieen:

Es wurden folgende Wörter umgedeutentet nach:

a. einer Ähnlichkeit in der äusseren Gestalt: *ἄρμος*, *ἐμπροστέλλα*, *καλαμάρι*, *καστέλλον*, *καστελλώνω*, (*λοῦπος*), *μανίκιον*, *ὀπιστέλλα*, *σελλάδα*, *τρούλλα*, *φοῦλκον*, *φουρνόστομος*; *κόξα*, *ματσούκι*, *μουνίν*; *κότσι*.

b. Übertragung von räumlichen Verhältnissen und Vorgängen auf das Gebiet des Unräumlichen: *ἀκκουμπίζω* mit Abg., *καβαλλικεύω*, *μακελλειό*, *πεδουκλώνω*, *σουφρώνω*, *στράτα*, *παραστρατίζω*, *ξεστρατίζω*.

c. Übertragung von Sinneseindrücken auf die innere Empfindung: *καρβούνιν*, *μαῦρος*.

§ 57. E. Metonymie.

Lateinische Elemente.

ἄρμα Waffe, Rüstung > Militär, Parade.

βάνδον (Zeichen), Flagge > Garnison.

βαρβάτος *bärtig > unverschnitten.

βεστίον Kleid > Garderobe.

βῆλον Vorhang, Türvorhang > Türe.

βούκκα *Wange > Mundvoll, Bissen.

δρόγγος Soldatentruppe > Engpass.

κατοῦνα Biwaquierung, Quartier > Gepäck; ähnlich entwickelte sich aus der Bedeutung „Wohnung" auf ngr. die Bedeutung „Vermögen"; vgl. Kukules, *Οἰνουντ.* S. 274.

κωμμέρκιον Handel, Steuer > Rente.

μαγκλάβιον Riemen > Riementräger.

μαϊουμάς [(?) < *maiuma*] Maifest > Geschenke die den Soldaten erteilt wurden.

μισσεύω eine Versammlung entlassen > *selbst aus der Versammlung weggehen (vgl. Theoph. 237, 20); s. § 54.

πόρτα Türe, Tor > die hohe Pforte, ngr. *Ὑψηλὴ Πύλη*; Chr. Ekth. 9, 17, 19; Konst. II 749.

πραίδα Beute, Plünderung (vgl. lat. *cursus* Plünderung > Beute); die Beispiele könnten jedoch noch als Verwendung der ursprünglichen Bedeutung betrachtet werden, z. B. Theoph. 451, 20 *ἐξῆλθεν εἰς πραίδαν τῆς χώρας*.

ρέδα [(?) < *reda*] Wagen „*ἅρμα*" Rennbahn, Pferderennen.

ρογεύω die Soldaten besolden > Rekruten ausheben.

σιγίλλον Siegel > Schriftstück.

σκαλί Stufe, aus *σκάλα* Treppe.

τοῦρμα die Garnison eines Distrikts > der Distrikt selbst als Sitz der Garnison.

Romanische Elemente.

ροντζεύω Gadar. I 313, von Wagner nicht verstanden, kommt sicherlich aus ital. *ronzare* = summen, pfeifen, schreien; dem Sinne nach brauchen wir bei Gadar. I 313 ein Wort, welches „werfen", „schleudern" bedeutet; der Übergang aber von dem Sinne eines heftigen Lärms zu dem des Schlagens oder Schleuderns ist wahrscheinlich; vgl. ngr. *τὸν ἐβρόντηξα*.

Orientalische Elemente.

βάιον Palmenpreis > Sieg im Hippodrom.

δάος Berg, stets in der Verbindung *ἄλογα τοῦ δάου*, > Pferd für Bergtouren.

Slavische Elemente.

γοῦνα Pelz (*guna* urspr. „Kuhpelz") > Kleid mit Pelz.

κότσι Knöchel am Fusse > *χοντροκότσης* mit dicken Füssen.

pogoňa Verfolgung > *παγαναία* Wald, in dem man jagt.

Von den Unterarten der Metonymie lassen sich bei den angeführten Beispielen folgende beobachten:

a. Für den Teil das Ganze: *βάνδον, βῆλον, χοντρυκότσης*.

b. Für das Ganze ein Teil: *σκαλί*.

c. Für das Enthaltene das Enthaltende: *βεστίον*. Ein Raum für die Bewohner desselben oder die darin beschäftigten Personen: *δρόγγος, τοῦρμα*.

d. Für das Enthaltende das Enthaltene: *βοῦκκα, κατοῦνα, ῥέδα*.

e. Für die Ursache die Folge: *ῥογεύω, ῥοντζεύω*.

f. Für die Folge die Ursache: *βάιον, πραίδα*.

g. Für das Getragene der Träger: *ἅρμα, μαγκλάβιον*.

Bei allen diesen Fällen spielt die Kausalität die Hauptrolle, selbst dort, wo Raum- oder Zeitverhältnisse mitspielen.

§ 58. Gegensinn.

Zur Metonymie gehören auch die Fälle des Gegensinns. Bei diesem Bedeutungswandel entwickelt sich aus einer Bedeutung die entgegengesetzte, die urspr. in der Grundbedeutung nicht miteinbegriffen war. Hierher gehört der Wandel *σάβουρρος* voll (s. § 61) > leer Prodr. I 129 *ὅταν ἐστράφην σάβουρρος ἀπ' ὧδε παρ' ἐλπίδα*. Der Wandel ist dadurch zu erklären, dass gewöhnlich nur ein leeres Schiff mit Ballast gefüllt wird. Ein byz. Lexikograph (Bekker, Anecd. gr. 401, 30) sagt *ἀνερμάτιστος ναῦς· κούφη, σάβουρρος, οὐκ ἔχουσα ἕρμα*; vgl. Polites, *Παροιμ.* III S. 267. Ich vermute, dass in der Stelle bei Prodr. III 260 *ἀφοῦ δὲ δῶ ὅτι* (so Polites für *τί*) *πάρουσιν σαβοῦρρα τὰ σκουτέλλια, σάβουρρα* (= leer) zu schreiben ist.[1])

§ 59. Wandlungen beim Genus verbi.

Eine Art von Bedeutungswandel offenbart sich auch in dem Vorgang, durch welchen die Diathesis eines Zeitwortes sich umgestaltet.

a. Folgende urspr. intr. Zeitwörter sind transitiv geworden:

1) Andere Erklärungen bei Maurophrydes, *Ἐκλογή* S. 253, Polites l. c.

ἀκκουμπίζω sich stützen, sich lehnen > etwas stützen, anlehnen.

κατουνεύω biwaquieren, sich einquartieren > jemanden einquartieren, Chron. 227.

b. Folgende Transitiva sind intransitiv geworden:

μισσεύω s. § 57.

πλουμίζω sticken > schön gestickt sein.

c. Dazu einige Zeitwörter, welche transitiv und intransitiv gebraucht wurden:

ἀσπρίζω weiss machen, weiss werden.

μαυρίζω schwärzen, schwarz werden.

μετασελλίζω umsatteln.

§ 60. Lückenhafte Bedeutungsentwickelung.

Bei den meisten der angeführten Beispiele hat die Bedeutungsentwickelung nachweislich auf griechischem Boden stattgefunden; in einigen Fällen besteht jedoch eine Lücke zwischen dem fremden Worte und der eingebürgerten Form, insofern letztere nicht mehr die ursprüngliche Bedeutung aufweist; es besteht dann immerhin die Möglichkeit, dass die neue Bedeutung ihre Ansätze schon in der fremden Sprache gehabt hat. Hierher gehören:

Lat. ἀξούγγιον : *axungia*, ἀπαλαρέα : *applar*, ἄρμος : *armus*, ἄσπρος : *asper*, αὐγατίζω : *augeo*, βαβάλι : *valvolae*, *βλάττα βλαττίν : *blatta*, βούκκα : *bucca*, ἐξάγιον : *exagium*, κανακίζω : *canicare*, κάσος : *casa*, κέντουκλον : *centunclum*, κιβαρίτης : *cibarius*, (κουτάλι : *scuta*), λάρδος : *lardus*, μάγουλον : *magulum*, μανουάλι : *manualis*, μῶλος : *moles*, ὀπιστέλλα : *postella*, τρούλλα : *trulla*.

Ital. ἀγάλι : *eguale*, μουνίν : *monin*, πιπιλίζω : *pipilare*, ρουντζεύω : *ronzare*, *τσαμπί : *zampa*.

Slav. δραγάτης : *draga*, παγαναία : *pogoňa*.

Eine genaue Erforschung der heutigen Dialekte könnte auch in dieser Hinsicht unsere Kenntnisse fördern; aus dem heutigen Zyprischen erfahren wir z. B., dass der Wandel *bucca* Wange > **μπούκκα* Bissen auf griech. Boden sich vollzog, da in diesem Dialekte *μπούκκα* heute noch die Wange bezeichnet.

§ 61. Entlehnung von Wörtern mit mehrfachen Bedeutungen.

Unter den aufgezählten Beispielen sind nicht aufgenommen worden diejenigen Lehnwörter, deren mehrfache Bedeutungen sich nicht auf griech. Boden auseinander entwickelten, sondern sämtlich aus der fremden Sprache herübergenommen worden sind. Bei diesem Prozess braucht man nicht immer anzunehmen, dass die verschiedenen Bedeutungen mit besonderer Rücksicht auf einander entlehnt worden sind. Man kann sogar in einigen Fällen sagen, dass verschiedene homogene Wörter entlehnt worden sind, und nicht ein Wort in seinen verschiedenen Bedeutungen; vgl. z. B. *καβαλλάριος* „Reiter" und bei Trinch. „Ritter", *κορτίνα* „Vorhang" und „Mittelwall". Die mehrfachen Bedeutungen der griech. Lehnwörter gehen sämtlich auf Bedeutung der Urwörter zurück, bei folgenden Wörtern:

Lateinische Elemente.

ἀρμαμέντον Arsenal : die Waffen einer Armee.

βῆλον Vorhang : Fahne : Zeichen für das Beginnen der Spiele im Hippodrom.

βίσεκστος zwölfjährig : *βίσεκστον* Schaltjahr.

βραχιάλιον Armband : Schutzmauer, Bollwerk.

γούλα Schlund, Gaumen : Gefrässigkeit, Wollust.

ἐξέμπλιον ξόμπλι Beispiel, Muster : Stickmuster, Stickerei.

καβαλλάριος Reiter : Ritter.

κοῦρσος Plünderung, Raub : Beute.

κορτίνα Vorhang : Mittelwall; letztere Bedeutung kommt auch beim franz. *courtine,* ital. *cortina* vor, wird also sicher schon auf romanischen Boden entstanden sein.

κωμμέρκιον Handel : Steuer.

κωνσιστώριον Versammlung : der Raum wo die Versammlung abgehalten wird.

μονῆτα Münzestätte : Münze : das Recht Münzen zu schlagen, Theoph. 23, 18 *Ἑλένην τὴν μητέρα αὐτοῦ ἔστεψε καὶ μονῆταν ὡς βασιλίδι ἀπένειμεν.*

πόρτα Türe : Tor.

σέλλα Sessel : Sattel.

σίγνον Zeichen : Fahne : Siegel : Parole, Losung.

σκάλα Treppe, Leiter : Steigbügel : Landungstreppe : Pass.

σούδα Palissade : Graben.

σπόρτυλος σπόρτουλον Körbchen : Geschenk.

τάβλα Brett : Tisch : Spielbrett.

Italienische Elemente.

κορδόνι Schnur: *κορδόνα* dumme, einfältige Person.

λάντσα Lanze : grosses Fass; die zweite Bedeutung ist nur auf griech. belegt (Phort. 544), dafür aber bedeutet venez. *lanza* auch ‚Schaluppe'.

μπαστούνι *Stock : Schutzmauer.

πονέντες Westwind : West.

ποῦρε πούρι doch, dennoch, nichtsdestoweniger : obgleich : ebenso, in derselben Weise.

σερπεντίνα Serpentinstein, Schlangenstein : Vierundzwanzigpfünder (term. techn. des Artilleriewesens).

σκάκος *Schach : Schachbrett.

σκρόφα Sau : eine Kriegsmaschine.

τέρμενο *Ende : Termin, Zahlungstermin, Liefertag.

τραμουντάνα *Nordwind : Nord.

τσαμπουνῶ *mit der Flöte spielen : schwätzen.

φίνος fein, dünn : gewandt, gerieben.

φουρτούνα Schicksal : Sturm, Seesturm.

Französische Elemente.

γαρνίζω besetzen, mit einer Besatzung versehen : schmücken.

κλέρης Priester : Sekretär.

Im Anschluss daran sei noch hier bemerkt, dass man bei einer semasiologischen Untersuchung wie die vorliegende der Gefahr ausgesetzt ist, den Lehnwörtern eine Bedeutungsentwickelung in der entlehnenden Sprache zuzuschreiben, die sie schon vor der Entwickelung durchgemacht hatten.[1] Einen parallelen selbständigen Wandel kann man gelegentlich freilich auch annehmen.

§ 62. Ansätze zu neuen Bedeutungen.

Bei der Besprechung der einzelnen Kategorieen von Bedeutungswandel habe ich gelegentlich auf die okkasionellen Bedeutungen hingewiesen, so oft sie die Keime zu der weiteren Entwickelung enthielten. Die einzelnen Verwendungen brauchen aber nicht immer sich zu stabilen Bedeutungen, wenigstens noch nicht in der Sprachphase, der sie angehören, durchgesetzt zu haben. Diese Übergänge von der okkasionellen zur usuellen Bedeutung sind für den Lexikographen besonders lehrreich und wichtig, obwohl bei der Untersuchung einer erloschenen Sprachphase dies manchmal nur approximativ erkannt werden kann. Als eine Art von Verwendung kann man die poetischen oder Sprachmetaphern betrachten, die zu den rhetorischen Kunstmitteln gehören, mit denen die Schriftsteller ihre Darstellung schmücken.

---

1) Ich will hier einen interessanten Fall anführen. *Σαβούρρα* bedeutet im Mittel- und Ngr. den Ballast, und *σαβουρρώνω* (= agr. *ἑρματίζω*) mit Ballast anfüllen; daneben sagt man *τὴν ἐσαβούρρωσε* er hat sich seinen Magen gut vollgestopft. Ich hatte immer diese Bedeutung als eine speziell griechische betrachtet, als ich neulich bei Rabelais Gargantua, Kap. 5, J'ai bien *saburré* mon stomach, entdeckte. Diese Bedeutung finden wir schon bei Plautus Cist. 1, 2, 2 „quae ubi saburratae sumus."

Analogiebildungen.

Viertes Kapitel.

§ 63. Allgemeiner Überblick.

Neben dem durch psychophysiologische Faktoren bedingten mechanischen Lautwandel haben wir die dem psychischen Gebiete zufallenden assoziativen Lautveränderungen. Und neben dem Bedeutungswechsel, der durch das Wort selbst und seine Bedeutung oder die benachbarten Worte bedingt ist, haben wir Bedeutungsveränderungen, die durch Assoziation mit nur äusserlich lautlich ähnlichen Wörtern eintreten. Volksetymologie und Kontamination sind, wie alle Analogiebildungen überhaupt, Spracherscheinungen, die aus unserer psychologischen Eigentümlichkeit hervorgehen, die einzelnen Wörter unseres Sprachschatzes in grössere und kleinere Gruppen zu zerteilen und zu gruppieren. Die Assoziation und Attraktion der einzelnen Glieder dieser Gruppen — ein psychologischer Vorgang, der sich nicht immer in der Sprache wiederspiegelt — ist durch eine Übereinstimmung, Gleichheit oder Ähnlichkeit in der Form, in der Funktion oder in der Bedeutung bedingt. Es werden nämlich in der Vorstellung des Sprechenden im Augenblicke des Aussprechens einer Ausdrucksform die Erinnerungsbilder laut-, funktions- oder bedeutungsähnlicher Sprachelemente vermengt und dementsprechend wird die Ausdrucksform in Form oder Sinn verändert reproduziert. Alle Analogiebildungen gehen auf diese einheitliche Grundursache zurück. Man unterscheidet indessen gewöhnlich verschiedene Fälle, je nachdem die Veranlassung, das Ergebnis oder die Elemente der Assoziation berücksichtigt werden. Veranlassung zur Assoziation können nämlich begriffliche,[1]) funktionelle oder lautliche, wirkliche oder angebliche Übereinstimmungen gegeben haben. Das Ergebnis der analogischen Modifikation kann eine partielle Veränderung des einen Elementes (auch bloss eine Akzentverschiebung) oder die völlige Mischung mit einem anderen sein.[2]) Die beeinflussten Ausdrucksformen können ferner Wörter, Formen oder syntaktische Formen sein. In unserem speziellen Fall kann man noch die Fälle unterscheiden, bei denen ein Lehnwort nach seiner Einbürgerung analogisch auf andere wirkt, von denjenigen, bei denen schon bei seiner Aufnahme eine Assoziation stattgefunden hat.

Vorbemerkung. Da ich hier nur die in meinem Material beobachteten Erscheinungen erwähne, bieten die in den folgenden Paragraphen behandelten Fälle nicht eine vollständige Übersicht der Analogiebildungen. Die Kreuzung (§ 64) gehört zu den Fällen, bei denen die Übereinstimmung der Bedeutung die Assoziation hervorruft. Im § 65 bieten sich einige Fälle, bei denen die Funktion der Form die Umgestaltung bewirkt. Zuletzt (§ 66, 67) werden die zwei Arten der Volksetymologie behandelt. Was die lautlichen Analogiebildungen betrifft, so sind einige Fälle schon in der Lautlehre (§ 11, 18, 29, 44 S. 70) vorweggenommen.

Alle heute allgemein gebrauchten Formen sind besonders notiert. Die Zahl, die den einzelnen Wörtern in Parenthese beigefügt ist, weist auf die Seite der Lautlehre hin, in der schon der Fall als ein analogischer erkannt worden ist. Wenn der Seitenzahl ein „s. auch S.“ vorausgeschickt wird, dann ist an der betreffenden Seite eine andere mögliche oder wahrscheinlichere Erklärung zu suchen.

Bei der hier gegebenen Einteilung der Analogiebildungen bin ich der Darstellung des Herrn Prof. Thumb, die er in seinem Kolleg über die Elemente der Sprachwissenschaft gegeben hat, gefolgt.

---

1) Vgl. Chatzidakis, *'Ακαδ. 'Αναγν.* I S. 231.

2) Paul, Prinzipien S. 145.

§ 64. Mischung oder Kreuzung.

Zwei verschiedene, lautlich ähnliche, gleichbedeutende Wörter (die etymologische Verwandtschaft spielt dabei keine Rolle) drängen sich gleichzeitig ins Bewusstsein; die Folge davon ist, dass ein neues Wort entsteht, an deren Bildung beide ungefähr gleichmässig beteiligt sind. Je nach dem Verhältnis, welches die in Betracht kommenden Wörter zur griech. Sprache haben, kann man drei Fälle unterscheiden. Die Kreuzung kann nämlich stattfinden:

a. Zwischen einem Lehnwort und einem echt griech. Wort:

Lat. *bracchiale* *βραχιάλιον* × *βραχιόνιον* = *βραχιόλι(ον)* *.

mantium *μαντίον* *μαντί* × *μανδύας* = *μανδίον*, s. auch § 45.

scipio (zu *σκεπεών* s. § 14) × *σκήπων* = *σκηπίων*.

Ital. *biuzzo* Magen × *φούσκα* = *βούζγα* Kopf, Vogelmagen (Hesseling, Pent.).

meglio × *κάλλιο** = *μάλιο*; mit Chatzidakis *Μεσ.* II 573 kann man auch an eine Kreuzung *μᾶλλον* × *κάλλιο* denken.

σένα × *σκηνή** = *σκένα*.

b. Zwischen zwei verwandten Lehnwörtern, die zu verschiedenen Zeiten aufgenommen worden sind:

Lat. *βούκκα** × ital. *bocca* = **μπούκκα**; man kann jedoch *μπουκκώνω* aus *ἐμβουκκώνω* ableiten (38).

βουργήσιος × **μπουργέζης* = *βουργέζιος*, *βουργήζιος* (55).

δηνάριον × **ντινέρι* = *δηνέριον*, s. auch S. 8.

καγκελλάριος × *καντσιλιέρης* *cancelliere* = *καντσιλάριος*.

ὀφφικιάλιος × (*ὀ*)*φιτσιάλος* = *ὀφφικιάλος*, vgl. § 10, S. 22, § 65.

Neben den älteren Formen *σένσος*, *σένζος*, *σέντζος*, *σένζον* (s. S. 47, 54, 64) haben wir im Chron. *σέντζο*, *σέντζιο(ν)*, *σέτζο*; die letzte, wohl auch die anderen zwei, mit Anlehnung an franz. *siège* (vgl. dazu *hommage* *ὁμάντζο* *ὁμάντζιο(ν)* *ὁμάτζι(ο)* *μάζο*, *passage* *πασάντζιο* *πασάντζο* *πασάτζιο* *πασάτζο*). Man kann fast sagen, dass wir eine Neuentlehnung aus dem Französischen haben; denn erstens entspricht die Bedeutung der letzteren Formen der franz. Bedeutung des Wortes, und dann, weil die Formen, welche aus dem lat. *sessus* einen Nasal entwickelten, wie wir gesehen, gelehrt gewesen sein müssen.

c. Zwischen zwei ungefähr gleichzeitig entlehnten oder gehörten Wörtern aus derselben oder aus verschiedenen Sprachen:

Ital. *μισέρ*, **μισές*‡ × franz. *messire* = *μισίρ*; s. auch S. 18.

Isal. *carcasso* × *turcasso* oder afranz. *tarcois* = *ταρκάσιον*.

Ital. *σινισκάλκος* × *seniscalco* *Σενεσκάλκος* = *σινεσκάλκος* (11).

Franz. *comandour* × (?) ital. *commendatore* = *κομεντούρης*.

Bezüglich der Fälle b und c lässt sich fragen, ob die fremden Formen, die sich bei der Kreuzung beteiligt haben, auch als selbständige Lehnwörter eine Zeitlang gebraucht worden sein müssen. Ich glaube, diese Annahme ist möglich, aber nicht zwingend.

Scharfe Grenzen zwischen Kreuzung und partieller Angleichung kann man natürlich nicht ziehen, und es ist nicht einmal leicht, das Ergebnis der Assoziation bestimmt zu benennen. In *μπεδικλώνω* z. B. für *πεδικλώνω* kann man nur noch einen Anklang an *μπερδεύω* erkennen (s. § 17), was ist aber **μπερδικλώνω*, Angleichung (Volksetymologie) oder Kreuzung? Und wäre es nicht richtiger *μπάλα** Kugel (s. auch S. 34) aus **πάλα* Kugel ‖ und nicht × *balla* Ballen, und *φόλις* eine Art Münze aus lat. *follis* Geldbeutel, kleine Münze und nicht aus agr. *φολίς* Schuppe, Flecken, Tüpfel ×, oder ‖ *follis* herzuleiten? Denn in zweifelhaften Fällen muss doch die Bedeutung der Neubildung massgebend sein, ein Moment, das weder bei Chatzidakis, noch bei Paul berücksichtigt worden ist. Für die Fälle der griech. Volksetymologie und Kreuzung verdanken wir das meiste Material Chatzidakis, das Hauptgewicht ist aber bis jetzt fast ausschliesslich auf die lautliche Mischung gelegt worden.

§ 65. Angleichungen wegen der Funktion der Form.

a. Analogische Umgestaltungen des Suffixes bieten uns die Wörter:

Lat. *γαρδινάλιος* ‖ *-άριος* > *γαρδινάριος*, s. auch § 43.
δομέστικος ‖ ? > *δομέστιχος* (30).
**καρούκα* ‖ *-ούχα, -οῦχος* > *καρούχα, καροῦχος* (2, 30).
κεντούκλα ‖ ? > *κεντήκλα*.
*κουρσάρος** ‖ *-ιάρης* > *κουρσιάρης*.
pectorale ‖ *-άριον* > *πεκτοράριν*, s. auch § 43.
φλαμμουράριος ‖ *-ιάρης* > *φλαμμουριάρης*, **Φλαμπουριάρης**.
-anus -άνος ‖ gr. *-ανός* > *-ανός*, z. B. *δεκανός*.
-icus -ικος ‖ gr. *-ικός* > *-ικός*, z. B. *δελματικόν*.

Ital. *cavatore* hätte *καβατόρος* geben sollen; vgl. *ἀμπασαδόρος, ἀβογαδόρος* usw.; statt dessen haben wir *καβάτωρ, καβάτορας*, nach den lat. Lehnwörtern **βιγλάτορας, μανδάτωρ* usw.

*ματσούκα** ‖ *-ούχα* > *ματσούχα*; s. auch S. 30.
-ιέρης ‖ *-έρης* > *-έρης*. s. auch S. 22.
Orient. *τεφτετάρης* ‖ *-έρης* > *τεφτετέρης* (13).

b. Hierher gehören auch alle fremden Suffixe, die sich in der Sprache behauptet haben.

c. Eine analogische Ausgleichung in der Komposition bietet uns *βιτσορές, βιτσορήγας* zu *βιτσερές* (9-10).

§ 66. Umdeutung oder volksetymologischer Bedeutungswandel.

Obwohl in Kap. III der Bedeutungswandel ohne Eingehen in die Ursachen, die ihn bewirkten, erörtert worden ist, so muss in diesem Zusammenhang ein besonderer Fall hervorgehoben werden, jener nämlich, bei dem eine äusserliche Ähnlichkeit mit einem anderen Wort die Bedeutungsveränderung veranlasst. So hat z. B. deutsch *hantieren* aus franz. *hanter* „oft besuchen, verkehren“ urspr. „als Kaufmann herumziehen“ bedeutet; nachher aber, weil es mit *Hand* in Zusammenhang gebracht worden ist, kam es zur Bedeutung „mit den Händen sich zu schaffen machen.“

Hierher gehört *exagium* Wägen, Gewicht > ἑξάγιον Sechstel der Unze, bei welchem auch eine Anlehnung an ἕξ mitgespielt hat.

Die Ähnlichkeit der Form kann nicht nur den eben geschilderten Vorgang zum Resultat haben; sie kann auch, und dies ist der weit häufigere Fall, eine weitere Verähnlichung der Form zur Folge haben, und dies nennt man gewöhnlich Volksetymologie.

§ 67. Volksetymologie.

Hauptsächlich die Fremdwörter, und neben ihnen die gelehrten, seltenen und veralteten Buchwörter,[1]) die vereinzelt und isoliert, ohne etymologisch verwandte Wörter stehen, sind der Volksetymologie ausgesetzt;[2]) ihre Lautbilder sind unbekannt oder unklar; deshalb werden sie ergänzt oder umgestaltet und geregelt nach den schon bekannten und gruppierten Sprachelementen.

Eine bezügliche Frage ist, inwiefern die volksetymologische Beeinflussung das Vorhandensein eines gemeinsamen Bedeutungskernes voraussetzt. „*Ἀμφισβητεῖται καὶ δικαίως, ἂν καὶ λέξεις παντάπασι διαφόρου σημασίας δύνανται διὰ μόνην τὴν ὁμοιότητα τῶν φθόγγων νὰ ἐπιδράσωσιν ἐπ' ἀλλήλας* (Chatzidakis, *Ἀθηνᾶ* 7 (1896) 136 = *Μεσ.* II S. 506). Es gibt jedoch Fälle, bei denen die Verballhornung des un-

---

1) Beispiele von volksetymologischen Angleichungen und Verwechselungen gelehrter, veralteter und fremder Wörter im Ngr. findet man bei Dossios, Volksetym., Triantaphyllides, *Ξενηλασία* I S. 123-4 Anm., Kretschmer, Lesbisch. Sp. 215, Pernot H., Bulletin de la Soc. de lingu. de Paris, Nr. 45 (1898) 121.

2) Ist auch ein volkstümliches, geerbtes, Wort den volksetymologischen Umbildungen ausgesetzt? Ich glaube ja. Die Frage ist noch nirgends meines Wissens berührt worden. Nur Psychares, *Ῥόδα καὶ μῆλα* 5 (1908) 37 Anm. 2 deutet sie an, um sie aber negativ zu beantworten. Aus dem Umstand, dass in Epirus *πολιτεία* nach *πολύς* umgedeutet worden ist, schliesst er, dass *πολιτεία* gelehrt gewesen sein muss. (Wir haben eigentlich hier eine analogische Einwirkung auf die *Bedeutung*, aber dies hat mit der Frage nichts zu tun).

bekannten oder unverständlichen Wortes nur auf Grund einer Lautähnlichkeit, eines „Zusammenklingens“ beruht und bei denen man nicht einmal nachträglich die Hypothese einer begrifflichen Beziehung annehmen kann. Am einleuchtendsten ist dies bei einigen gelehrten Wörtern, die im Munde des Volkes arg entstellt und mit ähnlich lautenden verwechselt werden.[1])

Lateinische Elemente.

ἀξούγγιον ‖ *ὀξύς* > *ὀξούγγιν*, *ξύγγιν*, *ξύγγι**.

ἀντέλλα ‖ *ἐμπρός* > *ἐμπροστέλλα*, **μπροστέλλα**.

δηφενδεύω ‖ *ἀφέντης*, *αὐθέντης*, *αὐθεντεύω* (oder auch ‖ *διά*) > *διαφενδεύω*, *διαυθεντεύω*, **διαφεντεύω**.

*δεκανίκι** ‖ *δόκανο* > *δοκανίκι*.

δομέστικος ‖ *δεμένος* > *δεμέστικος* (15) häufig im Chron.

δωράκινον* ‖ *ρόδο* > *ρωδάκινο, s. auch S. 66.

ἐντελίνα ‖ *ἐμπρός* > *μπροστελίνα*, *ἐμπροστέλλα* ‖ *ἔμπροσθεν* > *ἐμπροσθελίνα*, *ἐμπροσθέλλα*.

capistellum ‖ *κόπτω*, *κόβω* > *χαλινοκοπίστελλα*, s. auch S. 14.

clausura ‖ *κλεί(ν)ω* (oder × *κλεισώρεια*?) > *κλεισούρα**.

κουροπαλάτης ‖ *ἀπελάτης* > *κουραπελάτης*.

μπεδουκλώνω ‖ *πόδι* > *μποδουκλώνω*.

ξιπτέρι ‖ *ἕξ*, *ἕξι* > *ἑξίπτερος*, *ἑξιφτέριν*.

παινόλιον* ‖ *φαίνω* > *φαινόλιον*, *φαιλόνιον, *φαιλόνι* (31).

**παράτον* ‖ *πέρας* > *πέρατον*.

πισκίνα ‖? > *φισκίνα*, *φλισκίνα* (30).

postella ‖ *ὀπίσω* > *ὀπιστέλλα*.

σαγκέλλιον ‖ *σάγκος*, *σακκούλι(ον)* > *σαγκούλλιον* (52).

σταγνάτον ‖ *στεγνός* > *στεγνάτον*.

**τεσσεράριος*, **τεσσαράριος*, ‖ *θέσις* > *θεσσάριος* (32).

trebellum ‖ *τρία* > *τριβέλλιον*.

τουρμάρχης ‖ *τρόμος* > *τρομάρχης*.

---

1) Meines Erachtens hat Dieterich, Sporad. Sp. 63 nicht recht, wenn er die Einwirkung von *μέσα* auf den Wandel *βήσαλο* > (?) *μέσαλο* ablehnt, weil „überall die Ziegel aussen am Dache stehen“; abgesehen davon, dass auch „Wörter von entgegengesetzter Bedeutung oft auf einander wirken“ (Brugmann, Grundriss der Vergl. Gramm. d. Indog. Sprachen II S. 453).

Italienische Elemente.

granmaestro (*μαέστρος‡) ‖ μαϊστρο- > Γρανμαΐστρος,
pedotta ‖ πόδι > ποδότας, s. auch S. 16.
σεργέντης ‖ σύρω > συργέντης.
σερπεντίνα ‖ σύρω > συρπεντίνα.
scodella ‖ σάκκος, σάκκα > σακκαδέλα.
τραμουντάνα ‖ τρέμω > τρεμουντάνα.
τρεμεντίνη ‖ τρία > τριμεντίνη.
φενέστρα ‖ φανός, φανάρι, φάνηκα > φανέστρα.

Französische Elemente.

τρεμπουζέτο ‖ τρία > τριμπουτσέτο.

Orientalische Elemente.

narang ‖ νερό > νεράντζι*, s. auch S. 9.
ταμπούρι ‖ θαμπός > θαμπούρα.

Slavische Elemente.

*πέστροβα ‖ (ἐ)πιστρέφω, (ἐ)πέστρεφα > *πέστροφα*.

Die Erklärung der Formen Γεννάρης, ὀψίκιον, παγαναία zu Ἰανουάριος, *obsequium*, *pogońa* ist nicht in einer Einwirkung von γεννῶ, ὀφφίκιον, παγανός zu suchen; vgl. S. 21, 15. Das α von παγαναία war schon in dem slavischen Grundwort als Vorstufe des slav. *o* (Kretschmer, Arch. f. slav. Phil. 27 (1905) 234).

In allen besprochenen Fällen sind es Fremdwörter, die bei oder nach ihrer Aufnahme bekannten griech. Wörtern angeglichen worden sind. Einen interessanten Fall bieten uns die Formen ἀποκουρσάρος, ἀποκρουσάρος, Pent., bei denen ein griech. Wort (freilich mit lat. Endung) nach einem Lehnwort umgeformt worden ist. Man versteht dies leicht, wenn man bedenkt, dass κουρσάρος, κρουσάρος ganz geläufig und allgemein bekannt sind, während ἀποκρισιάριος selten und in seinen Bestandteilen unklar ist.[1])

1) Einen ähnlichen Fall finde ich im Νουμάς (Wochenschrift, herausgeg. in Athen) 6 (1908) Nr. 316, S. 3; darnach wird oft für διευθυντής ein gelehrtes Wort, διαφεντής und für διευθύνω διαφεντεύω gesagt.

Eine im Mittel- und Ngr. häufige Erscheinung ist die Angleichung mancher Wörter nach Präpositionen. Diese werden von den Sprechenden in lautähnlichen Wörtern erblickt, und danach werden letztere umgebildet.

Lateinische Elemente.

ἀπό : ἐπακκουμπίζω > *ἀπακκουμπῶ > ἀποκκουμπῶ (s. auch S. 13).

διά : δηφενδεύω, δηφεντεύω(*) > διαφενδεύω, διαφεντεύω(*).
δεφένσωρ ‖ διαφεντεύω > *διαφένσωρ > (?) διαφέστορας Chron. 6086, 6158, 6188, 7226.

ἐν : ἀκκουμπῶ* > ἐγκούπησες, s. auch S. 48.
ἐκκουσάτος > ἐγκουσάτος, γκουσάτος, s. auch S. 48.
ἰνδικτιών*, ἴνδικτος > ἔνδικτος (11).

ἐπί : ὑποκάμισον ποκάμισο* > ἐπικάμισο, πικάμισο.

κατά : *καντοῦνα > κατοῦνα* (oder ‖ κάτω).

Italienische Elemente.

ἀντί : ἰντίβι > ἀντίδι*.

πρό : πριβιλέγιο, πρεβιλέγιο > προβιλέγιο.
prebenda > προβέντα.

Französische Elemente.

παρά : *paroffir* > παραοφρίζω.

πρό : *porveor* > προβεούρης, s. auch S. 67.

Orientalische Elemente.

ἀνά : νάκαρα > ἀνακαράς.

Hinsichtlich der volksetymologischen Erscheinungen ist noch zu bemerken, dass man in einigen Fällen, besonders dort wo die Präpositionen auftauchen, nicht bestimmt sagen kann, ob wir eine Umgestaltung der alten Form durch Analogie oder eine selbständige Zusammensetzung vor uns haben (vgl. Dossios, Volksetym.). Und es ist wohl kaum möglich die Frage zu entscheiden, da der Umstand, dass die in die Neubildungen hineingebrachten Elemente empfunden werden, die Frage offen lässt.

Wortbildungslehre.

Fünftes Kapitel.

Ableitung und Zusammensetzung.

§ 68. Allgemeines.

Um ihren Wortschatz zu vermehren, besitzt eine Sprache verschiedene Mittel. Ohne formelle Änderung geschieht dies bei dem Bedeutungswandel; ein anderes Mittel ist die Spaltung eines Wortes auf lautlichem Weg in zwei oder mehrere Formen. Ferner wird der Wortschatz durch Suffixe, Präfixe und Zusammensetzung bereichert; endlich durch Entlehnung. Da die entlehnten Wörter nach einer gewissen Zeit den einheimischen gleichgestellt werden, so können sie nicht nur durch ihre Entlehnung selbst, sondern auch auf alle anderen aufgezählten Arten die Sprache bereichern.

Ihre Bedeutungsentwickelung ist schon behandelt worden. Von einer Differenzierung der Bedeutung auf Grund einer lautlichen Spaltung finden sich in dem vorhandenen Material keine Beispiele; die spärlichen Fälle, die in Betracht kommen, wie *φούρκα* Keil : *φοῦλκον* Soldatenabteilung, beruhen eher auf Zufälligkeiten. Es erübrigt also hier, die abgeleiteten und zusammengesetzten Lehnwörter zu besprechen. Da ich mir vorbehalte, an einer anderen Stelle diesen Teil der Wortbildung eingehend zu untersuchen, begnüge ich mich hier, einige Beispiele aus den lat. Lehnwörtern anzuführen. Denn besonders diese liefern durch die Fülle und Mannigfaltigkeit der Wörter, die aus ihnen durch Ableitung und Zusammensetzung entstanden sind, den glänzendsten Beweis von der Bildungskraft und dem Reichtum der ngr. Sprache, die wir schon in manhem Zug des Mgr. erkennen können. *Ἀσπρο-*

κοκκινομάγουλη, κυπαρισσοβεργόλυγη im Alph. ag., *ἀκριβοκάμερα, πορτοπούλα, τὰ σελλοσκαλοχάλινα θωροῦσιν ἕνα ἕνα* bei Erotokr., haben wir ausdrucks- und poesievolle, schmiegsame Neubildungen, die die Sprache mit Hilfe der eingebürgerten Lehnwörter geschaffen hat. Man muss von einem engherzigen Klassizismus gänzlich geblendet sein, um solche Wörter, den grössten Ruhm der Lehnwörter wie auch der Sprache, die sie aufgenommen hat, als Hybriden, *νοθογενεῖς* und *μειξοβάρβαροι* auszustossen.

§ 69. Beispiele aus den Lateinischen Lehnwörtern.

ἀ κ κ ο υ μ β ί ζ ω *ἀνακκουμβίζω ἐπακκουμβίζω ἀπακκούμπιον ἀπακκούμπημαν ἀκκουμπιστήρι κατακκουμπιστήρι χαμόκκουμβα* — ἅ ρ μ α (*ἁρματώνω*) (*ἁρμάτος*) *ἀποαρματώνομαι ἐναρματώνω ἐξαρματώνω ἁρματωσία ἁρμάτωσις ἁρματοθήκη ἁρματοφόρος ἁρμοφύλαξ ἀναρμάτωτος ξαρμάτωτος λαμπροαρματωμένος συσελλοαρματωμένος* — ἄ σ π ρ ο ς *ἀσπρίζω ἀσπράδα ἀσπράδι ἀσπραλογάτος ἀσπρόδοντος ἀσπροκοκκινομάγουλος ἀσπρόκαστρον Ἀσπρόκαστρον ἀσπροκόκκινος ἀσπρομαρμαροτράχηλος ἀσπρομύναιον Ἀσπρόπετρα ἀσπρουλάτος ἀσπροφόρος ἀσπρόχαλκος ἀσπροχιονάτος ὁλάσπρος δίασπρος* — β έ ρ γ α *βεργίον* (*βεργέτα*) *βεργίζω βεργαναλεμένος βεργόλικος βεργόλυγος κυπαρισσοβεργόλικος κυπαρισσοβεργόλυγος Χρυσοβέργης* — β ί γ λ α (*βιγλίζω*) *ξεβιγλίζω* (*βιγλατόρος*) *βιγλιατικόν ἐξωβίγλιον* — β λ α τ τ ί ν *Βλαττολιβάδιν βλαττόστρωτος διβλάττιον καταβλαττάς τριβλάττιον λευκοτρίβλαττον πρασινοτρίβλαττον ὁλόβλαττος* — β ο ύ λ λ α (*βουλλώνω*) *βούλλωμα ἐπιβούλλωμα βουλλωτήριον ἄβουλλος ἀβούλλωτος ἀργυρόβουλλον ἐξαβούλλιν κηρόβουλλον μολυβδόβουλλον πρασινοβούλλιν χρυσόβουλλον χρυσιόβουλλον χρυσοβουλλώνω* — κ α λ ί γ ι ο ν *καλιγώνω καλίγωμα καλιγοκάρφι παλιοκάλιγον φελλοκάλιγον φελλοκάλικος* — κ ά σ τ ρ ο ν *Καστρίον* (*καστρήσιος*) (*καστρησιανός*) *καστρηνός καστρωτός καστροτρυπητής καστροφύλαξ καστροχαλαστής καστροκτισία καστρομαχία Ἀγγελόκαστρον Ἀργυρόκαστρον ἀσπρόκαστρον Γυναικόκαστρον δρακοντόκαστρον ἐξώκαστρον ἐρημόκαστρος ἐρημόκαστρον ἐρωτόκαστρον Νεόκαστρον Νεοκαστρίτης* *παλαιόκαστρος συννομοκαστρίτης Τυροκαστρίτης χρυσοδρακοντόκαστρον χρυσόκαστρον* — *μανδάτον* (*μανδατεύω*) *μαντατευτής μαντατούρης* (*μανδάτωρ*) *πρωτομανδάτωρ μαντατοφόρος μαντατοφορίζω* — *μανίκιον* (*μανικέλι*) *ἀκρομάνικον ἀμανίκωτος κοντομάνικον μαυρομάνικος μαχαιρομάνικο σουβλομανικάς στενομάνικος ἱπομάνικον χρυσομάνικον* — *μαῦρος μαυρίζω καταμαυρίζω μαυράδι μαυρί μαυρούτσικος μαυράγγελος Μαυροϊωάννης μαυροκατσίβελος Μαυροκούτσης Μαυρολέων μαυρόματος μαυροματίτσης μαυρομάνικος μαυροπράσινος Μαυρόπηγο Μαυρόπηγος μαυρόπτερος μαυροσυννεφιασμένος μαυρότεχνος μαυροτήγανον μαυροτριχαράτος μαυρόχορτον μαυροφορῶ μαυροφόρος Μαυροφόροι μαυρόψαρος κατάμαυρος μελανόμαυρος ὁλόμαυρος* — **πλούμα πλουμίον πλουμάκι πλουμίζω πλουμιστός ἐρωτοπλουμισμένος μαρμαροπλουμισμένος μυριοπλουμισμένος ροδοπλουμισμένος σμαραγδοπλουμισμένος ὡραιοπλουμισμένος παμπλούμιστος περδικοπλούμιστος χρυσοπλούμιστος πάμπλουμος κοκκινοπλουμόχειλη μεγαλοπλουμάτος* — *σέλλα σελλίον σελλάς σελλώνω σελλάδα μετασελλώνω μετασελλίζω ξεσελλώνω σελλοσκαλοχάλινα ἐκσελλίζομαι σέλλισμα σελλογλυστρᾶ σελλοχάλινον σελλοχαλινώνω σελλοχαλινοχρύσωτος σύσελλος συσελλοαρματωμένος ὑπόσελλος προμοσέλλα ὑποσέλλινον* — *σκάλα σκαλίον σκαλέρι σκαλώνω ἀποσκαλώνω* (*ἐ*)*ξεσκαλώνω σκαλόδεμα σκαλόλουρο κοντοσκάλι σελλοσκαλοχάλινα* — *σκοῦτον* (*σκουτάριον*) *σκουταρώνω διασκουτεύω διασκούτεμα* (*σκουτάριος*) *σκουταράτος σκουταροκτυπῶ σκουταροκόνταρον σκουταροτσαγρατόρος χειροσκουτάριν* — *στράτα στρατοκόπος Βλαντίστρατος δίστρατο κατάστρατα ξεστρατίζω μεσόστρατο παράστρατα παραστρατίζω.*

Besonders interessant sind darunter Wörter wie *ἀσπροκοκκινομάγουλος, ἀσπρόκαστρον, Βλαντίστρατος, μαυρομάνικος, σελλοσκαλοχάλινα, σκαλόλουρο, συσελλοαρματωμένος, σουβλομανικάς*, bei denen wir Zusammensetzungen aus lat. Lehnwörtern haben. [1])

---

1) Zur Ableitung und Zusammensetzung der Lehnwörter des Neugriech. vgl. Triantaphyllides, *Ξενηλασία* Kap. VI, besonders S. 102—104, 106.

Zweiter Teil.

Kulturhistorisches.

Sechstes Kapitel.

Die Lehnwörter als Träger der fremden Kultur.

§ 70. Allgemeiner Überblick.

Wie so viele griechische Wörter in die Sprache der Römer, Italiener, Türken, Albanesen, Montenegriner, Serben, Bulgaren, Rumänen, Russen, Georgier, Armenier, Perser, Goten, Aramäer, Araber usw. aufgenommen worden sind als Resultat der Beeinflussung, welche die Griechen zu verschiedenen Zeiten auf ihre Nachbarvölker ausgeübt haben, so kann man auch die entgegengesetzte Erscheinung konstatieren. Wegen der geographischen Lage Griechenlands und der wechselvollen Schicksale der Griechen hat die griechische Sprache, besonders seit den Anfängen unserer Aera, die verschiedenartigsten Wörter entlehnt: hebräische, syrische, arabische, persische, lateinische, romanische, slavische, illyrische, türkische Lehnwörter treten uns in den mittelgriechischen Texten entgegen oder leben heute noch im Munde des griechischen Volkes fort.

Die Geschichte, besonders die Kulturgeschichte, ist Sprachmischung, und in den Lehnwörtern einer Sprache finden wir den Niederschlag der Kulturbegriffe, die sie den Nachbarvölkern verdankt; [1]) deswegen gestattet uns die Betrachtung der Lehnwörter eines Volkes Schlüsse auf die Geschichte seiner Kultur.

---

1) Vgl. Gabelentz, Die Sprachwissenschaft, ihre Aufgaben und Methoden [2], S. 260. Saalfeld, Fremd- und Verdeutschungswörterbuch, S. 7; Triantaphyllides, *Ξενηλασία* I S. 193 ff.

§ 71. Vorbemerkungen und Erläuterungen.

Zu einer klaren Übersicht der Art der Begriffe, deren Träger die mgr. Lehnwörter gewesen sind, gebe ich in den nächsten Paragraphen eine Aufzählung der Lehnwörter, nach kulturhistorischen Gesichtspunkten geordnet; und da erst die im Ngr. fortbestehenden fremden Elemente ein abschliessendes Urteil über die Tiefe und Intensität der fremden Beeinflussungen ermöglichen, habe ich die heute noch üblichen Lehnwörter besonders markiert. Zum richtigen Verständnis und zur Beurteilung der folgenden Aufzeichnungen müssen an dieser Stelle noch einige Bemerkungen vorausgeschickt werden.

A. In Bezug auf die Entlehnungsweise der einzelnen Stichwörter:

Ein Wort wird von Sprachgenossen verschiedener Kreise gebraucht, und so können ganz verschiedene Teile des Kulturlebens eines Volkes zu einer Entlehnung Anlass gegeben haben. Während aber die Entlehnung eines Wortes als fertige Tatsache vor unseren Augen liegt, bleiben uns die Weise, auf welche sie stattgefunden hat, und das Milieu, in dem das Lehnwort zuerst gebraucht worden ist, oft verborgen. *Ἐντελίνα* „Brustriemen des Pferdes,“ *κούρκωμον* „Maulkorb des Pferdes,“ *σέλλα* „Sattel,“ stammen aus dem Lateinischen; wie kommen sie aber ins Griechische hinein? Sind sie als voces castrenses zu betrachten, spiegelt sich etwa in ihrer Entlehnung die bessere und vollkommenere Arbeit der römischen Arbeiter, sind beide Gründe im Spiel, oder hätten wir darin nur eine zufällige Aufnahme von fremden Elementen, wie sie bei dem damaligen Verhältnisse der griech. und der lat. Sprache nicht selten ist?

B. Eine zweite Schwierigkeit ergibt sich durch die mangelhafte Überlieferung (vgl. § 60).

Μανουάλι bezeichnet im Mittel- und Neugriechischen einen grossen Kirchenleuchter, und zwar nur dies, während lat. *manualis*, soweit unsere Kenntnisse reichen, viel allgemeiner „zur Hand gehörig,“ oder „mit der Hand gefasst“ bedeutet. Ähnlich bedeutet lat. *maxillaris* auf das Kinn bezüglich, während byz. *μαξιλλάριος* von den Beamten des Hippodroms gebraucht wurde, die die Kissen besorgten oder vielleicht den Zuschauern ihre Plätze anwiesen. Es entsteht nun die Frage: wie soll man bei der Einordnung der Lehnwörter vorgehen, wenn sich Fälle, wie die eben geschilderten, bieten?

Die für unsere Zwecke wohl richtigere Einordnung könnte man unmöglich in der Praxis durchführen, es sei denn, dass man durch eine eigene Untersuchung die Entlehnungsart mancher Lehnwörter ergründet. Um möglichst konsequent zu sein und die Übersicht der folgenden Tabellen zu erleichtern, habe ich es vorgezogen, die auch in ähnlichen Darstellungen übliche Methode zu befolgen; ich habe mit kleinen Ausnahmen, die Lehnwörter auf Grund ihrer Bedeutung angeordnet (vgl. H, 24). Dem Kulturhistoriker bleibt es vorbehalten, Wörter wie slav. *βάλτος* Sumpf, *δραγάτης* Gärtner, *κλίτσα* Stab, **στοῦμπος* Mörser, oder wie lat. *κάμπος*, *κλεισοῦρα*, *μάγκιψ*, *σκάλα* (Steigbügel), die jetzt getrennt erscheinen müssen, auf ihren einheitlichen Ursprung, nämlich das slav. Hirtenleben, bezw. das römische Militärwesen zurückzuführen.

C. Was das Fortbestehen der Lehnwörter in der heutigen Sprache betrifft, wollte und konnte ich nicht genaue, vollständige und erschöpfende Angaben geben. Auf den Rat des Prof. Thumb habe ich nur die von mir gekannten Wörter und zwar solche die mir von zu Haus bekannt waren, ehe ich mich mit sprachlichen Untersuchungen befasste, notiert.

1. Die mit einem * bezeichneten Wörter sind heute allgemein gebraucht oder bekannt; sie gehören etwa dem Sprachschatze des Durchschnittsatheners an.

2. In dem Wortschatze eines Atheners wird man jedoch auch Elemente finden, die nicht so allgemein, ja sogar dialektisch sind — man darf ja nicht vergessen, dass die heutigen Athener grösstenteils Metöken sind, da den heutigen 180000 Einwohnern von Athen vor 80 Jahren nur wenige Tausende gegenüberstanden, und dass auch heute wie sonst *Ἀθηναῖοι κεκραμένῃ ἐξ ἁπάντων τῶν Ἑλλήνων χρῶνται.* — Diese gelegentlich notierten nicht allggr. Formen werden mit einem ‡ gekennzeichnet.

3. Auf der anderen Seite könnte man in diesem Wortschatze Wörter vermissen, die heute noch in der griechischen Heimat gang und gäbe sind, für viele Bewohner aber der grösseren Städte des freien Königreichs veraltet und manchmal unbekannt sind[1]), indem sie durch ein gelehrtes Wort ersetzt worden sind.[2]) Solche Formen werden mit einem (*) bezeichnet.

---

1) Einiges darüber bei Triantaphyllides, *Ξενηλασία* S. 72, 76.

2) Die Fälle, bei denen dies gelungen ist, werden eingehend untersucht ebenda, Kap. II.

D. Zur Identitätsfrage der mgr. Lehnwörter mit den heute üblichen Formen ist folgendes zu bemerken:

4. In manchen Fällen haben wir es bestimmt mit Neuentlehnungen zu tun. Dies ist oft ersichtlich aus der Verschiedenheit der äusseren Form (*παρτούν* (* *παρντούν*) : ˣ*παρντόν*), der Bedeutung (*κἀβαλέτο* (Dreifuss), Kriegsmaschine : ˣStaffelei, *τραμποῦκο* Kriegsmaschine : ˣ *τραμποῦκος* ‡ Schuft, Kanaille[1]), oder auch beiden (*σερπεντίνα* Schlangenstein, Vierundzwanzigpfünder : *σερπαντίνα* Serpentine). Aber auch in anderen Fällen (z. B. *πρόβα* Porph., *φίσκος* Trinch.) ist es schwer einen Zusammenhang mit dem heutigen Gebrauch anzunehmen. In den Beispielen, bei denen die Sache nicht an äusseren Merkmalen deutlich ist, habe ich keine Notiz von der Neuentlehnung genommen.

5. Dasselbe gilt von einigen byz. Wörtern, die nicht in die Volkssprache eingedrungen sind und die gelegentlich heute noch von Gebildeten gebraucht werden, und zwar entweder zur Bezeichnung fremder Begriffe (*τριβοῦνος, καῖσαρ,* von den römischen Tribunen und Caesaren, *καγκελλάριος, κωνσιστώριον, πραίτωρ* usw.) oder als eigentliche Lehnwörter[2]) (*δικτάτωρ, ζατρίκιον, κόμις, πατρίκιος* usw.). Streng genommen haben wir es viel häufiger mit Neuentlehnungen zu tun, als man vielleicht anzunehmen geneigt wäre. Die Entscheidung ist aber auch hier nicht immer leicht. Einige solche Wörter sind als Buchwörter immer da gewesen, so kommt *πραιτώριον* in der Bibel vor. Solange diese vorwiegend der Schriftsprache angehören, sind sie durch ein *̮ gekennzeichnet.

6. Es gibt Formen, die heute noch vorkommen, die aber, ich möchte sagen, entschieden als Neubildungen zu betrachten sind. Man sagt wohl heute *αὐγουστιάτικος,* ob dies aber wirklich mit *αὐγουστιάτικον, αὐγουστιατικός* bei Porph. zusammenhängt, die übrigens nicht dieselbe Bedeutung gehabt haben?

7. Einige von den Wörtern (vgl. § 82, S. 153) sind heute noch in der griech. Kirche, besonders in der Türkei, üblich, als Bezeichnung von Würden und Ämtern, Gegenständen und Kleidern. Diese habe ich bis auf wenige Ausnahmen nicht notiert.

E. Zur Form der angegebenen Stichwörter ist folgendes zu bemerken:

---

1) Vor nicht einmal zwei Dezennien ist diese Bedeutung auf einen ganz merkwürdigen Weg aus *trabuccos,* der Bezeichnung der Havannazigaretten entwickelt worden. Das Wort ist heute in Athen und wohl auch in anderen Städten allgemein gebraucht. Eine eigentümliche Geschichte hat auch *λιμοκοντόρος* Gigerl (zu *κόντες*).

2) Zum Unterschiede vgl. § 82, S. 154 d.

8. So oft mehrere Formen in meinem Material vorhanden sind, wird meistens nur eine, die ältere oder üblichere, oder beide aufgezeichnet. (Alle im Buche zitierten Formen findet man im Wortverzeichnis). Das Urwort wird aber meistens mitgegeben, wenn es in meinem Material durch eine Umbildung, und stets, wenn es nur durch eine Ableitung oder Zusammensetzung vertreten ist. Z. B. ˣ*σαρδέλα τσερδέλα*, ˣ*βούλγα βουλγίδιον*, ˣ*τσαμπί* (wegen *τσαμπουδολογῶ*); im letzteren Fàlle wird meistens das Zusammengesetzte gänzlich ausgelassen.

9. Das Zeichen * bezieht sich auf die vorangehende mgr. Form oder ihre ngr. Weiterentwickelung, wo diese nach den Gesetzen der neuen Sprache mit unbedingter Notwendigkeit eintreten musste; z. B. *μανδάτον** bedeutet, dass man heute *μαντάτο* sagt, *πουγγίν** steht für heutiges *πουγγί*.

10. Dem Stichwort wird ein † beigefügt, wenn seine heute übliche (ob allgemeine oder nicht) Form eine Umbildung aufweist; z. B. *κωμμέρκιον* † (*κουμμέρκι*), *ὀψίκιον* † (*ψίκι*).

11. Wenn das Stichwort heute nur oder vorwiegend in einer anderen Bedeutung vorkommt, wird ihm das Zeichen *̤ beigegeben; z. B. *πανούκλα* *̤ panicula, Mais (*πανούκλα* bedeutet heute allgemein Pest, und stammt ebenfalls aus einem lat. *panicula*).

12. Dementsprechend werden auch folgende Zeichen gebraucht:

(†) = in einer anderen Form aber veraltet.

(⁑) = nicht allgemein aber veraltet.

(*̤) = mit einer anderen Bedeutung aber veraltet.

† *̤ = in veränderter Form und Bedeutung (*καλάνδαι* : *κάλαντα*).

*̮, † = wieder eingeführt aber auch unter veränderter Form fortlebend.

*̑ = heute (hauptsächlich) in Abg. fortlebend.

F. Zu dem Verhältnis der griech. Stichwörter zu den beigegebenen fremden Stammwörtern gilt folgendes:

13. Bei ganz sicheren Etymologieen folgt das fremde Wort unmittelbar dem Lehnwort. Und zwar ist die gegebene fremde Form als bei der Entlehnung zu Grunde liegend zu betrachten, mit Ausnahme der ital., orient. und slav. Entlehnungen, wo dialektische und sonstige Verschiedenheiten nicht immer angedeutet wurden, bezw. werden konnten;[1]) Unterschiede der hoch-, vulgär- und mlateinischen Formen sind ebenfalls nicht berücksichtigt worden.

---

1) Ersteres gilt für einzelne Merkmale der ital. Dialekte, letzteres für die orient. und slav. Lehnwörter, die man oft nicht präzis auf eine Stammform zurückführen kann.

14. Weniger wahrscheinliche Stammformen oder bloss verwandte Wörter werden gelegentlich beigefügt.

15. Wenn die griech. Form (abgesehen von den unter Nr. 13 genannten Fällen) nicht direkt auf die angeführte Form zurückgeht, sondern auf eine anzunehmende verwandte, so wird die erstere in Parenthese gestellt oder durch ein *vgl.* eingeführt; z. B. *βιστιρία* (investire).

16. Das unsichere oder bestrittene der gegebenen Etymologie wird durch ein [?], das zwischen Lehn- und Stammwort steht, bezeichnet, z. B. *βηλάριον* [?] velarium. Vgl. auch Nr. 23.

G. Zur Bedeutung der Stich- und Stammwörter gilt folgendes:

17. Was uns hier an erster Stelle interessiert, ist die erste Bedeutung des Lehnwortes, unter welcher es entlehnt worden ist; sie wird auch stets dem Stammwort beigefügt.

18. Die etwaigen später entwickelten Bedeutungen werden, so oft sie heute durchgedrungen sind, erwähnt, und zwar werden sie durch ein *dann* eingeführt; z. B. *κόρδα* corda, Darmsaite, dann, Saite des Bogens.

19. Den Bedeutungsangaben geht ein ˣ voraus, wenn sie in meinem Material nicht belegt sind, z. B.: *ἐξαμώνω* examinare, ˣMass nehmen dann, ausstrecken.

20. Wenn die urspr. Bedeutung des Stammwortes für die griech. Sprache nicht nachweisbar ist, (s. § 60) wird sie diesem in Parenthese beigegeben; z. B. *τρούλλα* trulla (Schöpfkelle), Kuppel. Gelegentlich wird dafür das Zeichen ˣ̤ in Parenthese gesetzt.

21. Das Zeichen =?, in Parenthese dem Stammwort beigefügt, bedeutet dass dessen Bedeutung in Bezug auf die griech. Weiterentwickelung fraglich ist.

22. Wörter, die unter zwei oder mehreren Bedeutungen entlehnt worden sind (s. § 61), werden selbstverständlich unter den betreffenden Rubriken wiederholt, so *σκάλα*, welches Treppe, Steigbügel, Landungstreppe und Pass bedeutet.

H. Zur allgemeinen Anordnung der folgenden Aufzeichnungen sind noch folgende Bemerkungen nötig:

23. Das ganze Lemma wird in eckigen Klammern angeführt, wenn seine Angehörigkeit zu dem betreffenden Paragraphen, bzw. die Ableitung des Stichwortes aus dem lat., ital. usw. zweifelhaft oder anfechtbar ist.

24. Das ganze Lemma wird in Parenthese angeführt, wenn das Stichwort nur indirekt oder scheinbar der Rubrik angehört, unter welcher es steht (vgl. § 71, B); gelegentlich werden solche Wörter den übrigen anhangsweise beigefügt.

§ 72. Die lateinischen Elemente.

I. Die Natur.

1. Das Tierreich.

βέρεδος veredus, Pferd, das dem Staat gehört

βούρδων burdo, Maultier aus Pferd und Esel

κάττος cattus, Kater

λακέρτα † lacerta, Stöcker, ein der Makrele ähnlicher Seefisch

λούπης lupus (Wolf), Name eines Raubvogels, vielleicht der ἰκτῖνος, ngr. περδικογέρακο

μούλα* mula, Maultier

ξιπτέρι ξεπτέρι* accipiter, Falken

φάλκων falco, Falke

ἀξούγγιν ξύγγι* axungia, (Wagenschmiere), Fett [des Pferdes

ἐντελίνα antilena, Brustriemen

καπούλα scapula, Rücken, Kruppe vom Pferde

κούρκωμον curcuma, Maulkorb, der dem Pferde angelegt wird, agr. κημός

λακινιά lacinia, Herde

μουτάτος mutatus, der Falken, weil er in einem Käfig eingeschlossen wurde (lat. muta) bis er für die Jagd gebraucht werden konnte

ποῦλλος †.: (πουλί) pullus, junges Tier

σαλιβάριον‡ salivarium, Zügel

σέλλα* sella, Sattel

σκάλα* scala, Steigbügel.

2. Das Pflanzenreich.

βαβάλι valvolae, (Schoten der Hülsenfrüchte), Knospe

βέργα* verga, Gerte, Zweig

βερίκοκκο* praecoquium, Aprikose

δαυκί ‡ daucus, Karotte

κοδιμέντον‡ condimentum, Petersilie [Kohl

κουρούκλα‡ [?] *colucula, eine Art

λουπίνο † Lupine, Wolfsbohne

μαρούλι* amarula, Lattich

πανούκλα .:* panicula, Mais, türkischer Weizen

*προῦνον Προῦνος prunum, Pflaume

σουρβί ‡ sorbum, Eberesche

φράξος fraxinus, ein Baum aus dem man gelbe Farbe macht.

3. Die Erde.

ἄρμος armus (humerus), Anhöhe oder Seite (Trinch.), s. § 56

κάμπος(*) campus, Feld, Land

κλεισούρα(*) clausura, Engpass, Gebirgspass

κόλφος [?] colphus, Bucht s. S. 168.

λεμετούνιον, vgl. limes, ital. limite Grenze, Grenzscheide

λίμιτον limes, Grenze

παδούλα padules, ital. padule, [Sumpf

σκάλα scala, Pass

στάγκος stangus, Zinn.

4. Das Jahr; der Himmel.

βίσεκστον bisextus, Schaltjahr
βρουμάλιον eine Feier, urspr. nur die röm. brumalia
ἰδοί idus, Iden
ἰνδικτιών (*) indictio, Indiktio
καλάνδαι †* calendae, Kalenden
κάσος casa (Haus), der 1/12 Teil des Zodiak
νῶναι nonae, Nonen
φέριαι feriae, Feiertage

II. Der Mensch und seine Umgebung.

5. Allgemeine Ausdrücke.

φαμιλία (*) familia, Familie
φαμιλιάριος familiaris, Freund

6. Der Körper.

βοῦκκα* μπούκκα* bucca, *Wange, dann, Mundbissen
γούλα* gula, Gaumen, Schlund
κόξα coxa, der hintere Teil des Kniees
μάγουλο* magulum (vlat. Mund), Wange

7. Wohnung; Gebrauchsgegenstände; Gefässe.

ἀττέγιον attegia, eine Art Zelt
βάγκον bancus, Bank
βῆλον velum, Vorhang, Türvorhang
κάγκελλο* cancelli, Gitter
κάμαρα* camara, κάμερα* camera } Zimmer
κατήνα catena, Türriegel
κέλλα* cella, Stube, Kämmerchen
κουβούκλιον cubiculum, Schlafzimmer
πόρτα* porta, Türe
πόρτιξ portix, Halle, Säulengang
[ρωμανήσιον Riegel]
σέκρετον secretum, Privatzimmer
*σέρα sera, Querriegel
σκάλα* scala, Treppe, Leiter
ἄρουλα arula, kleiner Backofen
κάγια cagia, Kästchen
κανδήλα* candela, Fackel Lampe
καπιτάλιον capitale, Kopfkissen
κορνίκλιον corniculum, runder Kasten
κορτίνα κουρτίνα* cortina, Vorhang
(μαξιλλάρι* maxillaris (*) Kissen)
μεσάλιον mensale, Tischtuch
σκαμνάλιον scamnale, Polster, Decke
σκαμνίον* scamnum, Schemel
σέλλα sella, Sessel, dann, breiter Stuhl für Gebärende
σουπέδιον supedium, Schemel

ἀκκούβιτον accubitum, Speisesopha
ἄρκλα arcula, Laden, Kästchen
ἀρμάρι* armarium, Schrank
*βούλγα βουλγίδιον bulga, kleiner Korb
βούττις βουτσί* buttis, Gefäss
γαβάθι* [?] gabata, tiefer Teller
ἰρκιόλι urceolus, Eimer oder Krug

καλαμάρι theca calamaria Tintenfass

καλδάριον caldarium, Kochtopf

κάπουλον -ιον capulus, Gefäss

κουβάριον [?] (cupa), Fass

*κούκουμα -ιον cucuma, eine Art Krug

[κουκουμάριον* Glas mit grossem Bauch]

σίτλα situla, Krug

σκουτέλλα σκουτέλλι scutella, (flacher) Teller

φλάσκα φλασκί *flasca, Gefäss Flasche

8. Küche und Nahrung.

ἀπαλαρέα vgl. applar, Löffel, Becher oder Teller

βούκελλος bucellus, eine Art kleines Brot

δούλκιον dulce, die Süssigkeiten als letzter Gang, ngr. γλύκυσμα

κάρβων κάρβουνον carbo, Kohle

κιβαρίτης cibarius, eine Art Brot

κούπα (*) cupa, Becher

κουτάλι* [?] scutella, Löffel

λάρδος λαρδί* lardus, (Pöckelfleisch), Speck, s. § 61

λουκάνικο* lucanica, Wurst

μίσσος missus, Gang

*μούργα [?] amurga, Bodensatz Weinhefe

φάβα* faba (Bohne), Erbsen-[puree

χουλιάρι cochlear, Löffel

9. Kleidung; Schmucksachen.

ἀτραβατικόν atrebaticum, Adj. d. χλανίδια

αὐριγάριον aurigarium, Kleid des Wagenführers

*βάλτεος βαλτίδιον balteus, Gürtel

βεστίον vestis, Kleid

*βλάττα βλαττίν blatta (Purpurfarbe), (purpurner) Stoff oder Mantel

βράναια[1] [?] brandea brandium, Kleid od. Teil der Kleidung

βραχιάλιον βραχιόλιν* bracchiale, Armband

γρίζον grisum griseum, Kleidungs-[stück

δελματικόν delmatica, Kleid ohne Aermel

καλάβρικον calabrica, Bindung der Füsse

καλίγιον* caliga, Art Schuhe (καλιγώνω* beschlagen)

καμίσιον* camisa, Oberkleid

*κάμπαγος καμπάγιον campagus, Art Schuhe [Art Hosen

[καμπότουβον campus + τουβίον],

κάππα* cappa, Kopfbedeckung, [dann(?), Decke, Mantel, s. S. 134]

*καρακάλλα καρκάλλι caracalla, Mantel oder Überrock

κέντουκλον* centunculum (Lumpen), Kleid aus grobem Stoffe

κουκούλλα cucullа Kopfbedeckung; κουκουλλώνω* bedecken

1) Porph. 469, 1.

λέντιον linteum, Tuch (Kleidungsstück)
λῶρος λουρί* lorum, Riemen Gürtel
ˣμάνικα μανίκιον* manica, Ärmel
μαντίον mantum, Kleidungsstück
μαντίλιον* mantile, Tuch, dann, Taschentuch, Tischtuch usw.
ὁλόβηρος [?] holoverus, purpurnes Kleid
παιλόνιον φαιλόνιον* paenula, geschlossenes Kleid (Priestergewand)
πάλλιον pallium, Oberkleid Mantel
ˣπάννος παννί* pannus, Leinwandzeug
πεκτοράριν pectorale, Kleidungsstück
πραίτεκστον praetextum, geschmücktes Kleid
ράσον* rasum, grober Wollstoff, dann (?) Mönchskleid
σαγίον sagus, grober Soldatenmantel
(σέρβουλον servulus (Sklave), eine Art Schuhe)
στρίκτον strictum, enge Schuhe
τόγα* toga, Toga
τουβίον [?] ?, eine Art Hosen
ˣφασκιά* fascia, Binde, Windel
φίβλα fibula, Agraffe
φιβλατώριον fibulatorius (ˣ) eine Art Kleid

κλαβίον ein Zierrat auf Gewändern
ὄρνα orna, der geschmückte Kleiderstoss
ὀρνεύω ornare, mit ornae versehen
πλουμί pluma, Stickerei
πράνδιον [1]) [?] brandeum, Band
ριτικέλλα reticella (auch ital.), weiblicher Kopfschmuck
σιγμέντον σήμεντον segmentum, Gold- Purpurbordüre
σπέκιον specium, Kleidungsstück (gespitzt (?))
φλόκκος floccus, Quaste
φούντα* funda (Geldbeutel) + fundem, Quaste

10. Sonstige Gegenstände des täglichen Gebrauchs.

βάκλον baculum, Stab
βοῦλλα bulla Siegel
ἧσκα ‡ esca, Zunder
ˣκαμπανός campana, Wage καμπανίζω
κόρδα ‡ corda, Darmsaite, dann, Saite des Bogens
κούνια* cunae, Wiege
κοῦσπος cuspis, Fesselblock
λεκτίκιον lectica, Tragbahre
μάππα mappa, Abguss Abdruck
πουγγίν* punga, Beutel
σαπώνιν σαπούνιν* [?] sapo, Seife
σκορτζίδιον scorteus, kleiner (lederner) Sack

---

1) Porph II 72, 1. Theoph. 232, 9; πράνδιος Porph. 81, 2. Zum *b* : *π* sollte vielleicht § 46, S. 74 verglichen werden, obschon auch die Form *prandeum* lateinisch ist.

ˣσκοῦπα* scopa, Besen
σκρινίον scrinium, Kapsel Kiste
σπόρτυλος σπόρτουλον sportula, Körbchen, Geschenk
τίτλος* titulus, Titel Überschrift Aufschrift
(τρίγα triga, Dreigespann)
ˣφάκλα φατλίον Fackel

11. Handlungen des gewöhnlichen Lebens.

ἀκκουμβῶ* accumbere, ˣbei Tisch sich auf dem Sopha hinlagern, dann, sich stützen
βαγεύω vagare, umherschweifen
βουλλώνω* bullare, versiegeln, dann, verschliessen
δηφενδεύω(*) defendere, verteidig.
ἐξαμώνω ‡ examinare, ˣMass nehmen, dann, ausstrecken
καβαλλικεύω* caballicare, reiten
κανακεύω ‡ [?] *canicare, liebkosen [dann, denunzieren
μανδατεύω mandare, melden,
ὀρδινιάζω ordinare, in Ordnung bringen, verordnen
ˣπεδικλώνω ‡ pediculare, die Füsse fesseln, dann, fesseln
πλουμίζω ‡ plumare, sticken
φουρνίζω ‡ furnare, im Backofen backen

12. Abstrakte Begriffe.

γούλα ‡ gula, Gefrässigkeit, Üppigkeit
ἐξέμπλιον ξόμπλι ‡ exemplum, Beispiel Muster, dann, Stickerei
ˣλειξουρία luxuria, Habsucht; λειξουριάρης habsüchtig
μανδάτον (*) mandatum, Nachricht Auftrag
μητάτον metatum, Logis Quartier
μοῦλτος tumultus, Aufruhr Meuterei
(ὀψίκιον (†) obsequium, Gefolge, Geleite)
σπάτιον spatium, Zwischenraum Entfernung
τρακτάτος tractatus

III. Die Stadt; das soziale Leben.

13. Die Stadt.

ἀρέα area, ein freier Platz (square)
παλάτιον* palatium, Palast
ρεγεών regio, Stadtquartier
σπίτι* hospitium Herberge, dann, Haus
στράτα (*) strata, (gepflasterte) Strasse
ταβέρνα* taberna, Weinschenke
φόρον φόρος ‡ forum, Markt Marktplatz

14. Soziales Leben; Handwerke und Instrumente.

ἀβήνα habena, Riemen
βαΐουλος baiulus, Erzieher, Pädagog
βερηδάριος veredarius, Bote
βερνάκλος vernaculus, Haussklave
βιλλάνος villanus, „πάροικος“

βουκάλιος vocalis, Singer
βουργήσιος burgensis, der freie Bewohner einer Stadt
γουνάρης gunnarius, Pelzfabrikant oder -verkäufer
δηλάτωρ delator, Verleumder
καρούχα caruca eine Art Wagen
μάγκιψ manceps, Bäcker
μαγκλάβιον manuclavium, Riemen (zur Folter)
μακελλάρης(*) macellarius, Fleischer, Metzger
μουλίων mulio, Kutscher
νοτάριος(*) notarius, Geschwindschreiber, Sekretär
ὄπεραι operae, Arbeiter
ὅρριον horreum, Vorratskammer
πορτάριος portarius, Pförtner
ῥήγλα regula, Rute Gerte
ˣσαλγαμάριος salgamarius, Krämer
σκάκος [?] scacus „furcula"
σκουλκάτωρ sculcator, Spion
ταβερνάρης* tabernarius, Schenkwirt Wirt
τερρέριος terrerius, Grundbesitzer Vasalle
τριβέλλιον terebellum, Bohrer
τσεκούριον* securis, Art Beil
φαβρικήσιος fabricensis, Waffenschmied
φάλκος falx, Sichel
φοῦρκα* furca, Galgen, dann, ˣÄrger Verdruss [Geissel
φραγέλλον flagellum, Peitsche
φράγκος francus, vornehm, im Gegensatz zu βιλλάνος (s. o.)

15. Baukunst.

ἀκεδοῦκτος aquaeductus, Wasserleitung
ˣβαλνιάριον βανιάριν balnearium, Bad
βήσαλον besalis, Ziegel, Ziegelstein
γραδίλιν gradilis, Stufe
ˣκανάλης κανάλι* canalis, Kanal
κιστέρνα † cisterna, Zisterne
μῶλος* moles, Hafendamm, Quai
πάλος palus, Pfahl
παλούκι* *paluceus, Pfahl
ˣπισκίνη πισκίνα piscina, Bassin Teich
πούλπιτον pulpitum, Tribüne, Katheder
τρούλλα τοῦρλα* trulla (Schöpfkelle), Kuppel
φοῦρνος* furnus, Backofen
φρουντζάτον (mlat. frondeatum, frondosum; genues. frunza „Zweig"), Zelt, Pavillon

16. Handelswesen.

κωμμέρκιον† commercium, Handel, Steuer
κωμμερκιάριος commerciarius, Zollbeamter

17. Münzen, Gewichte, Maasse.

αὐγουστάλιον augustale, goldene Münze der Kaiser im Okzident
μιλιαρήσιον miliarensis, eine Münze
μονῆτα moneta, Münze, Münzestätte, das Recht Münzen zu schlagen
σημίσσιον semis, eine Münze
σολδί (*) soldus, eine Münze
τουρνῆσος turonensis turonensius, Münze minderen Wertes
τρημίσσιον tremis, eine Münze, der dritte Teil eines χρύσινος
φόλις follis, kleine Münze
ἐξάγιον exagium (Wage), Sechstel der Unze
κάρτη quarta, Viertel der Liter
κεντηνάριον * centenarium, Gewichtsmass, Zentner
λίτρα * litra, Gewicht oder Mass
μίλιον * mille milia, Meile
μόδιος μόδιν modius, Mass
ξιστί * sextarius, Flüssigkeitsmass
οὐγκία (*) uncia, Unze
ρότουλον rotulum, Gewicht
ροῦβος rubus, Gewicht für das Getreide

18. Religion; Griechische Kirche.

ἄρκα arca, Sarg
ἄρκλα arcula [= (?)], Sarg
δουμνικάλιον dominicale, Tuch (das bei der Kommunion gebraucht wird)
καμπάνα* campana, Glocke
κελλεράριος cellerarius, Kellermeister
κιτατώριον citatorium
(κουβουκλήσιος cuvuclesius, kirchliches Amt)
(μανουάλι * manualis (mit der Hand gefasst), grosser Kirchenleuchter)
μητατώριον metatorium, ein Teil der Kirche wo sich der Kaiser (in Kon/pel) aufhielt
(*μένσα mensa, Tisch; ἀντιμίσιον ein tragbares geweihtes Tuch)
νουβίτισσα [?] novitius
(ράσον rasum Mönchskleid)
σολέα solea, ein erhöhter Boden gegenüber dem ἱερόν in der Kirche
σπόνζα(τὰ) sponsa, Verlobung

19. Hippodrom.

βῆλον velum, Zeichen für das Beginnen der Spiele
βίγα biga, Zweigespann
βιγάριος bigarius, der Lenker des Zweigespannes
διβέρσιον diversium, eine Art Wagenrennen
θεσσάριος tesserarius, der das Zeichen gibt für das Beginnen der Trabrennen

κομβίνα combina, der Befehl zur Beteiligung an die Spiele
κοτρίγα quadriga, Viergespann
κουστωδιάριος custodiarius, einer von den Offizieren des Zirkus
(μαξιλλάριος maxillaris („ad maxillam pertinens"), Diener im Zirkus, der die Kissen besorgte)
μαππάριος mapparius, derjenige der im Zirkus die μάππα aufhob zum Zeichen des Beginnens der Spiele
(πρόβα proba, Prüfung, Probe)
τρίγα triga, Dreigespann
φακτιονάριος factionarius, der Vorsteher der Wagenrennen

IV. Staatswesen.

20. Regierung, Verwaltung, Hofwesen.

ἀγέντες agentes
ἀδνούμιν ad nomen
ἀδμισσιονάλιος admissionalis
ἀκκούβιτος accubitus
ἀκτουάριος actuarius
ἀσηκρήτης a secretis
αὐγούστα augusta
αὐγουστάλιος augustalis
αὔγουστος augustus
βικάριος vicarius
δηληγάτωρ delegator
δικτάτωρ* dictator
δούξ* dux
ἐκσκουβίτωρ excubitor
ἰμπεράτωρ imperator
καγκελλάριος* cancellarius
καῖσαρ* caesar
κάσταλδος castaldus
κελλάριος cellarius
κοιαίστωρ quaestor
κοιαιστώριος quaestorius
κόμις* comes
κουβικουλάριος cubicularius
κουράτωρ* curator
προκουράτωρ* procurator
κουροπαλάτης [?] curopalata
κούρσωρ cursor
πρωτοκούρσωρ [?] protocursor
κωνσιλιάριος consiliaris
λεγάτος legatus
λεγατάριος legatarius
λιβελλήσιος libellensis
λογγίνος[1] [?] *longinus
μαγίστωρ magister
(μονητάριος monetarius)
νωβελίσσιμος nobilissimus
ὀρδινάριος ordinarius
ὀστιάριος ostiarius
ὀφφικιάλιος officialis
(παλάτιον* palatium)
πατρίκιος patricius
πέρατον paratum
ποῦερ puer
πουνκτουάριος punctuarius
πραιπόσιτος praepositus
πραίτωρ praetor

---

1) Porph. II 13, 8 λογγίνους γὰρ ἔλεγον τοὺς χιλιάρχους.

πραισεντάλιος praesentalis, Bezeichnung der Soldaten im Geleite des Kaisers
πρίγκιψ* princeps
πριμικήριος primicerius
πριμοσκρίνιος primiscrinus
πρόξιμος proximus
ῥέκτωρ rector
ῥεφερενδάριος referendarius
ῥήξ ῥῆγας (*) rex
ῥηγίνα regina
σακελλάριος sacellarius
σεκουνδικήριος secundicerius
σιλεντιάριος silentiarius
σκρίβας scriba
σκρίβων scribo
σκρινιάριος scriniarius
σουβαδιούβας subadjuva
ταβελλίων tabellio
ταβουλάριος tabularius
τερτιοκήριος tertiocerius
τριβοῦνος tribunus
χαρτουλάριος chartularius

ἀδμισσιών admissio
ἄκτον actum
αὐγουστιατικόν augustiaticum
δεκρέτον decretum
διρεκτίων directio
διστράλιον dextrale
ἤδικτον edictum

ἰοῦγον jugum, eine Art Taxe
κόμβεντος†.* conventus
κομεντιανός [?] ?
κομετάτος comitatus, des Kaisers [Hof
κορώνα * corona
κωμμέρκιον† commercium
κωνσιστώριον* consistorium
κώρτη cohors
λαργιτιών largitio
λαμία lamea
λιγατοῦρα ligatura
μίσσα missa, Entlassung
νιβενσιατόν [1]) *impensiatum
ὄρνα orna, Urne
ὀφφίκιον officium
ὀψίκιον(†) obsequium
πραιπενδούλιον praependulia
πραιτώριον praetorium
πριβάτα privatus, des Kaisers Besitz
προβατωρία probatorius
πρόκεσσος processus
σακέλλα sacella
σάκρα sacra
σένσος sessus
σηνάτον senatus
σιλέντιον silentium
σκηπίων scipio* σκήπτων
τριβουνάλιον tribunal
φακτίων factio
φίσκος‡ fiscus

1) Porpr. 389, 9. Vgl. Reiske, Porph. S. 370. Ich sehe nicht recht ein, wie die griech. Form entstanden ist. Oder sollte man eine Metathese des Nasalen annehmen, und dann (durch Lautsubstitution) eine Ersetzung des Verschlusslautes durch die entsprechende Spirans? Vielleicht ist aber das Wort gar nicht griechisch gewesen und als unbekannt deformiert.

ἀδωρεύω adorare
διριγεύω dirigere
δισιγνατεύω designare
μισσεύω* mittere (s. § 54)
τούμβικας tu vincas

21. Rechtspflege.

ἀκουμανδεύω commandare, in Verwahrung geben
ἀρβατικόν *herbaticum, das Recht auf das Gras od. das Recht das Vieh weiden zu lassen
ἀττιστάτωρ attestator, Zeuge
βαδιμόνιον vadimonium, Bürgerschaft Vericherung
βενεφίκιον beneficium, Schenkung Nutzniessung (?)
βελλιγιάνιος velleianum, das vellejanische Gesetz
βίνδεξ vindex
βρέβιον breve, Liste, Verzeichnis
γαρεντεύω garentare, aufpassen, beschützen
δεφενσίων defensio, Verteidigung
δεφένσωρ defensor, Verteidiger
(δηφενδεύω(*) defendere, verteidigen)
ἐκσκουσεύω excusare, rechtfertigen
ἐκσκουσάτος excusatus, frei von Steuern od. Verpflichtungen; ἐκσκουσεία Immunität, ἐγκούσιον ein von Steuern befreiendes Privileg
ἰνδουλγεντία indulgentia, Verzeihung Vergebung
ἰνσόλιδουμ in solidum (jur. Term.)
κιτατίων citatio, Vorladung
κιτεύω citare, vorladen
κῶδιξ*, † codex, Handschrift, Register, Gesetzbuch
ληγάτον legatum, Legat
λίβελλος libellus, Klageschrift Anklage Petition
λιβελλάριον libellarium
μουνδουάλδος mundualdus
(ὀπλικεύω obligare)
πατριμώνιον patrimonium, Erbstück, Eigentum (?)
πάτρων* patron patronus, Patron
πρικέπτιον praeceptum, Befehl Schriftstück
ρέος reus, der Verklagte
σιγίλλον* sigillum, Siegel, dann, Schriftstück
τιτλῶ titulare. konfiszieren
φάκτον factum, Tatsache

22. Militärwesen und Krieg.

Soldaten und Chargen.

ἀννωνάριος annonarius, Bezeichnung einer Art Soldaten
ἀρμάτος armatus, bewaffnet, bewaffneter Soldat
βαλιστάριος balistarius, agr. καταπελταστής
βιγλατόρος(‡) vigilator, Wächter
βουκελλάριος bucellarius, agr.

„βουκελλάριος γὰρ κατὰ Ῥωμαίων |διάλεκτον ὁ φύλαξ τοῦ ἄρτου καλεῖται“ Porph. II 27, 20

δικουρίων decurio, agr. „δέκαρχος“

δρακωνάριος draconarius, Fähnrich, der Träger des draco

καβαλλάριος* cavallarius, Reiter

καμπιδούκτωρ campiductor, Führer

κανδιδάτος candidatus, Offizier

καστρησιανός castresianus, eine Art Soldaten

[κένταρχος centum + ἄρχω, Zenturio „κεντυρίων“]

λαβουρήσιος [?] ?, der Träger der Standarte

λαγκιάριος lancearius, Lanzenträger

λιμιτάνεος limitaneus, Grenzsoldat

λωρικάτος loricatus, gepanzert

μαστρομίλης magister militum, „ἰστέον ὅτι μαστρομίλης ἑρμηνεύεται τῇ Ῥωμαίων διαλέκτῳ κατεπάνω τοῦ στρατοῦ“ Porph. II 121, 17

ματτιάριος mattiarius, Träger eines Wurfspiesses (matara)

μινσουράτωρ mensurator, Soldartenart

νουμεράριος numerarius, wer zum νούμερος angehört

ὀπτιμάτοι optimates, Soldatenregiment

ὀπτίων optio, Feldwebel

πρωτίκτωρ protector, Bezeichnung der Soldaten der Leibgarde

σινάτωρ senator, Bezeichnung von Soldaten

*σιγνιφέραι σιγνοφόρος signifer, Fahnenträger

σκουτάριος scutarius, Schildträger

ταξάτος taxatus, Soldat

τίρων tiro, Rekrut

φλαμμουράριος flammularius, Fahnenträger

Ausrüstung; Waffen.

ἄρμα, (plur.) ἄρματα(*) arma, Waffen, Rüstung

ἀρμαμέντον armamentum, die Waffen einer Armee

ἄστα hasta, Speer

*βαλίστρα(χειροβαλίστρα) balistra, agr. „καταπέλτης, πετροβόλος“

βάνδον bandum, Zeichen, Flagge, dann, Garnison

βῆλον velum Fahne

βήναβλον μεναύλιον venabulum, Jagdspeer, Speer

βούγλιν[1]) [?] (pugio), Dolch, Stilet

βούκινον* bucinum, Horn, Trompete

καισαρίκιον [?] ?, Helm

καμπιδικτώριον [?] ?, die Fahne des „campiductor“

κάσσις cassis, Helm

κόρνεον[2]) cornea (ital. corno), Horn

1) Malal. 493, 19, 21.
2) Zotik 432, sonst nirgends belegt.

κούκουρον cucurum, Köcher
λάβαρον λάβουρον labarum, Standarte [Lanze
*λαγκία λαγκίδιον lancea, (kleine)
*λωρίκη λωρίκιον lorica, Panzer,
ὀρνατάριον [?] ? [Kuirasse
ὄψις obses, Geisel, Leibbürge
πάκτον* pactum, Vertrag, dann, Tribut, Verpachtung
πραίδα praeda, Beute, dann, Plünderung
πραιδεύω praedari, plündern
σίγνον signum, Losung, Parole
τιρωνάτος tironatus, Rekrutenaushebung
φάβρικα fabrica, Arsenal
φοιδεράτος foederatus, Verbündeter

Lagerleben.

ἀπλικεύω (*) (castra) applicare, lagern, kampieren
βίγλα (*) vigilare, Wache, Wachturm; βιγλίζω wachen, beobachten
βραχιάλιον bracchiale, Schutzmauer
καστέλλον castellum, Festung Kastel
κάστρον (*) castrum, Festung Burg
κερκετεύω circitare, die Runde machen
κορτίνα cortina, Mittelwall
πανάτικον panaticum, Lebensmittel
ῥέντα [1]) [?] rheda, Wagen
σαγίττα* sagitta, Pfeil
σίγνον signum, Fahne
σκουτάριον scutarium, Schild
σκοῦτον scutum, Schild
τάργα targa, ital. targa (grosser hölzerner mit Leder bekleideter) Schild
φλάμμουλον (†) flammulum, Fahne

Einteilung und Abteilungen der Armee.

ἐκσπέδιτον ex pedite („qui fuit e numero peditum in militia"), Armee
ἐξέρκιτος exercitus, Armee Lager
κέρκετον [?] ?, Patrouille, Runde
λεγεών* legio, Legion [Soldaten
νούμερος numerus, Abteilung von
πεδατούρα pedatura } Bezeichnung
πεδιτούρα peditura } von Soldaten
πέδιτον peditatus, Infanterie
πραίσεντον praesens, Bezeichnung einer Soldatenabteilung
ταξατίων taxatio, Besatzung

---

1) Das Wort kommt in Troad. 529 als ῥέτα (ῥέτων), in der Bedeutung, „ἅρμα" vor; sonst, auch Troad. 500, stets als ῥέντα, oft verbunden mit τζούστρα, in der Bedeutung: Rennbahn, Zweikampf. Eine Erklärung des Dentalen, nach der im § 46 auseinandergelegten scheint mir nicht möglich. Sollte das Wort mit Meyer, Studien II als slavisch betrachtet werden?

Krieg und Frieden.

αννώνα annona, Lebensmittel, Proviantverteilung

ἀννωνεύω annonari

ἀρμαμέιτον armamentum, Arsenal

παπιλεών papilio, Zelt

πετζιμέντον impedimentum, Gepäck

σούδα (*) suda, Palissade, Graben

τέντα* tenta, Zelt

φόσσα fossa, Graben, Kanal

φοσσεύω fossare, mit einem Graben umringen

φοσσάτον (*) fossatum, Lager Armee

23. Marinewesen.

βάρκα* barca, Boot, Barke

βαρκέτα barketta, kleine Barke

κοῦρσος (*) cursus, Seeraub, Plünderung, Beute

κουρσάρος (*) *cursarius, it. corsaro, Seeräuber, Räuber

λίβερνον liburna, eine Art Schiff

σαβούρρα* saburra, Ballast

σκάλα (*) scala, Landungstreppe

ταρίδα ταρίτα ταρέτα tarida tarita tareta, Transportbarke, flaches Boot für Transporte ngr. „μαούνα"

V. Adjektiva.

24. Eigenschaften.

ἄσπρος* asper (rauh), weiss

αὐγουστάλιος augustalis

βαρβάτος* barbatus (bärtig), unverschnitten

βίσεκστος bisextus, zwölfjährig

βρέβος brevis, kurz

ἰλλούστριος illustris, vornehm (auch Titel)

κουμουλάτος cumulatus, ganz (?) [voll

*κοῦρβος curvus, krumm

λανός (lanius laneus), wollen

μετατωρίκιος vgl. metatoricium, der dem μητάτον angehörende

μετεάλιστος (metealis), mit Gold gestickt

[(μουρτάρης [?] merda, schmutzig)]

*πριβάτος privatus, privat

σουπερνούμερος super numerum, supernumerarius, überzählig

φαβλιστός[1])[?]fabulista, Schwätzer

25. Farben.

βένετος βενέτικος *venetus (it. veneto), bleu de Venise

βλέβιος blevius, blau (Trinch.)

γρίζος griseus, grau

ρούσσεος ρούσσιος russeus, rot

φάλβος falvus

---

1) Ptochol. I 31; vgl. Legrand, Ptochol. I S. 39.

VI. Fremde Sitten und Begriffe.

26. Titel und Würden.

βαρῶνος* baronus baro, Baron
βισκόμις viscomes } „vicarius
βεσκόμις (vescomtessa) } comitis"
βονσιγνῶρος bonsignorus, Herr
καβαλλάριος cavallarius, Ritter
καστελλάνος‡ castellanus, der Herr eines καστέλλον; in der Feudalhierarchie kommt er nach dem Baron
μαρκήσιος* marquesius, Marquis

27. Katholische Kirche.

κανόνικος canonicus, Kanonicus, franz. chanoine
καπίτουλον capitulum, Beirat des Bischofs
καρδινάλιος ‡, * cardinalis, Kardinal

28. Ethnika.

λατινικός lateinisch, fränkisch, italienisch
Μαῦρος Maurus Maure, dann, schwarz*
Φράγκος* der „Franke," der Europäer im Gegensatz zum Griechen und Orientalen

§ 73. Die Italienischen Elemente.

I. Die Natur.

1. Tierreich.

γάτα* gatta, Katze
γάτος* gatto, Kater
μποῦφος*⁚ bufo, Nachteule
παγόνι* pagone, Pfau
ˣσαρδέλα* τσερδέλα sardella, Sardelle
σκρόφα* scrofa, Sau
βούζγα buzzo (Magen + φούσκα), Kropf, Vogelmagen
ˣτσαμπί* zampa (Pfote), Weinbeeren mit dem Stengel

2. Pflanzenreich.

ἀδραγάντε adragante, Tragant Bocksdorn
γαρόφαλο‡, † garofolo garofano, Nelke
ἰντίβι † indivia, eine Art Lattich
καναβοῦρι* (canevo), Hanfsamen
κάμφορα* canfora, Kampher
κανέλα* canella, Zimmet
λιμόνι † limòn limone, Zitrone
νεράντζι* naranza, Pomeranze
ˣφράουλα* fragola, Erdbeere

3. Mineralreich.

ἀκουαβίτα‡ acquavite, Branntwein
ἀτσάλι* azzàl, Stahl
μπαλάσι balascio balasso, Balassrubin, blass, roter Rubin
μπροῦντζος* bronzo, Bronze
πέγουλα pegola (lat. picula), Pech
σαλμιτρίον salnitro, Salpeter, Nitrum
τρεμεντίνη† trementina, Terpentin

4. Die Erde.

βινέλα βινιάλιον vinella, mlat. vineale, vinearium, Weinberg
κάβος (*) cavo (genues.), Kap, Vorgebirge
πάντανον pantano, Teich
πλάνον mlat. planum, Acker oder Ebene (bei Trinch.)
πότζος[1]) potzo, Brunnen Zisterne
σέρα serra, Engpass Schutzmauer
φορέστα foresta, Wald

II. Der Mensch und seine Umgebung.

5. Verwandtschaft, Familie.

βάγια [?] balia, Amme
βάιος [?] balio, Erzieher
κουμπάρος* compare, Brautführer
μπάρμπας (*) barba, Onkel
νένα‡ nena, Amme, Begleiterin

6. Der Körper, Krankheiten.

μασέλα‡ mascella, Kiefer
μουνίν* monin (Katze), weibl. Geschlechtsteil
μούρη* muro, Fratze, Gesicht
μουσούδι‡ μούτσουνο* muso musone, Fratze, Gesicht
ˣμπράτσο* πράτσο braccio, Arm
τσερβέλα‡ cervello, Gehirn
φραντζιάζω‡ aus ˣφράντζα (vgl. malfrancese ˣμαλαφράντζα), an Syphilis leiden

7. Wohnung und Einrichtung.

ἀμπάρα μπάρα‡ barra, Riegel
ἀρμάδι armadio, Schrank
βαζίλον βατζίλιον mlat. vassella, Waschbecken
βατσέλι‡ vascello, Becken Trog
βαρέλι* (barrile), Fass
ˣκαρέκλα* καδέκλα carega cadrega Stuhl
κολόνα* colona colonna, Säule
λάντσα lanza (venez., Schaluppe), grosses Fass
λότζα loza logia loggia, überwölbte Galerie
ματαράτσον vgl. materasso, mlat. materacium, Matratze
μπάγκος banco, Sitz
μπαράκα‡ baracca, leichte Hütte Baracke

1) Porph. 463, 2.

παβγιόνι paviglione, Pavillon
σακκαδέλα [1]) [?] scodella (tiefer) Teller?
ταπέδο vgl. tappeto, Teppich
τουβάλια tovaglia (mlat. toubaillia), Tuch, Serviette
τσούκα τσουκάλι* zucca (urspr. „Kürbisgefäss"), ein Gefäss, Topf
φενέστρα fenestra, Fenster

8. Nahrung.

μπισκότο πισκούτιν biscotto, Zwieback
παστέλι* pastello, eine Süssigkeit
πίτα* pitta, Kuchen

9. Kleidung und Schmucksachen; Stoffe.

βελοῦδο* veludo, Sammet
βισταμέντο [2]) (vestimento), Anzug
γουνέλα gonnella, mlat. gunella, weiblicher Rock
ζιπόνι* τζιμπούνι* giubbone, Wams, Kamisol
ζούπα giubba, Unterkleid
καδένα* cadena, Kette
κάλτσα* calza, Strumpf
καλότια(ἡ?) [3]) callotta, Käpchen?
καλσούνι calzoni calzone, Beinkleid
καπερούνι capperone, franz. chaperon, Mütze
καπούτσιν cappucio, Mütze
κάππα cappa, Mantel, s. S. 121)
κολάινα vgl. colarina collaen, Halskette
κουτέλα [?] ?, Unterkleid (Trinch.)
λέντζουλος lenzuólo, mlat. lentiolum, Betttuch
μανικότι manicotto, Handwärmer Muff
μαντέλον mantello, Mantel
*μπερέτα περέτα berretta, Mütze Kappe
μπόλια voglia imbogio, Schleier
μπότα*. botte, Frauenschuh (?)
πελιτσούνι pellicione, Pelzmantel Pelzrock
σκούφια* scuffia, Mütze
στιβάλι* stivale, eine Art Schuhe
στρίτα (stretta, lat. stricta), Busenbinde (?)
τζάντζαλο (cencio cencerello), ein alter abgenutzter Mantel
τζηνδάτον zendado, seiden
τσαμιλότι ciambellotto × camellotto, Kamelot, Gewebe aus Kamelgarn
φατσόλο fazollo, Tuch
φουστάνι* fustagno, Weiberkleid

---

1) Moschol. 174.

2) Sachl. II 701. Bezüglich des ι könnte man an eine Angleichung an βιστιάριον, βιστάριον, βιστιαρίτης, πρωτοβιστιάρης denken.

3) Tragog. 324.

10. Sonstige Gegenstände des täglichen Lebens.

ἀλισίβα‡ lisciva, Lange
γιρλάντα‡ girlanda, Guirlande
κασέλα‡ cassella, Kiste
κουφέτο* confetto, kleines Zuckerwerk, Bonbon
λάμα* lama, Metallplatte
λίστα* lista, Liste
μπαλότα ballotta, Los
πένα* penna, Feder, Federhalter
πίρος pirolo, Stöpsel des Fasses
ροδέλα rodella, Rädchen
ρόκα* rocca, Spinnrocken
σκαρταμπέλο scartabello, Schmöcker, wertloses Buch
σπάγος† spago, Bindfaden Schnur
σπέτσα spezie, Gewürze Spezerei
ταμπάκος(*) tabacco, Tabak
τζόγια ⁚ gioja zogia, Kranz

11. Handlungen.

ἀβιζάρω‡ avvisare, benachrichtigen, melden, mitteilen
ἀφερμάρω affermare, mit Gewissheit angeben
ζάρω usare, von etwas Gebrauch machen
κοσταρίζω accostare, mit jem. Umgang haben, sich herandrängen
κουβερτώνω covertare, bedecken
κουράρω curare, besorgen
ˣντουρίζω δουρεύω durare, aushalten, ausdauern
πιπιλίζω* [?] pipilare, (pipen), saugen
πρεζενταρίζω -ομαι presentare, vorbringen, erscheinen
*πρεπαραρίζω ἀπρεπαραρίζω preparare, zubereiten herrichten
ροζονάρω ragionare, plaudern, argumentieren
σταλάρω stalarsi, sich aufhalten
στιμάρω stimare, schätzen
στραμπουλίζω *strambare × strangolare ˣστραγγουλίζω, sich den Arm oder den Fuss verdrehen
στραταρίζω stradarsi, sich auf den Weg machen
στρεπιτάρω strepitare, lärmen
τριομφάρω triumfare, triumphieren
τσαμπουνίζω * zampognare, [schwätzen
τσαντζαρίζω cianciare, schwätzen
φινίρω finire, enden

12. Abstrakte Begriffe.

ˣἀράδα* ἀράδι arada, Reihe
γαλανταρία‡ galanteria, Putz Zierlichkeit
γράτσια‡ grazia, Gefallen
δεσπέτο dispetto, Beleidigung, Beschimpfung
κοντραπέζον contrappezo, Gegengewicht
μέριτο merito, Verdienste
μόδος‡ modo, Art Weise, Mittel
νοβέλα novella, Geschehnis, Geschichte, Nachricht

ὄρντινας ordine, Reihe
πετσί* pezzo, Stück, dann, Grundstück, Haut
[ριζικό* [?] risico (*), Schicksal]
σαρμούνιν sermone, Predigt
στόρια storia, Geschichte, Erzählung
τραβάγια travaglia travaglio, Unruhe, Aufregung

III. Stadt; Soziales Leben.

13. Die Stadt.

κούντιτο condito, Wasserleitung
κοντράδα [1]) contrada, Stadtteil
πλάτσα (†) piazza, Platz

14. Soziales Leben; Handwerker; Instrumente.

ζούρα usura, Wucherei
ντράδα ‡ intrada, Einkunft, Einnahme
καβάτορας cavatore, Goldarbeiter
μανιγόρδος manigoldo, Gauner
μπουρδέλο † bordello, Bordell
νοδάρος nodaro, Notar
πόπολον popolo } Volk
πόπουλον populo } Volk
πουτάνα* puttana, Hure
πουτέκα puteca, Laden
ρουφιάνος* ruffiano, Kuppler
σκόλα scuola, Schule
στάμπα (†) stampa, Druckerei Druck
τραπέλο trapelo, Vorgespann
τρεζοριέρης tesoriere *tresoriere, (vgl. franz. trésorier, aspan. tresoro), Schatzmeister
τσάπα* zappa, Haue, Hacke

15. Baukunst.

καντούνι cantone, Ecke, Winkel
καντουνέρα cantoniera, Eckschrank, Kopfstein
μαδέρι ‡ avenez. madero, breites dickes Brett
πουνταρέλινον (punteruolo), Pfriem, Locheisen
τράβα trava, Balken
τράβατα (mlat. trabbata trabetus), [Balken
τραβέρσα ‡ traversa, Querbalken

---

1) Gynaek. 433. Ich vermute, es ist κοντράδα zu lesen, oder κοντράδα bzw. κουντράδα zu schreiben. Denn der Ausfall des Nasals wäre nicht dem im § 46 S. 75 geschilderten Vorgang ähnlich. Der ital. Lautkomplex *ntr* wird in allen mir bekannten Fällen beibehalten; vgl. ἰντράδα, κόντρα, κοντραπάντο, κουντραπέζον.

2) Die anlaut. Konsonantengruppen mit *l* sind nicht mlat. sondern avenez.; bezw. nordital., so auch μπλάβος, σκλόπος, φλουρί (s. u.).

16. Münzen, Maasse, Gewichte.

γρόσο(†) grosso, eine kleine Münze
καντάρι* cantaro, Gewichtmass
μουζούρι misura, Mass
ριάλες ργιάλι reale, Münze
τορνέσι tornese, Münze niederen Wertes
φλουρί (*) vgl. fiorino, mlat. floreus numus, Münze

17. Handelswesen.

κοντραπάντο (‡) contrabbando, Schmuggelei, Unterschleif
κοστίζω* costare, kosten
κουμβράρω comprare, kaufen, sich erkaufen

18. Dichtkunst, Tanz, Musik.

βέρσο verso, Vers
βιόλα† viola, Viola
ἰντερμέδιο‡ intermedio, Zwischenspiel
λαγοῦτο* λαβοῦτο* lauto, Musikinstrument
μορέσκα moresca, balletartiger Tanz mit Waffen
μορεσκάντο morescanto, die Moreska tanzend
μπίφαρο μπίφερο piffero, pifaro, pfeifenartiges Musikinstrument
ρίμα (*) rima, gereimter Vers
ριμάρω (*) rimare, gereimte Verse machen
σονάρε sonare (Infinitif), Musik
*τσαμπούνα zampogna, Hirtenflöte
τσαμπουνίζω‡ zampognare, mit der Flöte spielen

IV. Staatswesen.[1])

19. Regierung, Verwaltung.

ἀμπασαδόρος ambassadòr } Gesandter
ἀμπασιαδόρος ambasciadore } Gesandter
βιτσερές vicere, Vize-König
ἰγκουιζιτόρος inquisitore, Untersuchungsrichter
*καντσιλιέρης καντζιλάριος cancelliere, Kanzler
μπάιλος bailo, Statthalter
πλατζάριος (mlat. platearius), Steuereinnehmer
πρίντζιπας (*) principe, Prinz
σινισκάλκος siniscalco, Statthalter
φιτσιάλος officiale, Beamter
καντσελαρία cancellaria, Kanzlei
κονσέγιο consejo, Rat
κουμούνι commun, commune, Gemeinde
πλάτζα (mlat. plateaticum), ein Steuer
ρεάμε reame, Königreich
ρεγίστρο registro, Register
σανιτά sanita, Sanitätsbehörde
ροβολεύω rubellare ribellare, zum Aufstand treiben

1) Vgl. auch VII S. 141 f.

20. Rechtspflege.

ἀβογαδόρος avogadòr } Advokat
ἀβοκάτος avvocato }
ἀβοκαρίζω avvocare, das Amt eines Anwaltes ausüben
ντουάριν ντουράιο doario, das der Witwe ausgesetztes Leibgedinge
πριβιλέγιο πρεβελέντζι προβελέγκι privilejo privilegio, Privileg Vorrecht, Formular eines Privilegs
τέρμενο (*) termine, (Zahlungs-) Termin

21. Militärwesen; Kriegswesen.

Soldaten und Krieger.

γουβερναδοῦρος governatore, Gouverneur, Führer
μπαλεστρέρης balestriere, Armbrustschütze [Bombardier
*μπουμπαρδιέρης bombardiere,
σεργέντης sergente, Schildträger
σολδάτος soldato, Soldat
τρουμπέτας trombetta, Trompeter
τρουμπετάρης trombettiere, Trompeter

Waffen; Rüstung.

ἀρκομποῦζο (Phort.) arcobugio, Feuerrohr, Flinte
ἀρκομπουζέτο (Phort.)
ἀρτιλαρία artigliaria } Artillerie
ἀρτελαρία artelaria }
βερτόνι verettone, Wurfspeer
ἐλμέτο elmetto, Helm
ἔλμον elmo, Helm
κανόνι cannone, Kanone
κόκα cocca, Pfeil
κολουμπρινία (Phort.) colubrina, schweres Feldgeschütz
κουρτέλα cortela, (grosses) Messer Schwert
λάντσα lanza lancia, Lanze
μουρταρέτο mortaretto, kleiner Mörser
μπαζιλίσκος (Phort.) basilisco, lange Kanone schwersten Kalibers
μπάλα* (Phort.) palla, Kugel
μπαλέστρα balestra, Armbrust
μπαρμπούτα barbuta, Helm Sturmhaube
μπουμπάρδα bombarda, alte Wurfmaschine, Donnerbüchse
παντιέρα (*) bandiera, Fahne
πασαβόλα passavolante, Steinschleudermaschine
*πούλβερη μπούλπερη (Phort.) polvere, Pulver (für Gewehre)
πουνιάλο pugnale, Dolch
σερπεντίνα serpentina, Vierundzwanzigpfünder [wehr Flinte
σκλόπος σκλόπα schioppo, Ge-
σκουπέτο schiopetto, (kleine) Büchse
σκρόφα scrofa, Kriegsmaschine
στεντάρδος stendardo, Fahne
στόκος‡ stocco, Stossdegen
ταρκάσιον turcasso, franz. tarquois, Köcher

τορκίον (Phort.), τορκός (Phort.) torchio torcia, eine Art Gewehr

τραμποῦκο* trabocco, Donnerbüchse (steinschleudernde Maschine)

τρούμπα (Phort.) tromba, Donnerbüchse oder breite Mündung der Mörser für Steinkugeln

τρουμπέτα trombetta, Trompete

*τσελάδα τσελάδι celada, Helm

φαλκονέτον (Phort.) falconetto, kleines Geschütz, Feldschlange, Falkonet

φανταρία fantaria, Infanterie

φουρκάτα (Phort.) forcata (mlat. furcata), Kriegsmaschine

Lagerleben.

ἀσεντζίζω assegiare, umschliessen belagern

κάβα (Phort.) cava, Gruft Grube

καβαλέτο (Phort.) cavaletto, Bock Brückenbock

κασαμάτα (Phort.) casamatta, Kasematte, bombenfestes Gewölbe unter Festungsmauern

μπαστούνι* bastione, Bastion Bastei Bollwerk [Brustlehne

παραπέτο parapetto, Brustwehr

πατούχα pattuglia, Runde, Patrouille

ῥέπαρο *reparo (ital. riparo, mlat. reparum, franz. rempart), Damm Bollwerk

τρινσιέρα (Phort.) trinciera (franz. tranchée), Erdeinschnitt, Laufgraben

φορτέτσα fortezza, Bollwerk, Festung

Krieg und Frieden.

μπατάγια bataglia } Schlacht
πατάλια battaglia }

κογκίστα conquista, Eroberung

κοκιάζω [?] coccare, den Pfeil auflegen

*κουμπάνιος compagno, Geselle

κουριέρης corriere, (reitender) Bote

λιντζέρος lezier, leggiero, leicht, schön (stets vom Pferde)

πάσο passo, Engpass

πρεζοῦνος [?] (prigioniere), Gefangener

22. Seewesen.

ἀμεράγιος amiraglio, Admiral

ἀρμάδα (*) armada, Flotte

βισιρία (investire, anfallen) eine Art Galeere [schiff

γαλιότα galeotta, kleines Ruder-

γαλιότης galeotto, Galeerensklave Sträfling

καλαμίτα calamita, Magneteisen

καπετάνιος* capetanio } Kapitän
καπιτάνιος* capitano }

κόκα cocca (= ?), eine Art Schiff

μάντος manto (= ?) „caliorne“ (Legrand, Trivol. I) [barke

μαούνα* maona, grosse Transport-

μοῦτσος* mozzo, Schiffsjunge
*μπεργαντί περγαντί brigantino, Piratenschiff
μποίσουλας* bussola, Kompass
ποδότας pedot(t)o, Lotse (Wegweiser)
πόρτον (*) porto, Hafen
σοπρακόμις sopracomito, Galeerenkapitän
τεμόνι temone, τιμόνι* timone } Steuer
τράτα* trata, eine Art Fischernetz
τσάταρα zattera, Floss, schwimmendes Gerüst
τσούρμα ciurma, die gesammte Rudermannschaft einer Galeere
φουρτούνα* fortuna, Sturm, Seesturm

φούστα fusta, (tiefbordiges rasches) Piratenschiff

άρτσιπέλαγος archipelago, Inselmeer
βεντούρα[1]) ventura, Loos
βόλτα* volta, Umhergehen
λαργάρω(*) largare, sich entfernen
λεβάντες* levante, *Ostwind Osten
(*μπάγκος* πάγκος* banco, Ruderbank)
μπάντα‡ banda, Seite des Schiffes[2])
πενέζης penese, Schiemannsgast
πονέντες* ponente, Westwind, West
ποῦντος* punta, Gelände
τραμουντάνα* tramontana, Nordwind, Nord

V. Adjektiva.

23. Eigenschaften.

*γαλάντος‡ galante, geschmackvoll, geputzt, schön
*μεσκίνος μεσχίνος meschino, armselig, dürftig (s. § 75)
(μπαγάσα* bagascia, liederliches Weib, Hure)
μπάσταρδος* bastardo, bastard
νόβος novo nuovo, neu
πίος pio, pflichttreu, fromm

πρόπιος proprio, eigentümlich, besonders zugehörig
ρεφινάδος raffinato, ausgesucht, ausgewählt
σίγουρος sicuro, sicher; σίγουρον Adv. zweifellos
τζενεράλες generale, General-
φάλτσος‡ falso, falsch
φίνος* fino, dünn, gerieben, gewandt

1) Nur im Satze καπετάνο δὲ βεντούρα Trivol. I 223, capitano di ventura bevollmächtigter Schiffskapitän.

2) Trivol. I 150; wahrscheinlich aber bedeutet es allgemeiner „Seite“; μπάγκος wird ebenfalls heute allgemeiner gebraucht.

24. Farben.

κριμιζί ‡ [?] cremisi, Karmesinrot

μπλάβος blavo, blau

σκαρλάτος ‡ [1]) [?] scarlatto, scharlachrot

VI.

25. Adverbia; Interjektionen.

ἀγάλια* ἀγαλινά eguale uguale, (sanft), langsam

ἄρι [2]) arri hüt! he! Zuruf an die Zugtiere, um sie anzutreiben, [dann, aufreizender(?), vgl. § 52 S. 186] Zuruf

δέ ‡ ντέ ‡ ντ [3]) de, „de" von

μάλιο meglio + κάλλιο, eher

μορεσκάντο, s. S. 137

παρδίο perdio, beim Gott

πέρ per, gegen

ποῦρε πούρι pure, doch dennoch, ebenso

VII. Fremde Sitten und Begriffe.[4])

26. Titel und Würden.

κόντες ‡ κόντος κοῦντος conte, Graf

κοντέσα ‡ κουντέσα contessa, Gräfin

κοντάτο contado, Herzogtum

κοντόσταβλης κοντόσταβλος (contestabile), Hofmarschall

μαρκέζης ‡ μαρκέσης marchese, Marquis

μισέρ ‡ misser, Titel

μονσινιόρ [5]) monsigniore, Titel hochstehender Persönlichkeiten

μπαρουνία baronia, Baronentum

μπαροῦνος barone, Baron

ντούζης doge, der Doge von Venedig

προβεδούρης *provedore

ρέ re, König

σέρ [5]) σέρε [5]) ser sere, Herr

σινιόρ [5]) signiore, Herr

---

1) Die Etymologie ist unsicher. Ich begnüge mich hier zur Geschichte des Wortes auf Polites, Παροιμ. II 359 zu verweisen und die Nebenformen anzugeben, die ich gefunden habe, nämlich: σκαργελάτος Sachl. I 293, σκαρελέτος Chron. 2954.

2) Gynaek. 423, nach der Lesung von Hesseling, BZ 15 (1906) 506; näheres im Wörterbuch.

3) Nur im Zusammenhang mit romanischen oder griechisch-fränkischen Namen, so ντὲ Σέντ-Ὀμέρ, καπιτάνο δὲ βεντούρα, ὁ βιτσορέ ντ Ἀνάπολη.

4) Vgl. § 82 S. 154 d.

5) Bleibt undekliniert und geht dem Personennamen unmittelbar voran.

27. Rittertum.

γιόστρα τζόστρα ζόστρα giostra, Turnier, Lanzenrennen

καβαλιέρης cavaliere, Ritter

κουρτέσης κουρτέσα cortese, höflich, fein

μόστρα mostra, s. ρέντα, γιόστρα

παλαδίνος paladino, tapferer Held, ritterlicher Kämpfer

σκουδέρης scudiere, Schildknappe, Diener

φέδον†* feudo, lat. feudum, Lehen, Lehngut

φραγκίδα franchigia, Freiheit, Privileg

28. Katholische Kirche.

γρανμαΐστρος grammaestro, Grossmeister (eines Ordens)

ινφέρνο inferno, Hölle Unterwelt

καπελάνος cappellano, Kaplan

πουργατόριον* purgatorio, Purgatorium

πριόρης πριούρης priore, Prior, Vorsteher eines Klosters, der nächste nach dem Abt

προβέντα prebenda, Lebensunterhalt, welcher hauptsächlich Mönchen erteilt wurde

φρά fra, Bezeichnung der katholischen Ordensbrüder

φράρος φράρης fraro (venez.), Mönch, Klosterbruder

29. Ethnika.

ἀλεμάνικος (allemano) deutsch

Γραῖκος Graeco, Grieche

σαλερινός (Salerno), salernisch

Σπανιόλος Ἱσπανιόλος, σπάνικος σπανιέλικος spagnuolo, mlat. *hispaniolus, Spanier, spanisch

§ 74. Die französischen Elemente.

I. Der Mensch.

1. Körper; Wohnung.

ἄντζα* anche (Rohr) od. hanche (Hüfte), ital. anca (Hüfte, Schenkel), Wade

τσάμπρα chambre, Zimmer

2. Verschiedenes.

ἀμαντίζω amender, entschädigen, verzeihen (?)

γαρνίζω garnir, schmücken

γεβεντίζω* (juibet, Galgen) entehren, verhöhnen

δομενή [1]) [?] domaine, Grundstück (?)

σκιβουρία (eschiverie), Verachtung, Hohn

τερτσέρι tiercier, Drittel

1) Phlor. 69.

II. Staatswesen.

3. Regierung, Verwaltung, Rechtspflege.

ἀβιέρ avoeor avoeur, ἀβουέρης avoueur, ἀβουές [?] avoué (nur(?) Verteidiger), Vertreter, Bevollmächtiger

ἀβοερία avouerie, Vormundschaft

κλέρης clerc, Sekretär

κομεσιὺν commission („execution, accomplissement"), (geschriebener) Befehl

σέντζιο siège, Sitz

4. Militärwesen; Kriegswesen.

γαρνιζοὺν garnison, Besetzung, Garnison

γαρνίζω garnir, besitzen

κιβιτάνος apikard. kievetaine, Kommandeur eines Platzes

κογκονέστα conqueste, Eroberung

κογκ(ου)εστίζω conquester, erobern

κογκ(ου)ιστίζω conquister, ital. conquistare, erobern

μποῦρκος bourg, Burg

παλαφρέ palafrois, Reitpferd, Prunkpferd

πασάντζο passage, Überfahrt

ταρκάσιον tarcois tarcat, ital. turcasso carcasso, Köcher

τρέβα trêve, Waffenstillstand

τριμπουτσέτο τρεμπουζέτο trébuchet, Donnerbüchse, steinschleudernde Kriegsmaschine

5. Seewesen.

ἀμιράλης amiral, Admiral

III. Fremde Sitten und Begriffe.

6. Titel und Würden.

κομεντούρης comendour, der „Kommandant" der Tempelherren

μαντάμα‡[1]) madame, Frau

μπαρούς baron, Baron

ντάμα‡ dame, Frau

ρόε ρόι [2]) roi, König

ροΐνα roine, Königin

---

1) Zweifellos ist *μαντάμα* Chron. französisch und nicht ital. Das heutige *μαντάμα* ist wahrscheinlich neuentlehnt, ebenfalls aus dem Franz. Vgl. dazu Psichari, Effendi S. 403 f. Der ebenda vertretenen Ansicht, dass *μαντάμα* aus *madame* (für *μαντά*) ein Buchwort sein muss, scheint die Form des Chron. zu widersprechen, obwohl uns dort auch analoge (nicht aber ganz ähnliche) Umformungen in *μπαρούς, κομεσιού, κουμού, παρλαμά* entgegenzutreten scheinen; vgl. S. 3 Anm. Aus den mir bekannten Fällen möchte ich eher schliessen, dass eine doppelte Behandlung möglich ist.

2) Nur mit nachfolgendem Personennamen.

7. Rittertum und Feudalwesen.

λιζία (λιζίκι) liegei „service d' homme lige", Vasallentum

λίζιος lige, Vassal

ὀμάτζι hommage, Obergewalt

ὀμάντζια (hommagier Adj.)

παλιάτζον baillage, das Amt des Statthalters

παραοφρίζω paroffrir, vor den Hof bringen

παρλαμάν parlement, Versammlung

πρεζαντίζω presenter, πρεζεντίζω nordfr. presenter } vorbringen, erscheinen

πρίτζης prince, Prinz

ρεβεστίζω revestir, mit Macht bekleiden

φίε fief, Lehngut

8. Katholische Kirche.

κλέρης clerc, Priester

παρτούν† ⁚ pardon, Begnadigung, Ablass (gelegentl. d. Jubiläums im J. 1300)

φρέρης‡ φρέ frère, Mönch, Klosterbruder

φρεμινούριος frère minour, Minoriter

§ 75. Die Balkanromanischen Elemente.

1. Walachisch.

βίτσα* [?] viță, mlat. vitis, vitea, Rute, Gerte

παπαρούνα* [?] paparuna, ital. *papaverone, Mohnblume

βλάχικος* walachisch, dann, bäuerlich

κατσίβελος cacivel, Zigeuner

2. Rumänisch.

κάρανος

κουκουβάγια [?] kukveane, Eule

σκαράνικος

§ 76. Die Spanischen Wörter.

παλάβρα (παλαβός*) jüdisch-span. palavra, Verrücktheit, Dummheit

Καταλάνος, Κατελάνος Katalanier

§ 77. Romanische Wörter nicht näher bestimmbarer Herkunft.

βαβούρα bab-, bav-, Lärm, Getöse (vieler Leute)

βουβός* bob-, stumm

*βρούτσα‡ *βούρτσα *broz-, Bürste

γρινιάζω* grin- (die Zähne fletschen), murren, sich beklagen

κανάτα* can-, irdenes Gefäss
κλαπώνω klap-, fesseln; *κλάπος Fussfessel
κλοτσῶ* (κλοτσιά, κλέτσος) (ital. calce, calza), einen Fusstritt geben
μακάς > (?) μαγκούριν [?] mak- (afranz. maque), Instrument zum Fesseln, dann (?), *Stab
μασσίον [1]) (afranz. masse), Stab, Keule (?)
ματζόω [2]) zu ματσούκα?
ματσούκα* (mlat. *matea, mateola, maxuca), dicker Stock
τέρνον Ausdruck des Würfelspieles
τσέργα *serga, Decke

§ 78. Die orientalisch-türkischen Elemente.

Vorbemerkung. Da ich auf diesem Gebiete völlig fremd bin und meistens bloss relata refero, kann ich nicht für die Richtigkeit der gegebenen Etymologien und die Genauigkeit der gelegentlich gegebenen Formen bürgen. Letztere stammen meistens aus den Angaben von Meyer, Türk. Stud., Miklosich, Türk. Elem., Reiske Porph., Soph. Oft stellen sie wohl nicht das Stammwort des griech. Lehnwortes, sondern bloss eine ihm verwandte Form dar.

I. Die Natur.

1. Tierreich.

γά(ι)δαρος* γαδούρι† orient., Esel
ζαγάρι* [?] arab. sakar, türk. zagar, Windhund
κάργα türk. karga, Häher
λέσι türk. lesch, Aas, Luder
φάρα φαρίον [?] arab. faras, Pferd

2. Pflanzenreich.

*ἀλόη arab., Aloe
ἄμπαρ ἄβαρ arab. anbar, ein Duftstoff
[βάμβαξ [?] türk. pambuk, Baumwolle, Watte]
γιασιμί* arab. jâsmin, Jasmin
ζιγγίβερ τζίντζιβρο arab., Ingwer
κοντζάς türk. qonja, Knospe
κόστος[3]) orient., wohlriech. Pflanze
ματζάνα μελτζάνα* indisch-pers., bhardâki, badivdjan, franz. aubergine
πιστάκιν† pers. pistah, Pistazie, Pimpernuss
ρετσίνα* türk., Harz

3. Mineralreich.

σουλιμάς türk. sül(ü)men [Quecksilberpräparat (?)], Quecksilber
τόπαζος† orient., (aus [?] Τόπαζος, Insel im Roten Meer, Topas

1) Porph. 352, 11.
2) Theoph. 280, 16.
3) Vgl. Theoph. 278, 23.

4. Erde und Himmel.

δάγος türk. dagh, Berg

×*μάζα*⁑ hebr. mazzal, Glückstern, Planet, Schicksal; *κακομάζαλος* unglücklich

II. Der Mensch und seine Umegbung.

5. Allgemeines.

σόι (*)[1]) [?] türk., Stamm, Rasse, Geschlecht

6. Wohnung und Nahrung.

μαστραπάς ‡ t., meschrebe, Becher

ὀντάς ‡ türk. oda, Zimmer

7. Kleidung.

ἀβδίον arab. abat, ein Kleid

ἀδήμιον arab. adîm, ein Leder

ἀμπάς ‡ arab.-türk. ʿabâi, wollener Stoff, Decke

[(*βαγδάτιον* Kleid, das in Bagdad verfertigt wurde oder dessen Stoff daher stammte)]

βορκάδιον [?] arab., Decke, Pferdedecke

[(*γάζα* Kleid oder Stoff aus Gaza)]

διβητήσιον [?] orient., Kleid des Kaisers und der Edlen

διvίσιον [?] seidener Stoff aus Termis (Aegypten) oder Tenah (Indien)

καβάδιν ‡ [?] pers., eine Art Weste

καμουχάς türk., Stoff oder Kleid aus Atlas

μαχλάμιν saraz.-arab., eine Art Tuch oder Kleid

*παπούτσι** türk. paputsch, pers. papotsch, Schuh

×*πασμαγάδιον* arab., Beinharnisch

σαρίκι ‡ türk., orientalische Kopfbedeckung

σενδές pers., *τὸ χρυσοΰφαντον σενδές βασιλικόν φλάμμουλον* Porph. 576, 20

σκαραμάγγιον pers., Soldatenkleid

τερλίκι türk., Veste

τζιτζάκιον [?] chazar., Kleidungsstück

τόγα orient., Tiare

×*τουρμπάνι* ‡ *τουλπάνι*⁑ türk., Turban

τούφα orient., Tiare

τσαγκίον pers.-syrisch, eine Art Stiefel

φαρατζίκιν türk. ferāje, Oberkleid, Mantel

χαρέριον pers., seidenes Gewand

χαρζάνιον [?] arabisch charzon, Schmuck des Frauenkopfes

χάσδιον [?] orient., ein wertvoller Stoff

χιώμα [?] arab., wertvolle Bedekkung des Pferdes des Kaisers

---

1) Tragog. 353 ⟨*σόι*⟩; so vermutlich statt dem sinnlosen *γόι*.

8. Das tägliche Leben; Verschiedenes.

βεδούριον [?] arab., Schlauch
γάλαιον [?] arab., ein Parfüm
ζατρίκιον*̮ [?] persisch sachrats, Schach, Schachbrett
καρβάνιον† türk. karvan, Karavan
κιόσκι * türk., Kiosk, Pavillon
πεσκέσιον ‡ türk., Geschenk
σόκος [?] orient., Schlinge
τζεργά türk., türkisches Bad
τζόκος pers. tschakudzh, eine Art Kammer
τζουκανιστήριον pers. tschu-qan, der Platz wo man ein „golf" ähnliches Spiel spielt
χαζνάς (*̮) türk.-pers., Schatz

III. Das soziale Leben.

9. Handwerke oder Professionen.

δραγουμάνος (*) türk.-arab., Dragoman
ζαράβης arab., „ὡρολόγος"
μποστατζίμπασης türk., der erste Gärtner
σαράφης (*) arab. - türk., Geldwechsler

10. Die Griechische Kirche.

ἀββάς (*) syrisch abba (Vater), Mönch
βατάν [?] orient., Kirchentribüne, „ἄμβων"
Πάσχα * hebr., Oster; πασχάλιον* Ostertafel, ἀντίπασχα die Woche nach Ostern
σατανάς * hebr., Satan; σατανικός

11. Verschiedenes.

ἰμαράτιον türk. imarat } Armenhaus
ἰμεράτι türk. imaret } Armenhaus
κονάκιον (*) türk., Wohnung, Quartier
παζάρι * pers. bazar, türk. pazar, Markt
σουργούνης türk., Kolonist, Ansiedler
τιμάριον ‡, *̮ türk., Lehensgut

IV. Staatswesen.

12. Verwaltung, Regierung.

σούμπασης türk. „ἑκατόνταρχος"
χαράτσι * türk., eine türk. Steuer

13. Seewesen.

καλαφατίζω * arab. kalafa, kalfatern

14. Militärwesen; Kriegswesen.

γεντέκι türk., Hülfstruppe
γουλάς[1]) türk., Turm, Burg, Zitadelle
ζάβα [?] orient., Panzer
μετερίζι (*) türk., Bollwerk, Schutzwehr
λουφές (*) türk., Soldatensold
σεφέρι (*) türk., Reise, Feldzug

V. Adjektiva und Interjektionen.

15. Eigenschaften.

καμπούρης* türk., bucklig
μισκίνης‡ türk.-arab. müskîn, schwach, armselig

16. Interjektionen.

αβάλα [?] semit., weh
αϊλί† [?] türk., weh
βάι türk., weh

VI. Fremde Sitten und Begriffe.

17. Titel und Würden.

ἀγάς türk. (Herr), Titel
ἀμερμουμνής arab., Fürst der Gläubigen, Bezeichnung des arab. Kalifen
ἀμιράς arab., Führer
ἀρσάκης pers.; Name des Stifters des Arsakidenreiches; s. § 53
βιζίρης‡ türk., Vizir
βοϊβόντας slav.-türk., Fürst oder Führer der Slaven oder Türken
γιάμπασης türk. } Titel
γυλάς türk. } Titel
καρχάς türk. } Titel
*μπέης*πέχ türk. } Titel
σάχ† pers. Schah
χαγάνος* [?]?, slav. hagan der Fürst der Chazaren (Türken, Avaren usw.)
χάνης türk., slav. han Fürst, Herr

18. Regierung, Verwaltung, Rechtspflege.

Hierzu gehören die türk. Lehnwörter: ἐμίνης, καδής κατής [arab. (?)], κεχαγιάς, νισαντζής, ὀτάμπασης, οὐλάκης, σαντζάκμπασης, τεφτερτάριος, τζάκμπεης, χαζναρτάμπασης.

---

1) Nach der freundlichen Mitteilung des Herrn Dr. Buturas kommen schon im Türk. die Formen kule, kula vor. In diesem Fall hat keine Verdunkelung im Griech. stattgefunden (zu § 2 S. 8).

19. Militärwesen; Kriegswesen.

Hierzu gehören die türk. Lehnwörter: ἀζάπης Infanterist, ἀκιντζῆς leichter Kavallerist, βαρσαμανάτης (pers.) persischer Offizier, γενίτσαρος* Janitschar, γιαρίκι [türk. (?)] Wurfspies der Turkomanen, *μπεγλέρμπεης Feldmarschall, σαντζάκι Fahne, σίσης „officialis exercitus“, σπαχῆς auserlesener Reiter, χαρμαντάς.

20. Fremde Religion.

μασγίδιον arab., Moschee

ντερβίσης* türk., Derwisch

σεΐτης [?] pers., ein heiliger Name bei den Persern

τεκές türk., persiches Kloster

χότζας* türk., (kirchlicher) Lehrer bei den Türken

21. Ethnika.

ἀράβικος† arabisch; Ἀράπης(*) Araber, dann, schwarz

ἀρμένικος* armenisch

[(βαρνιώτικος Wein aus Varna)]

σαρακηνικός sarazenisch

τουρκικός* türkisch

VII. Anhang.

Aus eingebürgerten Personennamen stammen folgende Wörter: ἰωσηφιακός, λαζαρώνω, μανουλάτον, παξαμάδιν†, πιλατήριον.

§ 79. Die Germanischen Elemente.

γρίβας† [?] *greva, grauweisses Pferd

γοτθικός* gotisch

§ 80. Die slavischen Elemente.

I. Die Natur.

1. Tierreich.

κουνάδι aslav., slav., serb. usw. kuna, Marder

κουνέλι Kaninchen

πέστροφα Lachs, Forelle

ρίσος asl. rysĭ, slav., serv. puc, Luchs, Panther

*στρούνα (στρουντζιά [1]) Haar aus dem Schwanze eines Pferdes

2. Pflanzenreich.

φλάψονο [2]) [?] ?

1) Tragog. 466 στὰ μάτια μοῦντζες καὶ στρουντζές; zu στρούνα vgl. Meyer, Studien II S. 60.

2) Pent. L. 23, 14 „épis vert“ (Hesseling).

3. Die Erde.

*βάλτος** illyr. *baltom, slav. blato, Sumpf

**δράγα* asl. draga, Tal; *δραγάτης* Gärtner, Weinhüter

λόγκος (*) [?]?, Wald, Dickicht

παγαναία serb. pogońa (Wald), Ort wo man jagt

II. Der Mensch und seine Umgebung.

4. Allgemeines.

βαβά ‡, † aslav., bulg. baba, Grossmutter (?)

5. Der Körper.

κότσι (*) aslav. kostĭca (Knöchelchen), Knöchel am Fusse

6. Die Kleidung.

*γούνα** slav. guna, Pelz, dann, Kleid mit Pelz

*ροῦχο** aslav. rucho, bulg.-serb. rycho, Stoff, Kleid

[*ρωσθέλιον* besondere Faltung des Kleides des Kaisers]

7. Verschiedenes.

**δούγα* (*σκαφοδούγα*), slav. duga, Daube

ζάξ [?] aslav. Ecke

κλίτσα slav. ključĭ, bulg. kličŭ, Stab

λέσα slav.-bulg. lěsa, serb. lesa, (Flechtwerk), Taue

μουδουβίνα [?] slav., Honigwasser

**στοῦμπον*‡ aslav. stąpa, Mörser

ζάκανον akslav, zakonŭ, Sitte, Gewohnheit

**σβερνίς* (*) zu [?] slav. **σβάρνα* [1])

χουγιάζω slav. hujati, schreien [2])

III. Das gesellschaftliche Leben.

ζουπάνος slav. župan, Fürst oder Oberhaupt der Slaven

κούρβα aslav. kurva, Hure

κουρβιάρης Hurenbock

1) Digen. I 4, 239 *τὸ σελλοχάλινον πλεχτὸν μετὰ χρυσῶν σβερνίδων*. Phonetische Schwierigkeiten liegen zu dieser Ableitung nicht vor, und man darf annehmen, dass die äussere Ähnlichkeit zu dieser Bezeichnung des Sattelschmuckes Anlass gab.

2) Trivol. I 163. Man durfte vielleicht in Zusammenhang bringen *αἰγούγια* Erotokr. 151 (*αἰγούγια του σ' ἔτοιες δουλειές, ὅποιος κι ἂν κακοπέσῃ*), wenn das Wort nicht eine onomatopoëtische Bildung sein sollte; vgl. **χαχαχούχα*‡ eine ziemlich häufige Interjektion, die von einer Handbewegung begleitet wird.

IV. Eigenschaftswörter.

9. Eigenschaften.

γαρασδοειδής (gelehrt) akslav., gorazdŭ, verschmitzt aussehend, schlau

10. Farben.

μουντός akslav. mątinu, braun dunkel

μπάλιος slav. oder alb., s. § 81

V. Fremde Begriffe.

11. Titel.

βοεάνος βοάνος slav. boian, Führer der Avaren

βολιάς βοϊλάς slav., Bezeichnung der bulg. Fürsten

κράλης bulg. kral., serb. krail., Benennung des Königs von Serbien oder Ungarn

κραλίτσα bulg. Kralicŭ, serb. kraljica, die Gemahlin des κράλης

12. Ethnika.

Βούργαρος*, † Bulgare, βουλγαρικός* bulgarisch, οὐννικός hunnisch,

Σλαβηνός Σκλαβησιανός Slave, (σκλάβος* Knecht)

ρωσιστί* russisch

§ 81. Die albanesischen Elemente.

βάλτος*, s. § 78, A.

κατσίκα* [1]) kats kets, Ziege

κοπέλα* (κοπέλι) kopil'e Mädchen

λουλούδι* l'ul'ε, Blume

μπάλιος vgl. alb. bal'oš, bal'aš, baló, bunt oder schwarz mit weissem Gesicht

---

1) Das Wort muss sehr früh entlehnt worden sein, da schon bei Kamat 940, 959 das Abg. κατσικάς und zwar übertr. gebraucht wird (s. S. 93).

§ 82. Rückblick auf das Entlehnungsgebiet.

Es ist meine Absicht eine kurze Übersicht der mgr. Lehnwörter hinsichtlich ihres Kulturcharakters und einen Vergleich zwischen ihnen auf Grund ihrer jeweiligen Abstammung zu geben; denn mit Rücksicht auf die Ausdehnung und den Rahmen dieser Untersuchungen muss ich verzichten, auf eine erschöpfende Erforschung dieses Themas hier einzugehen.

A. Die erste Frage, die gleich bei der Betrachtung dieser mannigfachen Wörter aufgeworfen werden muss, ist die nach der zeitlichen und räumlichen Ausdehnung ihrer Entlehnung. Es fragt sich nämlich, ob und inwiefern alle diese Wörter einen integrierenden Bestandteil des allgemeinen Sprachschatzes (wenigstens für einige Zeit) gebildet haben, einem Teil der mgr. Sprache angehört haben oder bloss persönliche Verhältnisse bestimmter Schriftsteller wiederspiegeln. Eine scharfe Abgrenzung der Entlehnungen nach Ort und Zeit ist bei unseren heutigen Kenntnissen nicht möglich. Im allgemeinen können zwei wichtige Faktoren herbeigezogen werden. Das Fortleben eines Lehnwortes in den heutigen Dialekten (s. u.) und sein Vorkommen in dem Wortschatze der Sprachen benachbarter Völker.[1] Im besonderen sind für unsere Frage folgende Gesichtspunkte zu berücksichtigen:

a. Bei einigen Werken, besonders der Übersetzungsliteratur, muss man mit der Wahrscheinlichkeit rechnen, dass einige von den darin vorkommenden Fremdwörtern *ἅπαξ λεγόμενα* und selbst engeren Kreisen fremd gewesen sein müssen, geschweige denn, dass sie je volkstümlich ge-

1) Vgl. dazu die schöne Abhandlung von Thumb, Die griechischen Lehnwörter im Armenischen B Z 9 (1900) 388—452. Auch bei Romansky, Lehnw. Bulg. findet man viele lateinische Wörter, die über das Griechische in das Bulgarische kamen. Zu einigen lat.-griech. Ausdrücken in den slav. Glossaren vgl. Psichari, Études S. 54 Einl.; zu einigen lat.-griech. Lehnw. im Türk. vgl. Psichari, l. c. S. 74 ff. Einl. und Meyer. Türk. Stud.

wesen sind. Diesen Anschein erwecken z. B. einige romanische Wörter bei Phort.[1]) und Troad.[2]).

b. Aber auch in Werken, die örtlich verwandt sind, z. B. in den auf Kreta, auf Rhodus verfassten, in den südit. Urkunden bei Trinch., findet man Wörter, denen unbedingt eine lokale oder auch zeitlich begrenzte Geltung zugeschrieben werden muss, obwohl ich bei der Sammlung meines Materials von vornherein solche Werke ausgeschieden habe, die ein stark koloriertes dialektisches Gepräge aufweisen, wie z. B. die Assisen und Chroniken von Kypros. Dieser Umstand ändert jedoch nichts an der Wichtigkeit der betreffenden Wörter für die Kulturgeschichte.

c. Eine Kategorie für sich bilden solche Wörter, die zum Ausdruck von Begriffen, welche später verschwanden, eine Zeit lang gebraucht worden sind. Neue politische und kulturelle Verhältnisse brachten schnell die entsprechenden Wörter in Vergessenheit. Von den circa 230 lat. Lehnwörtern meiner Sammlung, die sich auf das byzantinische Staatswesen beziehen, sind heute nur spärliche Reste übrig geblieben, und zwar als a) Bezeichnungen von Amt- und Würdenträgern der griechisch-orthodoxen Kirche[3]) (s. § 55, § 71, S. 116,6). b) halbgelehrte, oft neuentlehnte Bezeichnungen (s. § 71, S. 116,5). c) Familiennamen, z. B. *κομεντούρης* : *Κουμουντοῦρος*, *Πατρίκιος, Σακελλάριος, Φλαμπουριάρης, Χαρτουλάρης*. Ebenso verschwunden sind manche Bezeichnungen von Waffen, Münzen,

---

1) Im § 72, Abschnitt 22 sind die nur bei Phort. belegten Stichwörter eigens gekennzeichnet. Ebenfalls nur bei Phort. fand ich (lat.) *στάγκος, σαλμιτρίον* usw. Der Akzent auf der Paenultima ist, wie auch öfters bei Phort., gelehrt. Vgl. noch S. 145 Anm.

2) *γαρνίζω* kommt zweimal vor und bedeutet einmal „besetzen“ und einmal „schmücken“; daneben findet man es zweimal im Chron. = „mit einer Besatzung versehen“.

3) Z. B. *βεστιάριος δομέστικος καστρήσιος νοτάριος, ὀφφικιάλιος, ὀφφίκιον, πριμικήριος,* [**πρωτοσύγκελλος*] *ρεφερενδάριος* usw.; vgl. Triantaphyllidès. Lexique de Théophile et des Novelles, in Psichari, Études S. 276.

Gewichten, Massen, Kleidungsstücken usw. unter den lat., ital. und orient. Lehnwörtern.

d. Eine andere Gruppe bilden solche Fremdwörter, die zur Bezeichnung von Begriffen gedient haben, die fremd waren und geblieben sind. Ich habe diese, obwohl auch hier nicht immer eine scharfe Scheidung möglich war, in besonderen Abschnitten berücksichtigt.[1]) Fremdwörter, die Begriffe des Rittertums, der römisch-katholischen Kirche, der türkischen Verwaltung oder orientalische Potentaten bezeichnen, dürfen wohl nicht mit den übrigen auf gleiche Stufe gestellt werden. Etwas anderes ist es freilich, wenn dieselben Worte auf griech. Verhältnisse übertragen werden;[2]) weil aber einmal das Wort *διαρίχια* z. B. für die Bewaffnung der türkischen Soldaten gebraucht wurde, durfte es deswegen nicht ohne weiteres den übrigen Lehnwörtern zugerechnet werden.

e. Dem gegenüber ist noch eine Wortsippe zu erwähnen. Es gibt nämlich Wörter, deren Aufnahme nur bei einer starken Sprachmischung stattfindet, und zwar vermutlich durch Leute, denen die gebende Sprache neben ihrer eigenen ungefähr ebenso geläufig ist. Die Begriffe, die durch sie ausgedrückt werden, sind, wenigstens am Anfang, ganz identisch mit den von der einheimischen Sprache ausgedrückten — um diese wenigstens handelt es sich hier — und man kann ihre Einführung kaum anderen Ursachen zuschreiben als einer Bequemlichkeit, die wohl psychologisch (durch die enge Verbindung, die die Begriffe bei denen, welche sie einführen, mit den fremden Ausdrücken bekommen haben) zu erklären, bei Sprachgenossen aber, die unter gewöhnlichen Verhältnissen

1) S. § 72, VI; § 73, VII; § 74, IV; § 78, VI; § 79, V.

2) Einen interessanten Fall haben wir bei *λίζιος*, s. § 57. Zu bemerken ist auch, dass manches Lehnwort, das im Mgr. zur Bezeichnung von griechisch gewordenen Begriffen gebraucht wurde, im Ngr. zur Wiedergabe fremder Begriffe wiedereingeführt worden ist (z. B. *δούξ*, *κόμις* usw.).

ihre Sprache gebrauchen, undenkbar wäre. Diese Wörter werden, so zu sagen, der Muttersprache aufgezwungen; sie können nicht leicht tiefe Wurzeln fassen, indem sie die gleichbedeutenden einheimischen Wörter ersetzen oder sich neben ihnen in der Bedeutung differenzieren. Und wenn die äusseren Verhältnisse, die ihre Einführung bewirkten, nicht allgemein und nicht von einer gewissen Dauer sind, dann müssen sie bald aus der Sprache verschwinden; dazu wird ihnen ein aufwachsendes kräftiges und gesundes Nationalgefühl und die damit verbundene zielbewusste und liebevolle Pflege der Muttersprache verhelfen. [1])

Nach diesem Gesichtspunkt geprüft ist das lateinische Element in meinem Material wenig vertreten. Kaum ein paar Wörter bei Porph. können als Beispiel für diesen Fall angeführt werden. Und es war nicht anders zu erwarten. Denn die Werke der Vulgärliteratur haben ihrer Entstehungszeit nach die Periode der akuten lateinischen Einwirkung weit hinter sich, und können uns infolgedessen nur solche Lehnwörter aufweisen, die mehr oder weniger volkstümlich geworden sind, und, ob allgemein oder dialektisch gebraucht, sich in der griech. Sprache wirklich Bürgerrecht erworben haben. Man wird in der Tat kaum darunter solche finden, die nicht heute noch in irgend einem Teil Griechenlands und unter irgend einer Form, Bedeutung oder Weiterbildung

---

1) Solche Wörter meint wohl Grimm J. u. W., Deutsches Wörterbuch, Bd. I, Leipzig 1854, S. 27 Einl.: „Eine Menge Wörter, deren Gebrauch unter uns überhand genommen hat oder gestattet wurde, ohne dass sie für eingetretene in unsere Sprache gelten können. Sie haben wohl versucht sich einzunisten ... doch ist ihnen ungelungen sich anzubauen. Ihr Aufenthalt scheint in vielen Fällen ein vorübergehender ... Solche fremde Ausdrücke kommen uns zwar täglich in den Mund, gehen aber die deutsche Rede nichts an ..."

Solche Wörter kann man auch im Ngr. finden, teils französischer, teils gelehrter Herkunft. Eine Parallele zwischen letzteren und den deutschen Fremdwörtern findet man bei Triantaphyllides, *Ξενηλασία* I S. 347.

fortleben (s. u.). In vielen Fällen haben sie sogar eine Fruchtbarkeit gezeigt, die sie in der Muttersprache nicht gekannt hatten.

Die Wörter, von denen hier die Rede ist, müssen wir in Werken suchen, die zu einer Zeit intensiver fremder Einwirkungen abgefasst worden sind, und in denen jener geschilderte schillernde Zustand der Sprache, wie durch eine Momentaufnahme abgedruckt und krystallisiert worden ist. Ein interessantes Beispiel dafür gibt uns das Chron., welches ungefähr ein Jahrhundert nach der Eroberung des Peloponnes durch die Franzosen geschrieben worden ist, zur Zeit also als noch der Assimilationsprozess der Eroberer in vollem Gang war.[1]) Ohne die Möglichkeit abzustreiten, dass ein von einem Verfasser französischer Herkunft herrührendes Werk,[2]) ein mehr französisches Gepräge zeigen kann, als die übliche Mischsprache jener Zeit,[3]) will ich hier einen Umstand andeuten, der für unsere Frage wohl nicht ohne Bedeutung ist. Von den zwei Haupthandschriften nämlich, in denen uns diese Schrift vorliegt, bietet uns der Havniensis mehr französische Lehnwörter als der Parisinus, der, ungefähr 100 Jahre später geschrieben,[4]) neben den nationalgriechischen Tendenzen moderne Sprachformen aufweist.[5])

---

1) Vgl. Schmitt, Chron. S. 39 Einl.

2) Dass ein Franzose und nicht ein Gasmule der Verfasser des Chronikon gewesen sein muss, zeigt Schmitt, Chron. S. 39 f. Einl.

3) Nach Schmitt, Chron. S. 29 Einl. gibt eine von den Haupthandschriften, der Havniensis, ein „genaues Bild" der Sprache jener Zeit.

4) Vgl. Schmitt, Chron. S. 28 Einl.

5) Unter 19 franz. Wörtern des Havniensis fallen 2 beim Parisinus gänzlich aus; 5 werden durch griech. Wörter, wenn auch nicht immer, ersetzt. Diese sind: *καπερούνι* : *σκέπασμα*, *κλέρης* : *καντσιλιέρης* (zwar auch Fremdwort, jedenfalls aber ein geläufigeres), *παρλαμά* : *βουλή*, *πρεζαντίζω* : *φανερώνω*, *πρεζαντίζομαι* : *φανερώνομαι*, *φαίνομαι μὲ τρόπον σκεπασμένον* für *μ. τρ. σκιβουρίας*. Nur einmal wird *πρεζαντίζω* beibehalten, im Satze *τὸ ὁμάτζιόν του ἐπρεζάντισε*; hier offenbar wegen der besonderen Schattierung. In noch zwei Fällen hat nur der Parisinus Fremdwörter: *γαρνίσουσι* für das ebenfalls nicht sehr klare *σωταρχίσουσι* und *κομεσιούν* für *πρόσταγμα*,

B. Bisher ist die Frage erörtert worden, inwiefern durch mein Material nachhaltige, tiefgehende kulturelle Verhältnisse wiedergespiegelt werden. Jetzt wäre es angezeigt, auch die entgegengesetzte Frage zu berühren, nämlich, inwiefern die fremden Einwirkungen in den durch mein Material gegebenen Verhältnissen zum Ausdruck kommen. Abgesehen von Zufälligkeiten, die hier eine grosse Rolle spielen, — die heute noch gebräuchlichsten Wörter *σκούπα, *βοῦρτσα, durfte ich nur wegen der Formen σκουπόραβδον, βυρτσίζω anführen — ist darüber folgendes zu bemerken:

Von den lateinischen Lehnwörtern haben wir ein, wenn nicht vollständiges — von den etwa 280 Stichwörtern in Meyers Studien sind bei mir etwa 200, also etwas über $^2/_3$ vertreten — doch ziemlich anschauliches Bild. Dasselbe kann man auch von den frühorientalischen und italienischen Entlehnungen sagen, obschon bei den letzteren der Entlehnungsprozess zur Zeit der spätesten mgr. Texte noch nicht abgeschlossen war. Was die türkischen Entlehnungen angeht, darf man nicht vergessen, dass die türkische Sprache erst um die Zeit die griechische stark zu beeinflussen begonnen hat, als von einer mgr. Literatur kaum mehr die Rede sein konnte. Die türkische Beeinflussung kann somit in unseren Texten noch nicht zu ihrer vollen Geltung kommen und die belegten türk. Lehnwörter (hauptsächlich der Chr. Ekth. entnommen) geben ein äusserst unvollständiges und einseitiges Bild des Zustandes im 18.—19. Jahrhundert.

C. Wenn wir uns jetzt den Kulturkreisen zuwenden, aus denen die Lehnwörter stammen, so können wir folgendes feststellen:

Von den lateinischen Lehnwörtern beziehen sich die meisten auf Wohnung, Küche und Kleidung, das soziale

---

welches wahrscheinlich auf die ältere Version zurückgeht (vgl. 7994 Havn.: ὁ ῥήγας τοῦ ἀπέστειλεν τὸ πρόσταγμα 'κ τὴν Πούλιαν, τὴν λέουν οἱ Φράγκοι κομεσίουν, οὕτως τὴν ὀνομάζουν).

Leben, Baukunst und Handwerke, Zirkusspiele, Münzen, Masse und Gewichte; das Hauptgewicht fällt aber (230 von den 560 Wörtern, also fast die Hälfte von allen) auf die Gruppen: Staats- und Hofwesen, Verwaltung, Rechtspflege und Armee. Und dies darf nicht wundern, da wie bekannt, lange Zeit hindurch Byzanz, was Hof und Staat, Recht und Militär betrifft, von Rom abhängig gewesen ist. Interessant ist dabei, dass die Griechen, die seit uralter Zeit im Seewesen und Schiffsbau so erfahren waren und selbst den Römern manches bezügliche Wort gegeben haben[1]), jetzt von diesen einiges entlehnen mussten.[2])

Die italienischen Lehnwörter bezeichnen vorwiegend Gegenstände der Wohnung und der Kleidung, Musik und Tanz, Militär- und Heerwesen, wie auch Begriffe, die mit diesem zusammenhängen. Dazu noch viele, die sich auf das Rittertum, die katholische Kirche und fremde Titel und Würden beziehen.

Die französischen Lehnwörter, offenbar zur Zeit der Eroberung des Peloponnes eingeführt, beziehen sich auf die Eroberer selbst, ihre Titel, ihre Sitten, ihre Festungen und ihre Religion. Zwei franz. Wörter *ἄντζα* und *γεβεντίζω* sind davon zu trennen; sie sind auf einem anderen Weg in das Griechische gekommen, und sind auch die einzigen, die heute noch fortleben. Möglicherweise aber gehen sie nicht speziell auf französische Stammwörter zurück.

Daneben gibt es verschiedene Wörter romanischer (vielleicht italienischer) Herkunft, wie auch einzelne Wörter balkanromanischen und spanischen Ursprungs.

Diese sporadische Aufnahme von vereinzelten Wörtern, besonders wenn sie Eingang in die allgemeine Sprache finden, muss zu besonderen kulturhistorischen Momenten in Beziehung

---

1) Vgl. Weise, Griech. Lat. S. 211.

2) S. § 71, IV, 21. Darunter sind *βαρκέτα, ταρίδα, κουρσάρος* sehr spät entlehnt; die zwei ersteren zum ersten Mal im Chron.

gesetzt werden. Das spanische Wort *παλάβρα παλαβός ist durch die katalanischen Söldner oder wahrscheinlicher durch die spanischredenden Judenkolonieen, die in allen grossen Handelsplätzen des Orients sitzen,[1]) eingeführt worden. Die balkanromanischen Elemente, mit Ausnahme des bei Prodr. vorkommenden κάρανος, σκαράνικος sind heute allgemein verbreitet und sind wohl ziemlich alte Lehnwörter.

Von den orientalisch-türkischen Lehnwörtern, abgesehen von denjenigen, die sich auf Titel und Würden von fremden Fürstlichkeiten oder auf fremde Staatsverhältnisse beziehen, bilden die Hauptgruppen solche Wörter, welche Kleidungsstücke und Stoffe, Pflanzen und Tiere ausdrücken. Was speziell die orientalischen Entlehnungen betrifft, sind sie vorwiegend arabisch; in zweiter Linie stehen die persischen Lehnw., die oft auch durch türkische Vermittelung herübergenommen sind. Die meisten sind Kleider- und Stoffbenennungen.

Ungefähr dasselbe gilt von den übrigen Elementen. Die wenigen Wörter, welche die Mittelgriechen von den Russen Serben, Bulgaren und Albanesen entlehnt haben, sind hauptsächlich Namen von Tieren und Pflanzen, Örtlichkeiten und Kleidungsstücken; dazu einige Farbennamen, die von Tieren gebraucht werden. Dazu ist noch zu bemerken, dass in manchem Fall ein und dasselbe Wort in mehreren Balkansprachen vorkommt, und dass, so lange die Geschichte einer jeden in allen Phasen nicht genau bekannt ist, es eine heikle Frage ist, sich darüber zu entscheiden, welche Sprache die gebende gewesen ist, und ob wir mit einer direkten Entlehnung zu tun haben.[2])

Dabei ist es interessant zu bemerken, dass nicht nur gelegentlich dasselbe Wort zu verschiedenen Zeiten unter

---

1) Vgl. Krumbacher, BZ 2 (1893) 305.

2) Zur Abstammung von μπάλιος z. B. vgl. Meyer, Alb. Wörterb. S. 25, Studien II S. 69, Murnu, Rum. Lehnw. S. 33. Das Wort habe ich bei Koron 10 gefunden, ἄλογα μπάλια καὶ γριβιά.

verschiedenen Formen von derselben Sprache, bzw. ihren Verzweigungen entlehnt worden ist, sondern auch dass derselbe Begriff durch Lehnwörter der verschiedensten Herkunft ausgedrückt worden ist. Beides ist bezeichnend für den Charakter und das Wesen der Entlehnung. Dem ersten Fall gehören an (lat. : ital.): ˣ*βαλνιάριον βανιάριν* : ˣ*μπάνιο*, *βάνδον* : ˣ*μπαντιέρα*, *βῆλον* : *βέλο*, *κατήνα* : *καδένα*, *κάππα* : *κάππα καπούτσιν* ˣ*καπέλο* ˣ*καπότα* ˣ*καπότο*, *κεντηνάριον* : *καντάρι*, *μονήτα* : ˣ*μονέδα* usw.; (lat. : ital. : franz.) *βαρῶνος* : *μπαροῦνος* : *μπαρούς*, *παπιλεών* : *παβγιόνι* : ˣ*παβιγιόν*, *πρίγκιψ* : *πρίντζιπας* : *πρίντζης*, *ρήγας* : *ρέ* : *ρόι* usw. Dem zweiten, Wörter wie: *κλεισούρα*, *σκάλα*, (lat.), *πάσο* (ital.), *πασάτζο* (franz.), *δερβένι* (türk.), die alle „Engpass“ bedeuten und alle wohl auf ähnliche Weise (fremde Miliz, Kriege, Landesverteidigung) in die Sprache eingedrungen sind.

D. Im Zusammenhang mit den eben geschilderten Verhältnissen muss auch ein Wort über die grammatikalische Art gesagt werden, zu deren die entlehnten Wörter gehören.

Die mgr. Lehnwörter sind, wie überhaupt die meisten Lehnwörter, vorwiegend konkrete Substantiva. Solchen begegnen wir fast ausschliesslich in den Entlehnungen aus den orientalischen und slavischen Sprachen, während aus dem Lateinischen und Italienischen auch Abstrakta,[1]) Verba und Adjektiva,[2]) in nicht geringer Zahl vorkommen, aus denen sich sogar in der späteren Sprachentwickelung selbstständige Suffixe loslösten. Und dies ist begreiflich. Denn, bei dem grossen Niveauunterschied, der zwischen der griechischen Kultur einerseits, und der slavischen und orientalischen Kultur anderseits bestanden hat, war nur die Entlehnung von Substantiven möglich. Diese können ja einfach bedeuten „eine gewisse sachliche Überlegenheit des Volkes, aus dessen Sprache das

---

1) Die abstrakten Begriffe sind wohl nicht immer als solche entlehnt worden; vgl. *ἀράδα, πετσί* (*πετσίν χωράφι*) usw.

2) Davon 5 nur bei Trinch. Heute allggr. nur 5. Daneben auch mehrere, die eher als Subst. entlehnt worden sind.

Lehnwort stammt, wenigstens in dem einen Gegenstande, den es benennt" und eine „solche partielle sachliche Überlegenheit können auch schwächere, können auch besiegte Völker ihren Siegern gegenüber haben".[1]) Deswegen erweist sich die Entlehnung aus diesen Sprachen als oberflächlich und ohne Tiefe.[2]) Dagegen beweist die Art der lat. und ital. Lehnwörter, dass zwischen Griechen und Römern, Griechen und Italienern, ein viel intimerer Verkehr stattgefunden hat und dass auch die erlittenen Einwirkungen tiefgehender gewesen sind. Wie Gaston Paris bemerkt hat, kommt der Einfluss einer Rasse auf eine andere am besten in der Zahl der aufgenommenen Adjektiva zum Ausdruck. Der grammatikalische Charakter der Lehnw. kommt in folgenden Zahlen zum Ausdruck: Lat. 22 Adj.,[3]), 24 Verba, Ital. 15 Adj., 25 Verba, Franz. 8 Verba, Orient.-türk. 2 Adj., 1 Verbum, Slav. 2 Adj., 1 (?) Verbum (*χουγιαΐζω*).

E. Wenn wir unsere Entlehnungen in Bezug auf ihr Fortleben in der heutigen Sprache prüfen, so sehen wir, dass aus den lat. Lehnw. die Rubriken: Jahr, Himmel, Hippodrom, Regierung, Verwaltung, Hofwesen, Rechtspflege heute verhältnissmässig am schwächsten vertreten sind. Bei einigen anderen Begriffsgruppen — und dies gilt auch von den anderen, hauptsächlich den ital. Lehnw. — wird der Unterschied im Verhältnis zwischen wirklich Entlehntem und heute noch Fortlebendem verringert, durch den Umstand, dass viele der aufgezählten Formen aus Phort., Porph., Trinchera usw. stammen.[4])

---

1) Einige lat. Partizipia sind als Adjektiva oder Substantiva entlehnt worden.

2) Windisch, Mischspr. u. Lehnw. S. 115-116.

3) Betreffs des Türk. bemerkte dies schon Psichari, Études, S. 70 Einl.

4) Um ein Beispiel anzuführen, kommen von den unter Nr. 9 aufgezählten Stichwörtern heute etwa 19 vor. Alle übrigen stammen aus Porph., mit Ausnahme von *ϱιτικέλλα*, das bei Trinch. vorkommt. Von den Stichwörtern der Nr. 7 kommen *βάγκον*, *κάγια*, *καπιτάλιον* ebenfalls nur bei Trinch. vor.

In den ital. Lehnw. sind heute die Rubriken Regierung und Verwaltung, Rechtspflege, Militärwesen, Katholische Kirche am schwächsten vertreten, da die durch die betreffenden Wörter ausgedrückten Begriffe sich auf fremde oder doch nicht auf die Dauer eingebürgerte Kulturverhältnisse bezogen. Selbstverständlich denke ich, wenn ich von einem Fortleben der ital. Elemente spreche, nicht an die auf den Jonischen Inseln oder auch sonstwo heute gesprochene Sprache, die von solchen Elementen durchsetzt ist[1]) und erst nach und nach der allgemeinen Umgangssprache zurückweicht. Erst diejenigen fremden Elemente sind von grosser Bedeutung, welche nicht nur an Ort und Stelle der fremden Berührung, sondern überall als integrierende Teile der allgemeinen Sprache gehört werden können, und in dieser Hinsicht gebührt zweifellos wegen ihrer Zahl, Verbreitung und Vitalität die erste Stelle den lat. Lehnwörtern.

Von den französischen Lehnw. ist so viel wie nichts übrig geblieben (s. S. 156), wenn man von der Insel Kypros absieht, in deren Dialekt heute noch viele fortleben als Überbleibsel der dreihundertjährigen Herrschaft der Lusignans.[2]) Man muss übrigens bedenken, dass fast alle franz. Lehnw. meiner Sammlung aus dem Chron. stammen,[3]) und man fühlt es, die fränkische Herrschaft im Peloponnes war zu kurz, um nachhaltige Einwirkungen in der Sprache zu hinterlassen.

Das Verhältnis der entlehnten Wörter bezüglich ihrer Abstammung, der Kulturkreise, denen sie angehören, und ihres Fortlebens in der heutigen Sprache kommt in den nächst folgenden statistischen Tabellen deutlich zum Ausdruck.

---

1) Darüber vgl. die inhaltreiche Abhandlung von Lorentzatos, *'Ανάμειξις*, *'Αθηνᾶ*, Bd. 10.

2) Vgl. Menardos, *Γαλλ. Κυπρ.*

3) Folgende Wörter kommen auch in anderen Texten vor: *γαρνίζω* (Troad., s. S. 153), *λίζιος* (Belth., Lybistr.), *ταρκάσι* (s. S. 104), *τρέβα* (Belis. III, Koron.), *τσάμπρα* (Susann., Trivol. II), *φρέρης* (Georg., Pulol., sogar bei Trinch; ebenda kommt auch *Κούνελος* (**κουνέλι*) vor).

Vorbemerkung. Die erste Zahlenspalte (E) drückt die entlehnten, die zweite (F) die heute fortlebenden Wörter aus. Bei der Zählung habe ich die auf fremde Doppelformen zurückgehenden griech. Doppelformen nicht berücksichtigt, wohl aber die unter mehreren Bedeutungen entlehnten Wörter. Die Zahlen, welche die heute noch fortlebenden Lehnwörter angeben, habe ich nicht auf Grund der vorausgegangenen Markierung gemacht (s. § 71, D), sondern auf Grund aller Formen die mir auch sonst als heute üblich bekannt gewesen sind.

	Lat.	Ital.	Franz.	Orient.-	Slav.	Alb.
	E F	E F	E F	türk.	E F	E F
Natur	47 > 30	31 > 20	—	17 > 10	10 > 6	4 > 4
Mensch	141 > 78	110 > 69	} 8 > 2	50 > 14	13 > 9	1 > 1
Sozal. Leben	98 > 32	46 > 26		13 > 8	2 > 1	
Staatswesen	230 > 33	84 > 11	15 > 1	9 > 5	4 > 1	
Seewesen	8 > 5	32 > 18	1 > —	1 > 1	—	
Adj. u. Adv.	20 > 7	23 > 14	—	5 > 3	4 > 2	
Fremde Sitten	12 > 6	34 > 7	21 > —	39 > 11	—	
	556 > 191	360 > 165	46 > 3	138 > 52	37 > 20	5 > 5
	34 %	46 %	$6^1/_2$ %	37 %	54%	100 %

Sonst. Roman. 22 > 13 = 58 %; Germ. 2 > 2 = 100 %

Die letztgenannten Prozentzahlen schildern das Verhältnis der heute fortlebenden Elemente im Verhältnis zu den aus den Einzelsprachen entlehnten. Das Verhältnis der Prozentzahlen der lat. und ital. Entlehnungen würde sich zu Gunsten der ersteren stark verändern, wären bei der Zählung ausser Acht gelassen die Wörter, die samt dem entsprechenden Begriffe ausgestorben sind (s. S. 158), oder solche, die der offiziellen byz., griech.-lat. Sprache angehört haben (vgl. S. 161, Anm 4); vgl. noch die Tabelle auf S. 164. Das Verhältnis der aus den Einzelsprachen entlehnten und fortlebenden Elemente zu der Gesamtzahl der entlehnten Elemente kommt durch folgende Zahlen zum Ausdruck:

Lat.	Ital.	Franz.	Sonst. Rom.	Orient.-türk.	Slav.
47,9 > 16,5	31 > 14,2	4,4 > 0,2	1,9 > 1,1	11,9 > 4,5	2,8 > 1,7

Ein letzter Vergleich wird das Verhältnis der aus den Einzelsprachen fortlebenden Lehnwörter zu der Gesamtzahl der fortlebenden Lehnwörter ausdrücken:

Lat.	Ital.	Franz.	Sonst. Roman.	O.-t.	Slav.
42,4 %	37,7 %	0,7 %	2,8 %	11,5 %	4,4 %

Vom ngr. Standpunkt aus wird dieses Bild zu Gunsten der ital., türk. und franz. Lehnwörter verändert.

Man muss endlich nicht vergessen, dass die gegebenen Zahlen auf keine Genauigkeit Ansprüche erheben dürfen, obwohl das allgemeine Verhältnis durch sie doch annähernd richtig zur Geltung gekommen ist.

	Lat.		Ital.	
		E	F	
— Natur —				
Tierreich	18	14	8	7
Pflanzenreich	12	11	9	8
Mineralreich	—	—	7	4
Erde	9	3	7	1
Jahr, Himmel	8	2	—	—
— Mensch —				
Allgemeines, Verwandtschaft	2	1	5	3
Körper, Krankheiten	4	3	7	7
Wohnung	42	22	18	9
Küche und Nahrung	13	9	3	3
Kleidung und Schmucksachen	41	19	27	14
Sonstige Gegenstände des täglichen Lebens	18	10	16	11
Handlungen	12	11	20	12
Abstrakte Begriffe	9	5	14	7
— Stadt; Soziales Leben —				
Stadt	7	5	3	2
Soziales Leben; Handwerke; Instrumente	30	8	15	9
Baukunst	14	7	7	3
Münzen, Masse, Gewichte	18	6	6	3
Handelswesen	2	1	3	2
Dichtkunst, Tanz, Musik	—	—	12	7
Religion, Griech. Kirche	14	5	—	—
Hippodrom	13	—	—	—
— Staatswesen —				
Regierung, Verwaltung, Hofwesen	109	12 [8*]	18	4
Rechtspflege	32	4 [3*]	6	2
Militärwesen, Kriegswesen	89	17	60	5
Seewesen, Marinewesen	8	5	32	18*
— Adjektiva —				
Eigenschaften	15	5	12	7
Farben	5	2	3	2
— Adverbia; Interjektionen —	—	—	7	5
— Fremde Sitten und Begriffe —				
Titel und Würden	6	2	14	4
Rittertum	—	—	8	—
Katholische Kirche	3	1	8	2
Ethnika	3	3	4	1
	556	191	360	165

Am Schluss dieser Betrachtungen, bei denen an der Hand der einzelnen Entlehnungen Rückschlüsse auf die fremden Einwirkungen versucht worden sind, kann man sich nicht der Verwunderung enthalten. Volle 1500 Jahre sind die Griechen mit den verschiedensten Völkern in Berührung gekommen. Fast 1000 Jahre haben sie unter der wuchtigen und zermalmenden Grösse der römischen Eroberung gestanden. Während mehr als 1000 Jahre mussten sie die unaufhörlichen und erschöpfenden Angriffe aus Asien, Afrika und Europa abwehren. Goten, Hunnen, Bulgaren, Russen und andere Slaven, Chazaren und Petschenegen, Araber und Türken, Italiener, Normanen und Franken haben in dichter Aufeinanderfolge und wiederholt die Grenzen des Reiches überschritten und die Provinzen von Byzanz überflutet, während dieselben und andere Völker (man denke nur an die Bewohner Kleinasiens und die zahlreichen Sklaven, die in den ersten Jahrhunderten unserer Aera hellenisiert worden sind) nach und nach absorbiert wurden, oder durch friedlichen nachbarlichen Verkehr (z. B. die Armenier, Kopten) in Berührung kamen. Alle diese, ob Besiegte oder Sieger, ob sie vertrieben wurden oder sich niederliessen, ob sie ihre Eigenart fortbehaupteten oder sich assimilierten, mussten, so wäre man geneigt zu erwarten, deutliche Spuren wenigstens in der Sprache hinterlassen, da bei den anderen Elementen des Kulturlebens diese nicht so handgreiflich vorliegen. Diese aber sind über alles Erwarten spärlich. Sicherlich ist es auch sonst bekannt, dass fremde Einwirkungen und Sprachmischung nicht in proportionellem Verhältnis zu stehen brauchen, man muss aber immerhin staunen, bedenkt man, dass die lebende Sprache der heutigen Griechen, abgesehen von dialektischen Verschiedenheiten, und ohne auch der durch puristische Bestrebungen künstlich veranlassten Reinigung[1]) Rechnung zu tragen, wohl nicht

1) Darüber ist zu bemerken, dass manche auf das Konto der Sprachreinigung eingetragene Ersetzung von Fremdwörtern auch ohnehin stattfinden würde, sobald die äusseren Verhältnisse, die ihren Gebrauch veranlassten, geschwunden sind.

mehr als anderthalbtausend Wörter enthält, die sie in dem Zeitraume seit der nachklassischen Periode bis zum Ausgang des Mittelalters aufgenommen hat. Wie unendlich mehr sind dagegen die Elemente, die die griech. Sprache in demselben Zeitraume und in allen Phasen nach allen Richtungen belehrend und befruchtend ausgestrahlt hat!

Und nun zu den Ursachen. Am klarsten liegt die Sache bezüglich der Entlehnungen aus dem orient.-slavischen Gebiete. Auf der einen Seite die kulturelle Überlegenheit der Byzantiner über alle Armenier, Kopten, Orientalen, Bulgaren, Russen, auf der anderen das Prestige, das Byzanz bei allen diesen meist erst emporgekommenen oder emporkommenden Nationalitäten ohne Traditionen und Geschichte genossen hat,[1]) liefern uns die zwei Hauptgründe, aus welchen die Entlehnung in der entgegengesetzten Richtung so ärmlich ist.

Weniger einfach liegt die Sache bezüglich der Entlehnungen aus dem westeuropäischen Kulturkreis, und zwar nicht betreffs des Französischen oder Italienischen, bei dem die entlehnten Wörter ein ziemlich treues Bild der ausgeübten Einwirkungen geben, sondern betreffs des Lateinischen. Um die Disproportion zwischen lateinischer Einwirkung und sprachlichen Reminiszenzen gebührlich zu schätzen, darf man nicht vergessen, dass die römische Eroberung die bedeutendste und nachhaltigste äussere Einwirknng darstellt, die je das Griechentum in seiner langen ereignisvollen Geschichte mitgemacht hat, eine Einwirkung, die allen übrigen Sprachen verhängnisvoll geworden ist. Man muss sich ferner vergegenwärtigen, dass infolge der politischen Eroberung zahlreiche römische Legionare, Kolonisten und Beamte sich auf griech. Boden niedergelassen haben und nicht selten ganze griech. Städte von Römern kolonisiert oder neubevölkert worden sind. Die Berührungen zwischen Eroberern und Besiegten haben mit wachsender Innigkeit zugenommen. Behörden und Justiz,

1) Vgl. Psichari, Études S. 45 Einl.

Armee und Religion, Literatur und Volk mussten als Träger der Verschmelzung dienen. Die einzige offizielle Sprache, die Sprache eines jeden civis romanus war das Latein. Bald bekommt Byzanz einen römischen Kaiser, das Latein wird zur Hofsprache erhoben[1]. Man erwartet, dass das Griechische endgültig nachgibt, ja dass es gänzlich verschwindet,[2] und doch findet es im entscheidenden Momente[3] neue Kräfte; das Lateinische muss zurückweichen. Es ist allerdings schwer in die letzten Gründe dieser grossartigen Erscheinung einzudringen. Das eine aber steht fest. Die Graecia capta des römischen Dichters hat sich noch einmal glänzend bewährt und die mächtige Vitalität des Griechentums, das Selbstbewusstsein und der Stolz der Nation, die Überlegenheit der Ausdrucksform der Sprache, in die die grössten Denker ihre Gedanken hineingearbeitet hatten, haben ihr zum Sieg verholfen.[4]

---

1) Eine eingehende Erörterung dieser Vorgänge findet man bei Lafoscade, Influence du latin sur le grec, in Psichari, Études S. 83—158; vgl. dazu Psichari, l. c. Einl. S. 42 ff.

2) Psichari l. c. 43, Einl.

3) In einzelnen Erscheinungen zeigen sich deutlich die Ansätze zu einer Sprachmischung, deren Resultat eine Mischsprache (ob mit vorwiegend griech. oder lat. Charakter, kann man nicht wissen) sein sollte. Diese ging von Leuten aus, die Griechisch und Latein gleich gut, wie Muttersprachen, beherrschten, die aber eben deswegen, keine von beiden in der urspr. Reinheit gebrauchten. Lafoscade, l. c. S. 113 erblickt in „hybriden“ Personennamen wie *Λούκιος Φουνεισουλανός Χαρείσιος* ein Zeichen der beginnenden Mischung. Viel deutlicher ist, scheint mir, dies zu erkennen: a) bei Wörtern wie *ἀντικωνσιστώριον, ἀντίφορον, κουβικουλαράτον, κουβουκλησιάτον, κουρατορίκιον, λαβουρήσιος, πρωτοκούρσωρ* usw. b) bei Wörtern wie *κένταρχος, κουροπαλάτης*, c) bei den Umdeutungen der Wörter wie *κελλάριος* usw. (s. § 55). Man ahnt es; die *ἑτέρα γλῶσσα*, die in die *ἑκατέρα γλῶσσα* aufgenommen wird (vgl. Lafoscade, l. c. S. 118), könnte bald in ihr aufgehen und mit ihr eine Einheit bilden.

4) Vgl. Lafoscade, l. c. S. 143 ff.

Achtes Kapitel.

Wandernde Wörter.

§ 83. Mittelgriechische Lehnwörter altgriechischer Herkunft.

Blicken wir auf das gesamte Gebiet der Entlehnungen zurück, so erwecken ein besonderes Interesse solche Wörter, welche auch in den fremden Sprachen bloss Lehnwörter gewesen sind. Nach ihrem Verhältnis zur griech. Sprache zerfallen diese in zwei Kategorieen: entweder haben sie dem Wortschatze der altgriechischen Sprache angehört oder stammen sie aus anderen Sprachen. Im letzteren Falle kommt das Griechische oft in Berührung mit Sprachen, zu denen nie unmittelbare Beziehungen bestanden haben; im ersteren haben wir es mit echt griech. Wörtern zu tun, die erst auf einem oft abenteuerlichen Wege in die Muttersprache zurückwandern. [1])

Wörter, die aus dem Griechischen in das Lateinische übergingen und dann wieder als lat. Lehnwörter in die griech. Sprache zurückkehrten, sind: *καλαμάρι*, *κάμαρα*, *κανάλι*, *κανόνικος*, *κόρδα*, *κορώνα*, wahrscheinlich auch *βάρκα*, *βούκινον*, *κόλφος*. [2])

---

1) Vgl. Triantaphyllides, *Ξενηλασία* I S. 176 ff.

2) Das Wort kann unmöglich aus dem agr. *κόλπος* auf rein lautlichem Wege entstanden sein; deswegen denkt Chatzidakis, *Μεσ.* II S. 352 (= Gött. Gel. Anz. 1899) an eine Anlehnung an *κρυφός*, *κρυφά*. Kretschmer, BZ 10 (1901) 581 lehnt dies ab, indem er meint, *κόλπος* und

Folgende agr. Wörter sind durch die Vermittelung des (Lat., bezw. Mlat. und) Italienischen in das Neugriechische zurückgewandert:

ἀδραγάντε, aus τραγάκανθα, *dragantum*, ital. *(a)dragante*.
γαρόφαλο, aus καρυόφυλλον *caryophyllum*, *garofolo garofano*.
Γραῖκος, aus Γραικός *Graecus*, *Graeco*
καλαμίτα, aus κάλαμος *calamus*, *calamita*
καναβοῦρι (dazu *καμβάς), aus [?] καννάβις *canevo*
*κανόνι, aus κάννη *canna*, *canalis*, *canone*
*κορδόνι, aus χορδή *corda*, *corda*, *cordone*
μπράτσο, aus βραχίων *bracchium*, *braccio*
πίτα, aus πηκτή **picta*, *pitta*
ποδότας, aus *πηλώτης (zu πηδόν) *pedoto*, *piloto*[1])
πουτέκα, aus ἀποθήκη *apotheca*, *puteca*
στόρια, aus ἱστορία *historia*, *storia*
ταπέδο, aus τάπης *tapes*, *tappeto*
τσαμιλότι, aus κάμηλος *camelus*, *camelotto*, *ciambellotto*
τσέργα, aus σηρικός *serica*, rom. **serga*[2])
τσούρμα, aus κέλευσμα (genues.) *ciurma*.

Agr. ῥητίνη kommt wahrscheinlich über das mlat., arab. und türk. als ρετσίνα zurück, während παλάβρα aus παραβολή > lat. *parab(o)la* > aspan. *paraula* > span. *palavra*, erst durch die Juden den Neugriechen zurückgebracht worden ist.

Selbstverständlich müssen bei diesen langwierigen Wanderungen die agr. Wörter nicht nur ihre Form, sondern auch

---

κουφός lägen begrifflich ziemlich fern, und leitet κόλπος aus dem mlat. *colpus*, geschr. *colphus*, woraus *colfus*, ital. *golfo*. Ich bin auch für letztere Erklärung. Nicht weil κόλπος und κουφός sich nicht begrifflich berühren — man sagt übrigens κουφὰ στὸν κόρφο σου, κρύψε τα στὸν κόρφο σου — sondern weil die lautliche Ähnlichkeit zwischen κόλπος und κουφός gering ist. Eine Frage muss übrigens noch gelöst werden, ob κόρφος aus κόλφος, oder ob κόλφος aus κόρφος (< κόλπος ‖ κουφός) × κόλπος entstanden ist. In meinem Material finde ich bloss die Form mit λ: Apoll. 382 στὸν κόλφον τῆς Ἰταλίας, Κόλφος [Personennamen (?)] Trinch. 302.

1) Vgl. Breusing, Niederdeutsches Jahrb. V.

2) Vgl. Thumb, Indog. Forsch. 14 (1903) 354.

ihre Bedeutung einbüssen; verschwindend gering ist die Zahl derer, welche sie unverändert bewahrt haben.

Unter den eben erwähnten wandelnden Wörtern sind noch eigens diejenigen hervorzuheben, die auch im Agr. bloss Lehnwörter gewesen waren; solche sind: *βᾶρις* (: *βάρκα*), *καμάρα*,[1]) *κάμηλος*, *κάννη* (: *κανάλι*), *σηρικός*, *τάπης*, obwohl man nicht dies bei allen als sicher festgestellt betrachten kann.

§ 84. Indirekte Entlehnungen.

Manche Sprachen haben indirekt den Wortschatz des Mittelgriechischen bereichert, und zwar hat in den meisten Fällen die lateinische den Vermittler gespielt. Und das mit Recht. Denn erstens hat überhaupt das Lateinische den Wortschatz des Griechischen am meisten bereichert, und zweitens, hat das Lateinische durch die grosse Ausdehnung, die es zur Zeit des Kaiserreichs gewonnen hat, sehr viele fremde Elemente in sich aufgenommen.

Je nach ihrem Ursprung sind die lateinischen Lehnwörter des Mittelgriechischen:

a. Punisch: *μάππα*.

b. Keltisch: (*ἀτραβατικόν*), *ἀττέγια**, *βέρεδος βερηδάριος*, **βράκα βρακί*, **βούλγα βουλγίδιον*, *δροῦγγος*, *καμίσιον ὑποκάμισον*, **καρακάλλι*, *καρούχα* **κάρο*, (*κάττος*), **κουκούλλα*, *λαγκίδιον*, *ῥέδα*, *σαγίον*, *σαπούνιν*.[2])

c. Germanisch: *βάνδον*, *γρίβας*, *τούφα*, **φλάσκα φλασκίον*,[3]) *ἁρμελαύσιον*, *κάττος*, *κούκουρον*, *φάλκων*, *φλόκκος*.

d. Longobardisch: *κάσταλδος*.

---

1) Das Wort haben die Jonier aus dem Karischen entlehnt: vgl. von Wilamowitz-Möllendorff, Griech. Leseb. Erl. zu I 103, 25; Wilisch Arch. f. lat. Lex. Bd. 14, S. 292.

2) Vgl. Dottin, Ant. Geltique, Kap. 2.

3) Vgl. Loewe, KZ 39 (1906) 265 ff.

Von den italienischen Lehnwörtern sind:

a. Arabisch: *ἀμεράγιος*, *λαγοῦτο*,[1] *λεμόνι*.

b. Spanisch: *σκαρταμπέλο*, *τραμπούκο* (span. *trabuco*, aus deutsch *būk*, Bauch).

c. Niederländisch: *ἀρκομποῦζο*.

d. Amerikanisch: *ταμπάκος*.

Von den französischen Lehnwörtern sind:

a. Germanisch: *λίζιος* **leudicus*), *τρέβα* (westgermanisch), *τρεμπουζέτο*.

b. Arabisch: *ἀμιράλης*.

Besonders interessant sind darunter solche Wörter, die von verwandten oder ganz verschiedenen Sprachen stammend in das Griechische aufgenommen worden sind. Wörter der ersten Kategorie sind schon erwähnt worden (s. § 77, S. 160); zur zweiten gehören: *ἀμιράς* : *ἀμεράγιος* : *ἀμιράλης*, (*κιστέρνα* : **στέρνα*)[2], *μισκίνης* : *μεσχίνος*.[3] Einen höchst interessanten Fall haben wir bei *γοῦνα* : *γουνάρης* : *γουνέλα*, wenn die von Vasmer BZ 16 (1907) 553 gegebene Ableitung richtig ist. *Γοῦνα* (schon bei Porph.) stammt darnach aus dem Slavischen; aus dem Griech. kam es in das Lat. und Ital. und davon sind *γουνάριος* (*gunnarius*), *γουνέλα* (*gonnella*, mlat. *gunnella*) zurückentlehnt worden.

Ich möchte hier noch ein Wort den Lehnwörtern widmen, in denen der Name einer Stadt oder eines Landes steckt, und welche uns auf diese Weise ein lebendiges Stück Geschichte vorführen. Städtenamen sind enthalten in *βαγδάτι*, *βορνιώτικος*, *γάζα*, *γαϊτάνι*, *σαλερνός*. *τουρνέσι*. Ländernamen und Ethnika haben wir in *ἀράπης*, *δελματικόν*, *καλάβρικον*, *καμπάνα*, *λουκάνικο*, *μαῦρος*, *μορέσκα*, *σκαρλάτος* [*galaticus rubor* (?)] *φραντζιάζω*.

1) *καλαφάτισις* kommt schon beim Porph. vor; wahrscheinlich wird *καλαφατίζω* direkt aus dem arab. entlehnt worden sein.

2) Vgl. § 28 und die dort erwähnte Form *ἰστέρνα*.

3) Vgl. Papadopulos Kerameus BZ 15 (1906) 505; Psichari BZ 16 (1907) 157.

§ 85. Schlusswort.

Man könnte, wie mir scheint, keinen schöneren Abschluss für diese etwas trockenen grammatikalschen Untersuchungen finden, als wenn man, von den Betrachtungen dieses Kapitels ausgehend, sich das grossartige Schauspiel vergegenwärtigt, das uns die scheinbar bedeutungslosen und nichtssagenden Wörter von grossen und kleinen geschichtlichen Ereignissen, von kriegerischen und friedlichen Beziehungen der Völker, von unaufhörlichen kulturhistorischen Infiltrationen zu erzählen wissen. Der Sprachforscher kann diese auf Grund der sprachlichen Durchdringungen andeuten. Dem Kulturhistoriker bleibt es vorbehalten sie zu verwerten, die gegebenen Richtungen zu verfolgen und aus anderen Hilfsgebieten uns einen allseitigen Einblick in die Geschichte der Kultur zu gewähren. Der Sprachforscher wird berichten, dass ein Wort, nehmen wir an das ngr. *σαπούνι*, in letztem Grund auf ein keltisches Urwort zurückgeht. Jener s a p o, der nach Plinius G a l l o r u m i n v e n t u m e s t, und der r u t i l a n d i s c a p i l l i s, zum Rotfärben der Haare, a p u d G e r m a n o s m a i o r e i n u s u v i r i s q u a m f e m i n i s war, wird auch nach Rom eingeführt. Auch hier ist er ursprünglich ein Haarfärbemittel, aus Martial erfahren wir, dass das graue Haar damit gefärbt wurde. Erst nach und nach wird der *sapo* auch bei den Damen beliebt, und seit dem 4. Jahrhundert, wird er auch zum Waschen gebraucht. Im Griechischen kommt das Wort schon bei Aretaios und Galenos vor und später wird es, wie berichtet wird, von der Patrizierin *Πελαγία* verwendet *πρὸς τὸ λαμπρύναι τὸ πρόσωπον*. Das Wort ist schon längst Gemeingut des griechischen Volkes und hat sich seine Berechtigung durch Anwendungen, Ableitungen und Zusammensetzungen errungen. Man darf und muss stolz sein das Wort in seiner Sprache zu besitzen.

Jeder Sprachforscher und Kulturhistoriker, der sich der grossen Bedeutung bewusst ist, welche meistens die fremden Wörter und Begriffe für den Fortschritt und die Kultur seines Volkes besitzen, wird, anstatt seine Muttersprache in engherzigem Chauvinismus gegen jede fremde Einwirkung eifersüchtig absperren zu wollen, den Wunsch und die Hoffnung hegen, dass sie auch künftighin, alle fremden Elemente aufnehmen wird, durch welche ihr Wortschatz bereichert, ihre Ausdruckskraft gehoben, der geistige Horizont seiner Sprachgenossen erweitert wird und sein Vaterland im Wettbewerb mit den übrigen Kulturvölkern neue frische Kräfte schöpfen kann: „Empfänglich sein für Neues, Nützliches, Grosses bei anderen ist keine Schande",[1]) und die hohen Ziele die eine Nation sich für ihre Zukunft gesetzt hat, können durch die fremden Beeinflussungen nur gefördert werden.

1) Windisch, Mischspr. u. Lehnw. S. 119.

Index der griechischen Lehnwörter.

Vorbemerkung. In diesem Verzeichnis habe ich alle im Buche zitierten Lehnwörter aufgenommen, mit ihren sämtlichen Nebenformen, Ableitungen und Zusammensetzungen, mit Ausnahme der nur beispielsweise im § 77 erwähnten, sowie der im § 69 aufgezählten Formen. Ich habe gelegentlich auch auf die Berichtigungen hingewiesen. — Bei mehreren verwandten Formen wird die ältere, manchmal auch die üblichere, als Stichwort vorausgeschickt. Die nicht belegten (mit einem * gekennzeichneten) Formen werden nicht als Stichwörter gebraucht. — Um die Brauchbarkeit des Registers zu erleichtern, habe ich gelegentlich als Stichwörter Formen gebraucht, die im Buche gar nicht vorkommen. Diese werden unter eckigen Klammern angeführt. — Dem Stichwort werden die Nebenformen beigegeben. Beugefälle oder gelegentlich vorkommende seltene Nebenformen werden der bezüglichen Seitenangabe in runden Klammern beigefügt. — Die Zusammensetzungen, welche als zweites Kompositum das Stichwort enthalten, werden der leichteren Übersicht wegen diesem beigegeben und werden nur, wenn es nötig gehalten worden ist, an der gehörigen Stelle erwähnt. — Durch ein ·· werden die Seitenzahlen hervorgehoben, die auf die Stelle des kulturhistorischen Teiles verweisen, wo Etymologie und Bedeutung des Wortes angegeben wird. Beim Gebrauch des Registers möge man daran denken, dass die Seitenzahlen 79—100 sich auf die Bedeutungslehre beziehen. — Ein der Seitenangabe beigefügtes *b* (= bis), bedeutet, dass auf der betreffenden Seite das Stichwort zweimal erwähnt wird. Dies wird freilich nur dann angedeutet, wenn es für nötig gehalten wird.

Marburg. R. Friedrich's Universitäts-Buchdruckerei, Inhaber K. Gleiser.

FSC
www.fsc.org
MIX
Papier | Fördert
gute Waldnutzung
FSC® C083411

Kolibri 360 GmbH
Ferdinand-Jühlke-Straße 7
99095 Erfurt, Deutschland
produktsicherheit@kolibri360.de